中国腐蚀状况及控制战略研究丛书

“十三五”国家重点出版物出版规划项目

废弃电子信息材料的腐蚀与环境污染

程从前　劳晓东　赵　杰　著

科学出版社

北京

内 容 简 介

本书系统地介绍了废弃电子信息产品及材料的环境腐蚀与污染。全书由 6 章组成：第 1 章介绍电子信息产品类别与材料构成；第 2 章和第 3 章介绍废弃电子信息产品的处理方式，以及有害物质与典型污染案例；第 4 章介绍废弃电子信息材料中重金属元素浸出特性及其评价方法；第 5 章论述废弃电子信息材料的腐蚀与重金属元素浸出关系，着重于电子信息材料土壤环境腐蚀与重金属浸出；第 6 章介绍相应的重金属元素浸出预测与环境污染评价方法，并提供相应数据图表。书末附有部分地区电子信息产品拥有量与废弃量的参考图表。

本书可供材料腐蚀及防护、电子信息材料、环境工程等相关专业的科技工作者和大专院校师生参考，以及为环境保护工作者制定规章制度提供数据支持。

图书在版编目（CIP）数据

废弃电子信息材料的腐蚀与环境污染/程从前，劳晓东，赵杰著. —北京：科学出版社，2016.10

（中国腐蚀状况及控制战略研究丛书）
“十三五”国家重点出版物出版规划项目

ISBN 978-7-03-050132-5

Ⅰ. ①废…　Ⅱ. ①程…　②劳…　③赵…　Ⅲ. ①废弃物–电子材料–重金属污染–环境污染–研究　Ⅳ. ①X76

中国版本图书馆 CIP 数据核字（2016）第 240909 号

责任编辑：李明楠　孙静惠 / 责任校对：王　瑞
责任印制：张　伟 / 封面设计：铭轩堂

科 学 出 版 社 出版
北京东黄城根北街 16 号
邮政编码：100717
http：//www.sciencep.com

北京中石油彩色印刷有限责任公司印刷
科学出版社发行　各地新华书店经销
*
2016 年 10 月第　一　版　开本：B5（720 × 1000）
2016 年 10 月第一次印刷　印张：15
字数：302 000

定价：88.00 元

（如有印装质量问题，我社负责调换）

“中国腐蚀状况及控制战略研究”丛书
顾问委员会

“中国腐蚀状况及控制战略研究”丛书
总编辑委员会

丛 书 序

腐蚀是材料表面或界面之间发生化学、电化学或其他反应造成材料本身损坏或恶化的现象，从而导致材料的破坏和设施功能的失效，会引起工程设施的结构损伤，缩短使用寿命，还可能导致油气等危险品泄漏，引发灾难性事故，污染环境，对人民生命财产安全造成重大威胁。

由于材料，特别是金属材料的广泛应用，腐蚀问题几乎涉及各行各业。因而腐蚀防护关系到一个国家或地区的众多行业和部门，如基础设施工程、传统及新兴能源设备、交通运输工具、工业装备和给排水系统等。各类设施的腐蚀安全问题直接关系到国家经济的发展，是共性问题，是公益性问题。有学者提出，腐蚀像地震、火灾、污染一样危害严重。腐蚀防护的安全责任重于泰山！

我国在腐蚀防护领域的发展水平总体上仍落后于发达国家，它不仅表现在防腐蚀技术方面，更表现在防腐蚀意识和有关的法律法规方面。例如，对于很多国外的房屋，政府主管部门依法要求业主定期维护，最简单的方法就是在房屋表面进行刷漆防蚀处理。既可以由房屋拥有者，也可以由业主出资委托专业维护人员来进行防护工作。由于防护得当，许多使用上百年的房屋依然完好、美观。反观我国的现状，首先是人们的腐蚀防护意识淡薄，对腐蚀的危害认识不清，从设计到维护都缺乏对腐蚀安全问题的考虑；其次是国家和各地区缺乏与维护相关的法律与机制，缺少腐蚀防护方面的监督与投资。这些原因就导致了我国在腐蚀防护领域的发展总体上相对落后的局面。

中国工程院“我国腐蚀状况及控制战略研究”重大咨询项目工作的开展是当务之急，在我国经济快速发展的阶段显得尤为重要。借此机会，可以摸清我国腐蚀问题究竟造成了多少损失，我国的设计师、工程师和非专业人士对腐蚀防护了解多少，如何通过技术规程和相关法规来加强腐蚀防护意识。

项目组将提交完整的调查报告并公布科学的调查结果，提出切实可行的防腐蚀方案和措施。这将有效地促进我国在腐蚀防护领域的发展，不仅有利于提高人们的腐蚀防护意识，也有利于防腐技术的进步，并从国家层面上把腐蚀防护工作的地位提升到一个新的高度。另外，中国工程院是我国最高的工程咨询机构，没有直属的科研单位，因此可以比较超脱和客观地对我国的工程技术问题进行评估。把这样一个项目交给中国工程院，是值得国家和民众信任的。

这套丛书的出版发行，是该重大咨询项目的一个重点。据我所知，国内很多领域的知名专家学者都参与到丛书的写作与出版工作中，因此这套丛书可以说涉及了我国生产制造领域的各个方面，应该是针对我国腐蚀防护工作的一套非常全面的丛书。我相信它能够为各领域的防腐蚀工作者提供参考，用理论和实例指导我国的腐蚀防护工作，同时我也希望腐蚀防护专业的研究生甚至本科生都可以阅读这套丛书，这是开阔视野的好机会，因为丛书中提供的案例是在教科书上难以学到的。因此，这套丛书的出版是利国利民、利于我国可持续发展的大事情，我衷心希望它能得到业内人士的认可，并为我国的腐蚀防护工作取得长足发展贡献力量。

徐匡迪

2015 年 9 月

丛书前言

众所周知，腐蚀问题是世界各国共同面临的问题，凡是使用材料的地方，都不同程度地存在腐蚀问题。腐蚀过程主要是金属的氧化溶解，一旦发生便不可逆转。据统计估算，全世界每 90 秒钟就有一吨钢铁变成铁锈。腐蚀悄无声息地进行着破坏，不仅会缩短构筑物的使用寿命，还会增加维修和维护的成本，造成停工损失，甚至会引起建筑物结构坍塌、有毒介质泄漏或火灾、爆炸等重大事故。

腐蚀引起的损失是巨大的，对人力、物力和自然资源都会造成不必要的浪费，不利于经济的可持续发展。震惊世界的"11 · 22"黄岛中石化输油管道爆炸事故造成损失 7.5 亿元人民币，但是把防腐蚀工作做好可能只需要 100 万元，同时避免灾难的发生。针对腐蚀问题的危害性和普遍性，世界上很多国家都对各自的腐蚀问题做过调查，结果显示，腐蚀问题所造成的经济损失是触目惊心的，腐蚀每年造成损失远远大于自然灾害和其他各类事故造成损失的总和。我国腐蚀防护技术的发展起步较晚，目前迫切需要进行全面的腐蚀调查研究，摸清我国的腐蚀状况，掌握材料的腐蚀数据和有关规律，提出有效的腐蚀防护策略和建议。随着我国经济社会的快速发展和"一带一路"战略的实施，国家将加大对基础设施、交通运输、能源、生产制造及水资源利用等领域的投入，这更需要我们充分及时地了解材料的腐蚀状况，保证重大设施的耐久性和安全性，避免事故的发生。

为此，中国工程院设立"我国腐蚀状况及控制战略研究"重大咨询项目，这是一件利国利民的大事。该项目的开展，有助于提高人们的腐蚀防护意识，为中央、地方政府及企业提供可行的意见和建议，为国家制定相关的政策、法规，为行业制定相关标准及规范提供科学依据，为我国腐蚀防护技术和产业发展提供技术支持和理论指导。

这套丛书包括了公路桥梁、港口码头、水利工程、建筑、能源、火电、船舶、轨道交通、汽车、海上平台及装备、海底管道等多个行业腐蚀防护领域专家学者的研究工作经验、成果以及实地考察的经典案例，是全面总结与记录目前我国各领域腐蚀防护技术水平和发展现状的宝贵资料。这套丛书的出版是该项目的一个重点，也是向腐蚀防护领域的从业者推广项目成果的最佳方式。我相信，这套丛书能够积极地影响和指导我国的腐蚀防护工作和未来的人才培养，促进腐蚀与防护科研成果的产业化，通过腐蚀防护技术的进步，推动我国在能源、交通、制造业等支柱产业上的长足发展。我也希望广大读者能够通过这套丛书，进一步关注我国腐蚀防护技术的发展，更好地了解和认识我国各个行业存在的腐蚀问题和防腐策略。

在此，非常感谢中国工程院的立项支持以及中国科学院海洋研究所等各课题承担单位在各个方面的协作，也衷心地感谢这套丛书的所有作者的辛勤工作以及科学出版社领导和相关工作人员的共同努力，这套丛书的顺利出版离不开每一位参与者的贡献与支持。

侯保荣

2015 年 9 月

序

电子信息材料及产品已经成为人类生活中不可缺少的组成部分，支撑着通信、计算机、网络、机械智能、工业自动化和家电等高科技产业。随着电子信息等高科技产业迅猛发展，电子技术的更新不断加快，电子信息产品寿命周期越来越短，电子垃圾产生量不断增多。据联合国环境规划署估计，全世界每年有$2\times10^{7}\sim5\times10^{7}$t废旧电子产品被丢弃，电子垃圾正以每年3%～5%的速度增长。

若随意丢弃或不当处理废弃电子信息产品，将导致有毒有害物质进入生态环境，特别是电视、计算机（电脑）、手机、音响等电子信息产品中含有铅、镉、汞、六价铬、聚合溴化联苯等多种有毒有害物质，对生态环境和人类健康造成严重威胁。例如，我国电子垃圾拆解集聚地之一的广东省贵屿镇，当地的生态环境已经遭到严重破坏。废弃电子信息产品成为继工业时代化工、冶金、造纸和印染等废弃物污染后一类新的重要环境污染物。目前，不论是针对具体类别废弃电子信息产品回收现状的调查，还是针对拆解企业集聚区环境污染情况的研究，都表明中国废弃电子信息产品回收领域面临着严峻挑战。

《废弃电子信息材料的腐蚀与环境污染》一书收集了我国多个省市的废弃电子信息产品处理发展“十二五”规划，并汇集了“十二五”期间废弃电子信息产品的预测数据；分析了废弃电子信息产品的产生和管理现状，以及在处理过程中对环境造成的潜在危害；并从大气、水土、人类健康等角度对典型的电子垃圾回收处理集聚地造成的环境污染进行了分析；介绍了废弃电子信息材料中金属的基本腐蚀形态与产物及其与重金属元素迁移特性的关联；同时，通过电子焊料的土壤填埋实验，对电子焊料中重金属元素造成的水土污染提供了相关数据，并对此类电子信息材料填埋后对地下水资源所造成的重金属污染进行预测分析。这些数据和分析结果为我国废弃电子信息产品的政策管理提供了数据支持，并对推动和加强全社会对此类产品所产生的环境问题的关注，起到了积极的作用。

希望该书的出版，使人们进一步清楚地认识到废弃电子信息产品给环境带来的危害，有利于推动废弃电子信息产品的回收管理，保护我们的生态环境和身体健康。

侯保荣

2016年9月

前　言

近年来，随着科技的快速发展，电子信息产品更新换代的速度不断加快，随之而来的是大量的废弃电子信息产品，其又称为电子垃圾。废弃电子信息产品具有数量多、潜在危害大、再生价值高、处理困难等特点。

当电子废弃物以地下填埋方式处理时，电子垃圾中的重金属元素如铅在酸雨和化学介质腐蚀环境中发生浸出，并渗入地下水系和土壤环境中，造成日益严重的水污染和土壤污染，并通过植物、动物、人类的饮用水等食物链最终影响人类健康。随着电子工业的发展，废弃电子信息产品将越来越多，因此焊料中的重金属元素对环境长期存在潜在的危害。目前，有关电子焊料中重金属元素在腐蚀环境中的浸出现象和规律还有待深刻研究，对水环境和土壤环境的污染情况还缺乏系统及深入研究。因此，充分关注废弃电子产品中主要的重金属元素在环境中的浸出特性和分布规律，以及了解这些重金属在水环境和土壤环境中的污染情况是一项迫在眉睫的工作，相关工作对于国家的环保及产业决策制定、人民群众健康水平的保障无疑有借鉴意义。

一直以来，我国腐蚀防护工作者把重心放在材料在不同环境中的腐蚀机理与防护措施等方面的研究方面，环境工作者则更关注因废污排放、事故泄漏等造成的环境污染与有害元素环境迁移特性，而废弃电子信息产品的腐蚀所造成的环境污染这一交叉领域成为研究的真空地带。开展废弃电子信息材料腐蚀对我国自然环境污染情况调查必将推动这一真空地带的研究进程，从选材及防护设计入手，减少腐蚀产物及废弃涂层可能造成的污染，进一步完善腐蚀科学与环境科学的交叉领域，填补我国在学科建设方面的空白，促进环境腐蚀科学的发展。

本书概述了电子信息产品的种类及材料，废弃电子信息产品的现状、法令法规、相关处理方式等，介绍了废弃电子信息材料中有害物质及其危害，电子垃圾回收区域对环境造成污染的典型案例，废弃电子信息产品中典型金属的腐蚀与重金属迁移特性，并结合本课题组在电子焊料的腐蚀及重金属浸出的研究基础，详细介绍了典型电子焊料在土壤环境中的腐蚀特性及重金属元素浸出特征，探讨了电子焊料腐蚀与重金属浸出的关联机制，并初步开展了我国废弃电子信息产品填埋处理后重金属浸出量的评估，为相关研究人员提供数据和理论基础。

感谢各省市政府部门对本书相关研究项目的大力支持，并提供废弃电子信息产品相关数据和资料。感谢孟宪明、杨芬、王丽华、高艳芳、樊志罡、马海涛等的研究工作，为本书的学术内容奠定了实验基础和数据支持。在撰写过程中，任媛媛、首美花、孙传圣、张东海、张卓卿等在资料收集整理等方面做了大量的工作，著者对此表示诚挚的谢意。

感谢国家科技基础性工作专项项目（No.2012FY113000）对本书有关科研工作的支持和资助。感谢中国工程院重大咨询项目“我国腐蚀状况及控制战略研究”对本书出版工作的支持和资助。

由于水平有限，时间仓促，书中难免存在疏漏和不足，敬请广大读者批评指正！

著　者

2016 年 9 月

目　录

第 1 章　电子信息产品与材料

我国《电子信息产品污染控制管理办法》中指出，电子信息产品是指采用电子信息技术制造的电子雷达产品、电子通信产品、广播电视产品、计算机产品、家用电子产品、电子测量仪器产品、电子专用产品、电子元器件产品、电子应用产品、电子材料产品等产品及其配件。

1.1　电子信息产品的主要种类

改革开放以来，我国的电子信息产业迅速发展，人们的物质生活水平也不断提高。电子信息产品涵盖十类与电子、电器相关的产品，每一类所包含的种类也繁多。人们生活中普遍认识和使用的电子信息产品主要有：电脑①、洗衣机、空调机、电视机、电冰箱等，简称为“四机一脑”。随着科技的飞速发展，手机成为使用越来越普遍的科技产品之一。“四机一脑”和手机中各个零部件都分属不同的电子信息产品，它们的发展及应用是电子信息产品发展的重要代表。

1.1.1　电脑

（1）基本结构

计算机，俗称电脑，是由硬件系统和软件系统两部分组成的。

硬件系统指构成电脑的物理设备，即由机械、光、电、磁器件构成的具有计算、控制、存储、输入和输出功能的实体部件。一台电脑常见硬件包括：电源、主板、中央处理器（CPU）、内存、硬盘、声卡、显卡、网卡、调制解调器、光驱、显示器、键盘、鼠标、音响、打印机、闪存盘等。这些硬件系统的组成材料种类非常多，铁、铅、铝、硅所占的质量分数都接近 20%。

软件系统又称程序系统，是指程序和运行时所需要的数据及其有关文档资料，包括操作系统（语言处理系统、服务程序、数据库管理系统）和应用软件。

（2）分类

根据信息表示方式、应用范围、规模和处理能力等方式[1]，电脑可分为以下几种类型，见表 1.1。

① 本书中“电脑”指计算机，考虑全书叙述需要，后文统一沿用“电脑”一词。

表 1.1　电脑的分类

分类方式	种类
信息表示方式	模拟电脑、数字电脑、数模混合电脑
应用范围	专用电脑、通用电脑
规模和处理能力	巨型机、大型机、小型机、微型机、工作站、服务器

（3）发展

1946年2月14日，美国宾夕法尼亚大学研制出世界上第一台电子电脑——电子数字积分电脑（Electronic Numerical Integrator and Computer，ENIAC），表明电子电脑时代的到来。在以后70多年里，电脑技术以惊人的速度发展，电脑技术的演化经历了由简单到复杂、从低级到高级的不同阶段，没有任何一门技术的性能价格比能在30年内增长6个数量级。

a. 第1代：电子管数字机（1946～1958年）

硬件方面，逻辑元件采用真空电子管，主存储器采用汞延迟线、阴极射线示波管静电存储器、磁鼓、磁芯；外存储器采用磁带。软件方面采用机器语言、汇编语言。应用领域以军事和科学计算为主。特点是体积大、功耗高、可靠性差、速度慢（一般为每秒数千次至数万次）、价格高。

b. 第2代：晶体管数字机（1958～1964年）

硬件方面有操作系统、高级语言及其编译程序。应用领域以科学计算和事务处理为主，并开始进入工业控制领域。性能比第1代电脑有很大的提高。

c. 第3代：集成电路数字机（1964～1970年）

硬件方面，逻辑元件采用中、小规模集成电路，主存储器仍采用磁芯。软件方面出现了分时操作系统及结构化、规模化程序设计方法。特点是速度更快，可靠性显著提高，价格进一步下降，产品走向通用化、系列化和标准化等。

d. 第4代：大规模集成电路机（1970年至今）

1971年第一台微处理器在美国硅谷诞生，开创了微型电脑的新时代。硬件方面，出现了微处理器，逻辑元件采用大规模和超大规模集成电路。外部设备也在不断地变革。例如外存储器，由最初的阴极射线显示管发展到目前通用的磁盘、光盘，以及体积更小、容量更大、速度更快的USB闪存等。软件方面出现了新一代的数据库管理系统、网络管理系统、新一代的程序设计语言和网络软件等。应用领域从科学计算、事务管理、过程控制逐步走向家庭。

另一方面，利用大规模、超大规模集成电路制造的各种逻辑芯片，已经制成了体积并不很大，但运算速度可达一亿甚至几十亿次的巨型电脑。我国继1983年研制成功每秒运算一亿次的银河Ⅰ型巨型机以后，又于1992年研制成功每秒运算十亿次的银河II型巨型电脑。

e. 第 5 代：人工智能机

第 5 代电脑是人类追求的一种更接近人的人工智能电脑。它能理解人的语言，以及文字和图形。人无需编写程序，靠讲话就能对电脑下达命令，驱使它工作。新一代电脑是把信息采集存储处理、通信和人工智能结合在一起的智能电脑系统。它不仅能进行一般信息处理，而且能面向知识处理，具有形式化推理、联想、学习和解释的能力，将能帮助人类开拓未知的领域和获得新的知识。

1.1.2　手机

（1）基本结构

手机的构成基本相同，都是由印刷线路板、用户模组、人机界面及一些输入输出界面等组成。具体包括接收电路、发射电路、逻辑音频电路、锁相频率合成电路、供充电装置及 I2C 总线，如图 1.1 所示。

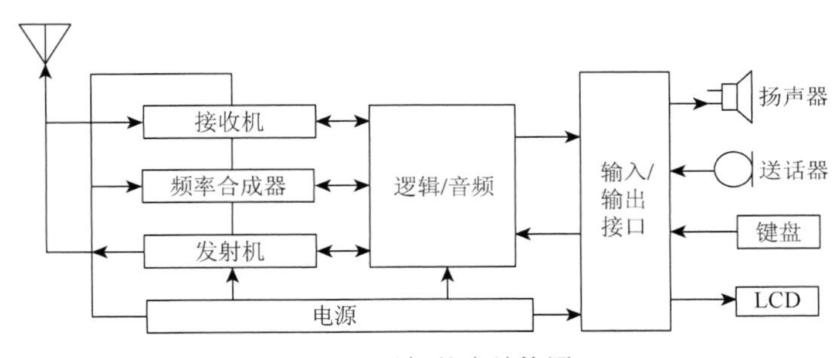

图 1.1　手机基本结构图

手机中主要含有的电子元器件有：电感器、半导体器件、集成电路、天线、磁控开关、滤波器等。这些元器件大部分都是安置在印刷线路板上。印刷线路板的出现是电子产品的一大进步。下面以印刷线路板为例，简要介绍手机中涉及的材料。印刷线路板的基材普遍以基板绝缘部分进行分类，常见的原料为电木板、玻璃纤维板，以及各式塑胶板。基板上含有金属涂层，可作为基板配线及基板线路与电子元件焊接位置。常用金属涂层有：铜、锡（厚度通常在 5～15μm）、铅锡合金（或锡铜合金，即焊料，厚度通常在 5～25μm，锡含量约在 63%）、金及银合金等。

（2）发展

继 1958 年工程师列昂尼德·库普里扬诺维奇发明了 ЛК-1 型移动电话，1973 年 4 月美国开发出第 1 台移动电话，直到现在的智能电话，手机发展已经经历了四代：

第一代手机（1G）是指模拟的移动电话，二十世纪八九十年代的大哥大就属于第一代手机。由于当时的电池容量限制及模拟调制技术和集成电路发展的制约，其体积硕大，只能语音通信，收讯效果不稳定且保密性不足。

第二代手机（2G）是数字手机，采用 GSM 或者 CDMA 等成熟标准，具有稳定的通话质量和合适的待机时间。同时可支持多种业务，如彩信业务和上网业务服务，以及各式各样 Java 程序等。

第三代手机（3G），是将无线通信与国际互联网等多媒体通信结合的新一代移动通信系统。它能够处理图像、音乐、视频流等多种媒体形式，提供网页浏览、电话会议、电子商务等多种信息服务。在室内和室外环境中能够分别支持 2Mbit/s（兆比特/秒）和 384kbit/s（千比特/秒）的传输速度。采用 3 种制式标准：欧洲 WCDMA 标准、美国 CDMA2000 标准和中国 TD-SCDMA 标准。

第四代手机（4G），以正交频分复用为核心技术，采用数字光带为基础的网络和统一的 IP 核心网，具有更大传输频宽、更高储存容量、更高相容性、更高度智慧化网路系统和整合性的便利服务等优势，4G 通信理论上达到 150Mbit/s 的高质量影像服务，比 3G 网络的蜂窝系统的带宽高出许多。

1.1.3　洗衣机

（1）基本结构

洗衣机是以电能为动力，利用机械、物理和化学的去污作用来洗涤衣物的家用电器[2]。其主要部件有：减震器、延时器、排水电磁阀、减震弹簧、洗衣电机、脱水电机、皮带轮、过滤网、电容、波轮、皮带、定时器、脱水定时器、洗衣定时器、脱水座、减速器、排水电机、减速离合器、脱水桶等。双筒洗衣机构造如图 1.2 所示。

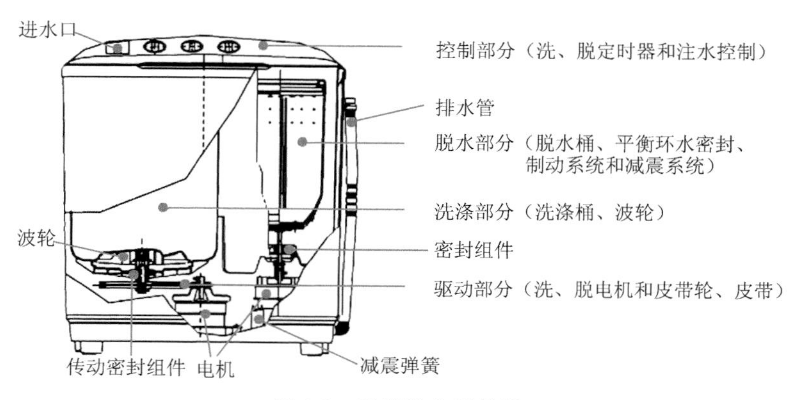

图 1.2　双筒洗衣机构造

现代洗衣机中，电机是主要驱动力。电机种类比较多，有感应电机、串激电机、无刷直流电机、三相感应电机等，电机性能的好坏直接决定了洗衣机的质量。因此，选择制作电机的材料是很重要的。金属材料被广泛应用于电机制造中。黑色金属（主要指锰、钢、铁）被用于电机支架、外罩制造；铝合金被用于电机机座、风叶等；铜合金则因为良好的导电性、弹性、耐磨性、耐腐蚀性而被应用于电机。为保证潮湿工作环境下操作面板、内部线路、元器件不能接触到水，现在橡胶、塑料材料在洗衣机中所占的比例越来越多。

（2）分类

洗衣机根据自动化程度、洗涤方式和结构型式的不同可以分为以下几类，见表 1.2。

表 1.2　洗衣机分类[2, 3]

分类方式	种类
自动化程度	普通，半自动，全自动
洗涤方式	波轮式，滚筒式，搅拌式，超声波，真空，蠕动式，喷流式，喷射式
结构型式	单桶，双桶

（3）发展

1858 年，美国人汉密尔顿·史密斯制成了世界上第一台滚筒式洗衣机，动力以人力和畜力为主。随着动力装备、控制系统及电机技术发展，洗衣机也不断发生变革。

1880 年，水力洗衣机、内燃机洗衣机相继出现。

1911 年，美国成功试制世界上第一台电动洗衣机。1932 年，第一台前装式滚筒洗衣机研制成功，实现了洗涤、漂洗、脱水多功能一体化。

20 世纪 70 年代后期，微电脑控制全自动洗衣机出世。

20 世纪 90 年代，日本生产出由电机直接驱动式洗衣机，省去了齿轮传动和变速机构，引发洗衣机驱动方式的巨大革命。

中国的洗衣机产业起步较晚，直到 1978 年洗衣机才先后在北京、大连、无锡、哈尔滨等地开始生产。1982 年后出现波轮式双桶洗衣机、滚筒式洗衣机、波轮式全自动洗衣机及搅拌式洗衣机，形成较为完善的洗衣机开发及生产体系[2]。

1.1.4　电视机

（1）基本结构

电视机分黑白电视机与彩色电视机。黑白电视机只能传送景物的亮度信息；

彩色电视机不仅能传送景物的亮度信息，还能传送景物的彩色信息。彩色电视机是在黑白电视机与色度学的基础上发展起来的[4]。

a. 黑白电视机

天线接收到高频电视信号，送入到输入回路，输入回路主要用于选台；经高频放大电路，因为收到的高频信号比较微弱，需要对其进行放大，以便后续电路对其进行处理。高频放大后送入混频电路，混频电路与本振电路一起配合把高频电视信号转变为 38MHz 的图像中频信号和 31.5MHz 的伴音中频信号；然后经中频放大电路和视频检波电路，全电视信号从中频载波中取出来，全电视信号到了视频前置级分为三路，一路是图像视频信号送入显示器；另一路是声音信号送入伴音电路进行放大，最后驱动扬声器发声；最后一路经 AGC（automatic generation control），ANC（automatic noise control）电路送入同步分离电路，同步信号用于控制振荡电路的振荡频率，使其频率和发射端一样。加上扫描电路就能还原出发射端的图像。

b. 彩色电视机

它与黑白电视机有许多相同的地方，其主要不同点是增加了解码器和彩色显像管的附属电路，另外彩色显像管取代了黑白显像管。

彩色电视机高频头、中频通道、预视放、伴音部分、扫描部分与黑白电视机基本相同，其不同之处是伴音检波和图像检波要分开。解码器是彩色电视机所特有的。它的主要任务是将彩色全电视信号进行解码，还原成 R、G、B 三个基色信号。它主要由亮度通道、色度通道、副载波恢复电路、解码矩阵四大部分组成。

亮度通道的任务是产生不带色度信号的亮度信号，并要求它与色差信号在时间上保持一致，且具有适当的幅度。它主要包括自动清晰度（automatic resolution control，ARC）电路和副载波吸收电路、亮度放大电路、延时均衡电路等。

色度通道主要由带通放大、梳状滤波器和 U、V 同步检波电路组成，它的任务是产生 U、V 两个色差信号。

副载波恢复电路由色同步选通放大、鉴相器、副载波晶体振荡器、PAL 识别电路、电子开关、90°移相器等电路组成。它的任务是为 U 同步检波器提供与电视台同频同相的基准副载波，为 V 同步检波器提供±90°副载波。

解码矩阵的任务是将 Y、U、V 还原成 R、G、B 三基色信号，经视放末级放大后，送到彩色显像管，产生彩色图像。解码器还包括自动色度控制（automatic chrominance control，ACC）和自动消色（automaticcolour killer，ACK）电路等附设电路。

彩色显像管的附属电路包括会聚（不需要自会聚管）、几何畸变校正、白平衡调整及色纯调整、消磁等电路。

c. 数字处理电视

它是模拟电视机采用数字信号处理技术，对其视频及音频质量进行提高的统称。它接收的电视信号仍然是模拟信号。数字处理电视不同于真正的数字电视，它介于模拟电视和数字电视之间。在数字电视还等待发展的今天，具有数字处理技术的新一代电视正在扮演着重要的角色。

接收机在接收到传统的模拟信号后，在视频检波后对视频基带信号和伴音信号进行数字化处理，以增加功能和提高图像与伴音质量。数字处理电视的主要功能为改善模拟电视机的图像质量和增加显示图像的花样，如画中画、双画面、倍行、倍场等，数字处理电视机是目前模拟电视机改进性能、提高技术含量的主要发展方向，也是今后模拟电视机向数字电视机过渡的一种技术准备。

数字信号处理电路是数字处理电视机的核心。它首先必须把模拟的视频信号经模/数转换电路，变成数字信号，然后按功能要求进行数字信号处理，最常用的处理项目有：数字梳状滤波亮色分离、黑电平扩张、色度瞬态改善、边缘增强、画中画处理、双画面显示处理、倍场消闪烁处理、倍行内插处理等。经数字信号处理后的数字视频信号（比特流）就可以送到数字视频显示器还原出高质量的图像。当然显示器也可以是模拟显像管，但必须经过数/模转换电路，变成模拟视频信号才能显示[4]。

（2）分类

电视机根据色彩、屏幕尺寸、成像原理等分为以下几种类型（表 1.3）。

表 1.3　电视机的分类

分类方式	类型
色彩	黑白电视、彩色电视
屏幕尺寸	小屏幕（14～22 英寸①）、大屏幕（25～34 英寸）、超大屏幕
信号类型	模拟电视、数字电视、地面电视（无线电视）、有线电视、卫星电视、手机电视、网络电视、宽带电视
观看角度	直视式电视机、投影式电视机
成像原理	阴极射线管（CRT）显示、液晶显示（LCD）、等离子显示（PDP）、数字光处理（DLP）显示、发光二极管（LED）显示
技术趋势	2D 电视、3D 电视
使用功能	普通型电视、投影电视、图文电视、高清晰数字电视、多媒体电视、立体电视、交互电视、增强清晰度电视、数字电视、数模兼容电视

① 1 英寸约为 2.54 厘米。

（3）发展

自 1880 年法国人莱布朗克利用镜面往返直线扫描对图像进行分解和再现研究以来，研究者们在机械电视传播方面开展了大量研究。直到 1923 年，俄裔美国科学家兹沃里金采用光电显像管、电视发射器及电视接收器实现了全面性“电子电视”发收系统研制，成为现代电视技术的先驱，使电视进入公众生活之中。1925 年，英国科学家研制成功电视机。

1928 年，美国纽约 31 家广播电台进行了世界上第一次电视广播试验，此举宣告了作为社会公共事业的电视艺术的问世。

1929 年，美国科学家伊夫斯发明了彩色电视机。

1933 年，兹沃里金又研制成功可供电视摄像用的摄像管和显像管。

1958 年，我国第一台黑白电视机北京牌 14 英寸黑白电视机在天津 712 厂诞生。

1978 年，国家批准引进第一条彩电生产线。

1985 年，中国电视机产量已达 1663 万台，超过了美国，仅次于日本，成为世界第二大电视机生产国。

1985～1993 年，中国彩电市场实现了大规模从黑白电视机替换到彩色电视机的升级换代。

1.1.5 电冰箱

（1）基本结构

电冰箱由箱体、制冷系统、控制系统和附件构成。在制冷系统中，主要有压缩机、冷凝器、蒸发器和毛细管节流器四部分，自成一个封闭的循环系统。其中蒸发器安装在电冰箱内部的上方，其他部件安装在电冰箱的背面。系统里充灌氟利昂 12（R12）作为制冷剂。R12 在蒸发器里由低压液体气化为气体，吸收冰箱内的热量，使箱内温度降低。变成气态的 R12 被压缩机吸入，靠压缩机做功把它压缩成高温高压的气体，再排入冷凝器。在冷凝器中 R12 不断向周围空间放热，逐步凝结成液体。这些高压液体必须流经毛细管，节流降压后才能缓慢流入蒸发器，维持在蒸发器里持续不断地气化，吸热降温。就这样，冰箱利用电能做功，借助制冷剂 R12 的物态变化，把箱内蒸发器周围的热量搬送到箱后冷凝器里放出，如此周而复始不断地循环，以达到制冷目的。其工作原理如图 1.3 所示。

电冰箱的主要组成部分所占比例见表 1.4，电冰箱的各部分组成及材料、潜在的有毒有害物质、回收利用方式见表 1.5，可见材料所占比例最大的是铁，除此之外在线路板、电子元件中含有汞等大量重金属等有毒有害物质。我国每年废弃电冰箱的数量巨大，如果不能很好地回收利用，不仅浪费资源，还会污染环境。

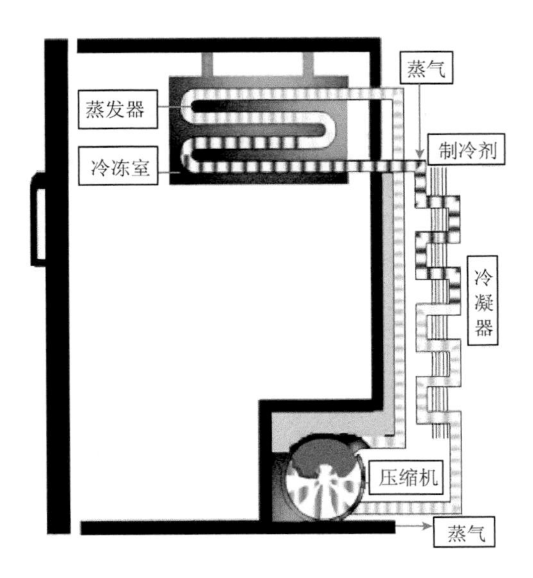

图 1.3　电冰箱工作原理示意图

表 1.4　家用电冰箱的平均组成[2]

可分离部分	比例/%	工作流体	比例/%	机架	比例/%
电缆，插头	1	压缩机油	0.92	铁	44
玻璃盘	2	CFC-12	0.64	铝	4
塑料盘	5	CFC-11	1.44	聚氨酯泡沫	10
压缩机铁（19），铜（3）	22	电子元件（继电器中的汞，电容中的 PCB 等）	—	各种塑料	7
				橡胶，混杂部分	1
小计	30	小计	3	小计	67

表 1.5　电冰箱的组成以及材料[2]

组成	材料	潜在的有毒有害物质	回收利用方式
外壳	覆有彩漆钢板		送到电炉厂回收
绝热层	聚氨酯泡沫	含有氟碳化合物	需要单独收集及无害化处理
加热棒	铜和铁		直接回收利用
压缩机	铁、铜等	压缩机机油等	
电机	铁铜塑料		直接回收利用
电扇	ABS 塑料		直接回收利用
蒸发器	铁铝		直接回收利用
冷凝器	镀铜（锌）铜板、钢管（丝）		
制冷剂控制系统	线路板	重金属	

表 1.6 是电冰箱的材料组成和质量比，可见金属材料在电冰箱材料构成中仍旧占有很大比重，其次是塑料以及聚氨酯泡沫。最早期的电冰箱外壳是木材，绝缘材料采用木屑和海藻的混合物。现代电冰箱外壳采用钢板，各方面的性能都比木材优良。现在的环保冰箱很多都采用了新型的材料，如聚氨酯材料具有优良保温效果、绿色环保、与其他材料有很强自黏性的特点，同时具有制作设备简单、施工效率高、环境污染小的优势。

表 1.6　电冰箱的材料组成和质量比[2]

材料组成	质量/kg	质量比/%
钢	28.50	49.78
铜	2.32	4.05
铝	0.54	0.94
聚氨酯泡沫	6.36	11.11
橡胶	0.77	1.34
其他塑料	17.48	30.53
纸制品	0.10	0.17
玻璃	0.04	0.07
氟氯化碳和制冷剂	0.30	0.52
印刷线路板	0.16	0.28
冷凝器	0.03	0.05
拆卸过程损失量	0.65	1.14
总计	57.25	100

（2）分类

根据工作原理、制冷系统、箱内冷却方式、箱门、容积和用途等，电冰箱可分为以下几种类型，见表 1.7。

表 1.7　电冰箱的分类

分类方式	种类
原理	压缩式电冰箱、吸收式电冰箱、半导体电冰箱、化学电冰箱、电磁振动式电冰箱、太阳能电冰箱、绝热去磁制冷电冰箱、辐射制冷电冰箱、固体制冷电冰箱
制冷系统	机械温控电冰箱、电子温控电冰箱、电脑温控电冰箱
箱内冷却方式	直冷式电冰箱、间冷式电冰箱、直间并用式电冰箱
箱门结构	单门式电冰箱、双门式电冰箱、对开双门式电冰箱、三门式电冰箱、四门式电冰箱、可移动式电冰箱、个人专用迷你式电冰箱
容积	＜100L、100～180L、181～230L、231～290L、＞290L
用途	食品冷藏、食品冷冻、冷藏冷冻

（3）发展

电冰箱是保持恒定低温的一种制冷设备，也是一种使食物或其他物品保持恒定低温冷态的民用产品。自 1790 年最早提出人工制冷以来，经历了人工制冷实验、压缩式制冷装置研发等阶段，1913 年在美国芝加哥世界上最早的家用冰箱研制成功。1918 年，世界上第一台机械制冷家用自动电冰箱出现。随后，家用吸收式、全封闭式等一系列冰箱快速出现，1931 年制冷剂氟利昂 21 研制成功并广泛应用。50 年代后半期开始生产家用热电冰箱，并在绿色环保制冷剂研发、多功能设计、新材料应用、自动化控制应用方面发展迅速。

1.1.6　空调

（1）基本结构

空调的主要部件由箱体、制冷系统、通风系统、电器控制系统等组成，如图 1.4 所示。

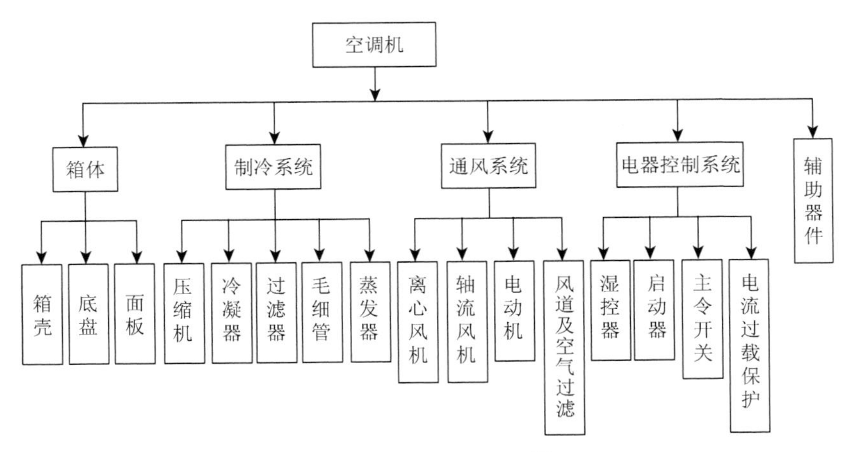

图 1.4　空调机的组成[2]

a. 压缩机

空调压缩机在空调制冷剂回路中起压缩驱动制冷剂的作用。压缩机把制冷剂从低压区抽取压缩后送到高压区冷却凝结，通过散热片散发出热量到空气中，制冷剂从气态变成液态，压力升高。制冷剂再从高压区流向低压区，通过毛细管喷射到蒸发器中，压力骤降，液态制冷剂变成气态，通过散热片吸收空气中热量。这样，压缩机不断工作，就不断地把低压区一端热量吸收到制冷剂中，再送到高压区散发到空气中，起到调节气温的作用。其核心构件是由阴、阳两个螺杆构成的齿间容积对。工作时，阴螺杆、阳螺杆转向互相迎合一侧的气体受压缩，这一侧面称为高压区；相反，螺杆转向彼此背离的一侧面，齿间容积扩大并处在吸气阶段，称为低压区。

b. 冷凝器

冷凝器位于压缩机排气口和节流装置（毛细管或电子膨胀阀）之间，将压缩机送来的高温低压气体，在冷凝中通过铜管、铝箔片等将管内制冷剂与管外空气强制热交换，使制冷剂在冷却凝结过程中，压力不变，温度降低，由气体转化为液体。

c. 蒸发器

蒸发器利用液态低温制冷剂在低压下易蒸发，转变为蒸气并吸收被冷却介质热量，从而达到制冷目的。根据被冷却介质种类不同，蒸发器可分为两大类：①冷却液体载冷剂的蒸发器，这类蒸发器常有卧式蒸发器、立管式蒸发器和螺旋管式蒸发器等；②冷却空气的蒸发器，这类蒸发器有冷却排管和冷风机。其通常由排管和相应的翅片组成。

d. 四通阀

四通阀是具有四个油口的控制阀。四通阀是制冷设备中不可缺少的部件，其工作原理是，当电磁阀线圈处于断电状态，先导滑阀在右侧压缩弹簧驱动下左移，高压气体进入毛细管后进入右端活塞腔，另一方面，左端活塞腔的气体排出，由于活塞两端存在压差，活塞及主滑阀左移，使排气管与室外机接管相通，另两根接管相通，形成制冷循环[5]。

e. 毛细管组件

毛细管组件包括毛细管和单向阀。其中单向阀普遍应用于空调室外机中，它由辅助毛细管及单向阀组成，单向阀组件安装在室外机的下后方，通常由一块黑颜色的减震块包着，包沥青起消音的作用。

单向阀组件只在空调制热过程中起作用，其目的是增大制冷剂流动阻力，减小制冷剂流动速度，使制冷剂在室外机充分蒸发，使压缩机排出的制冷剂气体变为制冷剂液体，提高空调制热效果[5]。

空调的大部分部件都是由铁碳合金、铜以及塑料构成。表 1.8 是废弃空调材料组成。同大部分电子产品一样，金属材料都是极其重要的组成部分。除此之外，印刷线路板也是不可或缺的。

表 1.8　废弃空调产品中材料含量（%）[2]

铁合金	铜合金	铝合金	其他合金	塑料	气体	印刷线路板	其他	合计
45.9	18.5	8.6	1.5	17.5	2	3.1	2.8	100

注：塑料不含印刷线路板；印刷线路板包括焊锡。

（2）发展

公元前1000年左右，波斯人已发明一种古式的空气调节系统。19世纪，英国迈克尔·法拉第（Michael Faraday）发现压缩及液化气体可将空气制冷的现象。1844年，美国医生约翰·哥里（John Gorrie）用发明的制冰机在医院进行气温调节，自此以后采用制冷机实现室内空气调节的研究和应用广泛开展。直到1902年，威利斯·开利（Stuart W. Crawer）发明第一套由电力推动的空调，实现温度和湿度同时调控，具有里程碑意义。

1923～1939年空调发展更为迅速，并在1930年实现房间单个空调商品化。1945年以后，新型制冷剂、控制系统以及压缩机组的研发，使各种现代化空调竞相出现，例如：1945年第一台溴化锂吸收式制冷剂出现，1962年研制成功第一台正压冷水机组，1982年第一台VRV（Variable Refrigerant Volume）楼宇用中央空调得到应用，1985年变频VRV系统研发成功，在世界掀起变频浪潮，2010年世界上第一款变频水冷螺杆机组诞生，2011年全变频VRV系统研制成功。

1.2 电子信息材料的分类

电子信息材料是指在微电子技术、光电子技术以及新型电子元器件中应用的材料。电子信息材料为电脑、通信技术、信息家电、工业自动化、微机械智能系统、信息网络技术等现代信息产业的发展提供了重要的、必不可少的支撑条件和物质基础。它涉及物理、电子学、电脑、冶金、化工、建材、轻工、高电子、材料、机械、化工等众多领域。按照电子信息材料的功能分类，其主要包括金属材料、硅单晶、液晶材料、电子陶瓷材料等。从材料类型的大类别来看，可将电子信息材料分为：金属材料、无机非金属材料和高分子材料等。下面从这三个方面分别介绍。

1.2.1 金属材料

金属材料一般是指工业应用中的纯金属或合金。自然界中有70多种纯金属，其中常见的有铁、铜、铝、锡、镍、金、银、铅、锌等。而合金常指两种或两种以上的金属与金属或金属与非金属结合而成的，并且具有金属特性的材料。常见的合金有钢（铁和碳组成）、黄铜（铜和锌形成）等[6]。金属材料在固态下具有晶体结构，并且具有独特的金属光泽且不透明。因为其具有良好的导电性、导热性、延展性，金属材料在电子信息产品中应用广泛。

金属材料通常分为黑色金属、有色金属和特种金属材料。

a. 黑色金属又称铁金属，是指铁元素或以铁元素为主冶炼而成的合金。常见的黑色金属包括含铁 90%以上的工业纯铁，含碳 2%～4%的铸铁，含碳小于 2%的碳钢，以及各种用途的结构钢、不锈钢、耐热钢、高温合金、精密合金等。广义的黑色金属还包括铬、锰及其合金[6]。电子信息材料中常用的黑色金属见表 1.9。

表 1.9　黑色金属在电子信息材料中的应用[7]

材料名称	材料特点	应用范围
薄钢带	塑性韧性好，有良好的冲压、拉伸和弯曲性能，易冲压成各种形状的零件	电子元器件
覆镍钢带	表面覆镍，极易与硅集成电路片的焊接。可焊性、散热性、导电导热性好，表面光洁	制造镉镍碱性电池极板、外壳和筋，以及其他用途的零件
负温度系数精密合金线（铁锰铝丝、负锰丝）	温度系数为负值。制作困难但造价低。裸线抗氧化性差，需防潮保护	用作标准电子、电器仪表的电阻材料
镀锡铜包钢线	具有良好的镀层厚度、镀层表面质量、线材的导电率、机械性能以及可焊性	彩色电视机、收录机、节能灯等配套的大、中功率塑封引线框架的框架材料

b. 有色金属又称非铁金属，是指黑色金属以外的其他金属或者合金，如金、银、铜、锡、铝及铜合金。通常将有色金属细分为轻金属、重金属、贵金属、半金属、稀有金属和稀土金属等。有色合金的强度和硬度一般比纯金属高，并且电阻大、电阻温度系数小[8]。其应用见表 1.10。

表 1.10　有色金属在电子信息材料中的应用[7]

材料名称	材料特点	应用范围
防氧化焊锡条		适用于波峰焊工艺
防氧化特种焊条	300℃以下 24h 不氧化。具有节锡、焊点细腻、耐腐蚀的特点	满足电子工业波峰焊接工艺要求
高强度铝焊丝	流动性好，焊接强度高	用于焊接 LD10CS 的板材，并能用于 LY12 的焊接
高性能多用焊锡丝	钎剂去膜能力强，钎料铺展速度快，焊点光亮、饱满，接头质量可靠，适用范围广	适用于紫铜、黄铜等材料的钎焊，适用于电力电容器、镀镍电子元器件的引线、灯头、电冰箱散热管与毛细管的钎焊
活性焊锡丝	可焊性强	用于精密仪器、仪表、电子行业、广播电视、电脑等的焊锡
喷金丝/条	钎焊性好，附着力强，电容损耗小	薄膜电容器和电力电容器喷涂
喷涂纯锌丝	纯度高，雾化性能好，附着力强，防腐性能好	电子元器件、喷镀件、防腐材料、汽车零配件、机械零件
树脂芯焊锡丝	具有良好的钎焊性能和电性能，腐蚀性小	适用于电子仪器、仪表、电器生产线上的钎焊
软铅焊料	熔点低，高低温强度和漫流性好，填充力强，抗蠕变性能好	电子行业及军工产品的特殊封装材料，集成电路的气密性封装，铜及铜合金焊接等

续表

材料名称	材料特点	应用范围
锡铅焊条	纯度高，杂质含量低，出渣率低，焊点光亮	适用于集成电路气密性焊封，被封焊的基体母材为可瓦合金的镀金件
锡锑-锡锡封装焊料	替代金焊料，焊接性能好	适用于集成电路气密性焊封，被封焊的基体母材为可瓦合金的镀金件
锡铜焊料	熔点低，有良好的导电性和润湿性，填充能力强，钎焊缝强度高，光洁度好	电子、电子管、真空管、仪器仪表、不锈钢、低碳钢的焊接，以及铜和铜合金的焊接
银铜焊料	流动性能好，焊接性能好	电子器件、电真空微波管、邮电电信等行业。尤其适用于电子行业对焊接性、电性能要求较高的场合
覆锡铈合金铜质带材	在可焊性、防盐雾、防硫、防潮等方面性能优良	制作接插件或其他弹性元件
高纯铝带箔	纯度高	激光器的阴极材料以及可控硅、高压硅堆等半导体器件用的烧结材料
金箔	导电性好、化学稳定性好、耐腐蚀、不易氧化、工艺性能好	用于电子、电信、仪表等工业部门
硅铝合金带箔	纯度高、烧结性能好	电力硅可控器件、整流晶闸管以及中小功率电器元件中用作烧结材料
康铜极薄带材	电阻温度系数低	用于制造常温温度自补偿箔式应变片及电子仪表工业部门
锰白铜丝	在一般介质中有一定的抗氧化性和耐腐蚀性，电阻系数属中等，电阻温度系数较小且稳定	用于起重电机降压电阻，电子元件的线绕电阻
镍板	尺寸精确，有良好的机械性能，优良的耐腐蚀性能，有高的热强度	用于制作耐碱容器、支架、面板和碱性电池的阴极材料
镍带	熔点高、热强度高及良好的耐腐蚀性能、机械性能和加工性能。具有高的电真空性能	用于制作灯泡的支架、阴极和电池的阴极材料，生产金刚石用的催化剂等
镍铜合金	公差直径准确，加工性能好，耐腐蚀性强。同时是无磁性材料	电子、仪表等工业部门制造耐蚀零件
镍线	熔点高，耐蚀，机械性能高，在热、冷状态下有好的加工性能，具有铁磁性、磁伸缩性、高的电真空性能等特殊性能	无线电、机械制造、化工及其他工业部门作结构零件用
铍青铜箔材	高的强度、硬度，高弹性极限，耐疲劳，耐磨，耐蚀，无磁性，导电导热较好，受冲击时不产生火花	在录音机、录像机磁头中用作隔磁材料
钛箔	相对密度小、强度高、熔点高、导热系数小、热膨胀系数小、耐蚀性高、无磁性等特点	适用于隔磁材料、录音机、录像机磁头等电子产品
钨铈电极	韧性好	氩弧焊、等离子弧焊接和切割、喷涂、熔炼、电光源和激光器等
银箔	导电导热性好，在空气中不发黑、不失光泽、化学稳定性好，耐腐蚀，纯度高，公差准确，工艺性能好	用于电信、电气等部门制造零件

续表

材料名称	材料特点	应用范围
高纯铝线		半导体元器件引线，真空镀膜高纯铝材，蒸发材料
局部镀铝铜带		用于高精度、高可靠性的大、中功率集成电路塑封引线框架材料
键合硅铝丝	焊接后不易脱落，造价低	应用于发光二极管、晶体管、集成电路和大规模集成电路等半导体器件中作为内引线
键合金丝	导电性好，化学稳定性好，耐腐蚀，不易氧化，高塑性，低强度	用于晶体管、集成电路等各种半导体器件中作为内引线

c. 特种金属材料包括不同用途的结构金属材料和功能金属材料。其中有通过快速冷凝工艺获得的非晶态金属材料，以及准晶、微晶、纳米晶金属材料等；还有隐身、抗氢、超导、形状记忆、耐磨、减震阻尼等特殊功能合金以及金属基复合材料等。其包括超细晶粒钢、形状记忆合金、金属粉末材料等；除此之外，某些高品质的超细金属粉，如钯粉、镍粉、铜粉、钌粉、金粉及其相应的合金粉等，也广泛应用于厚膜电子浆料及导体浆料中[9]。

1.2.2　无机非金属材料

无机非金属材料是以某些元素的氧化物、碳化物、氮化物、卤素化合物、硼化物以及硅酸盐、铝酸盐、磷酸盐、硼酸盐等物质组成的材料。无机非金属材料是20世纪40年代以后，随着现代科学技术发展从传统硅酸盐材料演变而来的。无机非金属这一大类材料具有高熔点、高硬度、耐腐蚀、耐磨损、高强度和良好的抗氧化性等特点。

无机非金属材料对国家经济建设和科技发展有着很重要的影响[10]。在电子信息材料中，也有很多用途广泛的无机非金属材料。其中，半导体和电子陶瓷材料是极其重要的组成部分，应用最为广泛。

半导体是指导电性介于导体和绝缘体之间，它们的电导率在10^{-9}～10^{2}S/cm范围内。在一般情况下，半导体电导率随温度的升高而增大，这与金属导体恰好相反。构成固态电子器件的基体材料绝大多数是半导体，正是这些半导体材料的多种性质赋予不同的电子元器件以不同的功能和特性。常用的半导体有硅（Si）、锗（Ge）、硒（Se）、砷化镓（GaAs）以及金属的氧化物和硫化物等。目前用来制造半导体的材料大多是单晶半导体，主要有硅、锗和砷化镓等。中国的半导体研究和生产是从1957年首次制备出高纯度（99.999999%～99.9999999%）的锗开始的。集成电路及半导体材料以硅为主体，使电子信息产业向前跨进了一大步[11]。此外，以砷化镓为代表的Ⅲ～Ⅴ族化合物的发现促进了微波器件和光电器件的迅速发展。电子信息产品中的半导体材料特点及应用范围见表1.11。

表 1.11　半导体在电子信息产品中的应用[7]

材料名称	材料特点	应用范围
硅单晶	热导率、熔点和硬度较高，线膨胀系数小，电学性能优良	二极管，晶体管，集成电路，电力电子器件，太阳能电池，电荷耦合器件
硅单晶抛光片	几何尺寸精确，精度高，内在质量好，表面洁净，无色斑、沾污，使用性能稳定	可控硅整流元件，高压硅堆，硅靶摄像管，晶体管，电力电子器件，太阳能电池，集成电路
硅多晶	硅多晶主体部分是结晶相物质，结晶相中的质点都按确定的点阵位置呈周期性排列，它是许多微小晶体通过界面结合而成	制备各种规格型号的 CZ 硅单晶和 FZ 硅单晶
锗单晶	载流子迁移率比硅高，在相同条件下具有较高工作频率和较低饱和压降以及较高开关速度，并具有较好低温特性。具有高折射率和低吸收率	雪崩二极管，高速开关管，低温红外探测器，红外透镜和光学窗口
中子嬗变掺杂硅单晶	电阻率高，掺杂均匀，径向电阻率分布均匀，避免常规掺杂时杂质条纹的产生	硅靶摄像管，射线探测器，静电感应晶体管，静电感应晶闸管，绝缘栅双极晶体管
碲化铅单晶	在高温下有最大的优值系数	用于热电变换器，红外探测器，隧道二极管
磷化镓单晶	能够发出黄、红、绿色光的优良发光材料	发光二极管
磷化铟单晶	质地软，有较高的极限速度，利于制作低噪声器件	长波长激光器，激光二极管，光电集成电路，太阳电池，高电子迁移率晶体管
锑化镓单晶	室温下最高纯度的锑化镓单晶总是 p 型	激光器，探测器，高频器件，太阳电池
砷化镓单晶	禁带宽度大，电子迁移率高	光电器件，激光器，场效应晶体管，高电子迁移率晶体管，异质结双极晶体管，高速器件和微薄单片集成电路，高速集成电路，太阳电池
硅外延材料	外延层厚度均匀性和电阻率均匀性较高。在外延层制作各种器件，可以减少和消除锁存现象和电噪声等，增大了器件设计的灵活性，推动了硅单面工艺及集成电路的发展	半导体分立器件，大功率晶体管，光电器件，微波器件，集成电路

电子陶瓷材料是应用于电子技术中的各种陶瓷，主要分为结构陶瓷和功能陶瓷。结构陶瓷是用于制作电子元件、器件、部件及电路中基体、外壳、固定件和绝缘零件等的陶瓷材料。而功能材料是用于制造电容器、电阻器、电感器、换能器、滤波器、振荡器、传感器等，在电路中起一种或多种功能的陶瓷材料。电子陶瓷材料具有高的机械强度、耐高温高湿、抗辐射，介质常数在很宽的范围内变化，介质损耗角正切值小，电容量温度系数可以调整，抗电强度和绝缘电阻值高，以及老化性能优异[12]。电子信息材料中电子陶瓷材料特点及应用范围见表 1.12。

表 1.12　电子陶瓷材料在电子信息材料中的应用[7]

材料名称	材料特点	应用范围
氧化铝瓷	具有极高的机械强度，导热性能好，抗电强度高，电阻率高，介电损耗低，电性能随温度和频率的变化较稳定	用于电子、航空航天、化工机械、民用建筑等工业部门
氧化铍陶瓷	介电常数低、高绝缘强度、高机械强度和高热率。具有高熔点，低热中子吸收截面和高 X 射线透过率	用于微波以及 X 射线作窗口材料

续表

材料名称	材料特点	应用范围
滑石陶瓷	具有较高的机械强度，较低的介电损耗	用于高频装置零件、小容量大功率电容器和微调电容器
金红石瓷	高频介电常数较高，介质损耗小，常用来作为高频温度补偿电容器陶瓷材料	用于制造高功率电容器和高频温度补偿电容器
镁橄榄石瓷	具有较高的体积电阻率	广泛用作电真空瓷、高功率电容器瓷、电阻瓷和碱性耐高温陶瓷
钛酸钡铁电陶瓷	具有极强的铁电性，有很好的介电常数	用于制造大容量、低变化率、低损耗、耐高压等各类陶瓷电容器
锆钛酸铅压电陶瓷	温度稳定性好，规格品种系列化，能适合各种器件的要求	用于压电陶瓷滤波器、压电陶瓷发声器件
钛酸钡热敏电阻陶瓷	常温阻值小，高温电阻率大，制成器件后具有自动恒温、升温快、可靠性高、寿命长等特点	用于各种用途的半导体正温度系数热敏电阻器、发热元件及家用电器中的马达保护元件

1.2.3 高分子材料

高分子材料，也称聚合物材料，是以高分子化合物为基础的材料。高分子材料是由分子量较高的化合物构成的材料，包括橡胶、塑料、纤维、涂料、胶黏剂等通用高分子材料和高分子基复合材料、高分子合金、高性能高分子材料、功能高分子材料。

高分子材料独特的结构和易改性、易加工特点，使其具有其他材料不可比拟、不可取代的优异性能，从而广泛用于各个领域。很多天然材料通常也是由高分子材料组成的，如天然橡胶等。人工合成的化学纤维、塑料和橡胶等也是高分子材料的重要组成。而光电磁功能高分子材料在半导体器件、光电池、传感器、质子电导膜中起着重要作用，是电子信息技术领域的物质基础[13]。下面简要介绍高分子材料中的几类重要物质。

（1）塑料

塑料是以聚合物（树脂）为主要成分，另加有改性用的添加剂或加工助剂，在一定温度、压力条件下可塑化成型、并在常温下保持形状不变的材料。塑料密度小、电绝缘性好、力学性能变化范围大。在现代工业中，塑料是极其重要的一种材料。

塑料根据加热后的情况可分为热塑性塑料和热固性塑料。加热后软化，形成高分子熔体的塑料称为热塑性塑料。工业上常见的热塑性塑料有聚乙烯（PE）、聚丙烯（PP）、聚苯乙烯（PS）、聚甲醛（POM）、聚甲基丙烯酸甲酯（PMMA，俗称有机玻璃）、聚氯乙烯（PVC）、尼龙（Nylon）、聚碳酸酯（PC）、聚氨酯

（PU）、聚苯醚（PPO）、聚苯硫醚（PPS）、聚四氟乙烯（特富龙，PTFE）、聚对苯二甲酸乙二醇酯（PET，PETE）、液晶聚合物（LCP）等[14]。加热后固化，形成交联的不熔结构的塑料称为热固性塑料。常见的有环氧树脂、酚醛塑料、聚酰亚胺、三聚氰胺甲醛树脂等。塑料的加工方法包括注射、挤出、膜压、热压、吹塑等。

（2）橡胶

橡胶是有机高分子弹性体，在较宽的温度范围内具有很好的弹性。橡胶制品的主要原材料是天然橡胶和合成橡胶。天然橡胶是从植物中获得，其主要成分是聚异戊二烯。合成橡胶是由各种单体经聚合反应合成得到，主要品种有丁基橡胶、顺丁橡胶、氯丁橡胶、聚异戊二烯橡胶、丁腈橡胶、三元乙丙橡胶、丙烯酸酯橡胶、聚氨酯橡胶高分子材料、硅橡胶、氟橡胶、聚硫橡胶等[14]。

（3）纤维

纤维是指长度比直径大很多倍并且有一定柔韧性的纤细物质。合成纤维是高分子材料的另外一个重要应用。合成纤维是由合成的聚合物制得，品种繁多。常见的合成纤维包括尼龙、涤纶、腈纶聚酯纤维、芳纶纤维等。

（4）涂料

涂料是合成树脂另一种应用形式，是涂附在工业或日用产品表面起美观或保护作用的一层高分子材料，主要组分包括成膜物、颜料和溶剂。常用的工业涂料有环氧树脂、聚氨酯等。

（5）胶黏剂

胶黏剂是通过界面（表面）层分子（原子）间相互作用，把两个固体材料表面连接在一起的物质或材料。胶黏剂根据主体材料来源有天然与合成之分，目前获得广泛应用的是合成胶黏剂，即以化学合成物为基础的胶黏剂。胶黏剂既能很好地连接各种金属和非金属材料，又能对性能相差悬殊的材料，如金属和塑料、水泥和木材、橡胶和帆布等实现良好的黏接。它可以补充或代替传统的铆接、焊接、螺接等连接方式，节省能源。胶黏剂在电子、电器工业中主要作绝缘材料、浸渍材料、灌封材料、导热材料、导电材料。印刷线路板、磁带和箔式电容器、音箱、高集成芯片等电子元器件制造及密封保护等需要应用高性能的胶黏剂，以达到提高生产效率、减小电子电器的体积、增加产品的稳定性和安全性的目的[14]。胶黏剂根据使用方式可以分为聚合型，如环氧树脂；热融型，如尼龙、聚乙烯；加压型，如天然橡胶；水溶型，如淀粉。

（6）光电功能高分子材料

光电功能高分子材料是具有光学功能、电学功能以及光电转化功能的高分子材料。该材料在电子信息领域占有很重要的地位。

光学功能高分子材料包括各种光稳定剂、光刻胶、感光材料、非线性光学材料、光导材料和光致变色材料等。

电学功能高分子材料包括导电聚合物、超导性高分子、感电性高分子等。

光电转化功能高分子材料包括压电性高分子、热电性高分子、电致发光及电致变色以及其他电敏感性材料等。

根据不同的材料特点，高分子材料在电子信息材料中的应用也不同，其应用范围见表 1.13。

表 1.13　高分子材料在电子信息产品中的应用[7]

材料名称	材料特点	应用范围
电子束负性抗蚀剂 XH-REN-2	外观为无色或淡黄色透明黏稠液体。光敏性高，分辨率高	用于超大规模集成电路、分立器件、功率管、机械微细加工及铝反刻、制板等工艺
电子束正性抗蚀剂	浅色黏稠状液体，不溶于醇、水	
聚乙烯醇肉桂酸酯光刻胶	淡黄色液体，在紫外线照射下发生聚合。曝光显影后图形清晰，质量稳定	用于制备中小规模集成电路、电子元件。在光刻工艺中作抗蚀层。并适用于印刷线路板、金属标牌、光学仪器、精密量具生产中的精细加工
聚酯型光刻胶	淡黄色透明液体，具有较好的黏附性和感光性，为负性紫外光刻胶	用于集成电路、分立器件、功率管、机械微细加工及铝材反刻、制板等
环氧模塑料	具有优异的机械性能、介电性能、耐热性能、密封性能、阻燃性能，成型工艺性能良好，固化速度快，脱模容易，储存稳定性好	用于封装半导体集成电路及各种分立器件
表面组装用胶黏剂	MG 系列表面组装用胶黏剂具有固化速度快、绝缘性能好、耐高温、耐流淌、黏度适中、储存稳定等特点	将片式电子元器件固定于印刷板上，然后进行焊接。适用于各种组装生产线，如电脑、手机等

1.3　电子信息产品的生产现状

在信息化、电子化高速发展的今天，电子信息产品在全球范围已经占据了重要地位。无论是发达国家还是发展中国家，每年电子信息产品产量都在呈上升趋势。世界银行等国际机构预测，未来五年世界经济增长率将保持年均 3%的水平，经济全球化趋势将进一步加强生产要素流动和国际产业转移。在信息产业领域全球范围内的结构调整使产业结构、产品结构、企业结构都发生了重大变化，加快了产业升级，促进了人才、技术、资金、设备等生产要素在各国间流动与配置，给发展中国家带来新的机遇。

在国内，电子信息产业已经实现了从国民经济新兴产业到支柱产业的历史性跨越。电子信息产业是国民经济的战略性、基础性和先导性支柱产业，对拉动经济增长、优化产业结构和转变发展方式具有十分重要的作用。2004 年，我国制造业规模达 2915 亿美元，居全球第二。微型电脑、手机、彩电等主要电子产品产量均居全球第一。外贸出口继 2003 年突破 1000 亿美元后 2004 年又超过 2000 亿美元，已连续多年居国内各工业部门的首位，占全球电子信息产品贸易总量的 24%。从总体上说，我国已进入世界电子信息产品生产销售的大国之列，为实现从电子大国到电子强国的转变奠定了良好的产业基础。2005 年，从主要产品产量来看，微型电脑 6738 万台，增长 51.2%，手机 23561 万部，同比增长 24.1%，程控交换机 7068 万线，增长 12%，彩电 6835 万台，增长 11.4%，显示器 12702 万台，增长 14.5%，集成电路 217.3 亿块，增长 14.7%[15]。2015 年《中国统计年鉴》数据显示，2014 年微型电脑产量 35079 万台，手机 162719 万部，程控交换机 3123 万线，彩电 14128 万台，显示器 16396 万台，集成电路 1015 亿块。

即使是在全球经济低迷期，我国电子信息产品产量仍处于增长状态。表 1.14 是我国 2010～2013 年主要电子产品的生产量。从表中数据可以直观地看出各个产品均处于平缓增长状态。但是电子产品总量确实巨大，2013 年仅电脑、手机、电视机的总量就达到了 19 亿台，数目是惊人的。

表 1.14　我国 2010～2013 年主要电子产品生产量[16]

主要产品名称	单位	年份			
		2010	2011	2012	2013
电脑	亿台	2.45	3.20	3.18	3.37
手机	亿部	9.98	11.33	11.82	14.56
洗衣机	亿台	0.62	0.67	0.68	0.72
空调	亿台	1.09	1.39	1.23	1.31
彩色电视机	亿台	1.18	1.22	1.28	1.28
电冰箱	亿台	0.73	0.87	0.84	0.93

以西南某市为例，该市是全国家电四大件（洗衣机、空调、电视机、电冰箱）普及较早、普及率较高的城市之一。1996 年该市洗衣机、空调、电视机、电冰箱的销量达到一个高峰，仅电视机保有量就高达 256 万台。1978～2009 年，人民生活水平提高，该市家电四大件的销量也在逐年增加。相应地，销量的巨大意味着若干年后报废量的巨大。

随着近十年人民生活水平的提高，以及家电产品质量、性能、款式的提升，城市居民购买家电时不再过多考虑实用，而是追求品味。因此，伴随家电销量上升的是家电更新换代不断加快，家电更换期也相应缩短。根据该市统计年鉴，可得到该市部分年份家电四大件拥有量以及电脑拥有量，如图 1.5 所示。

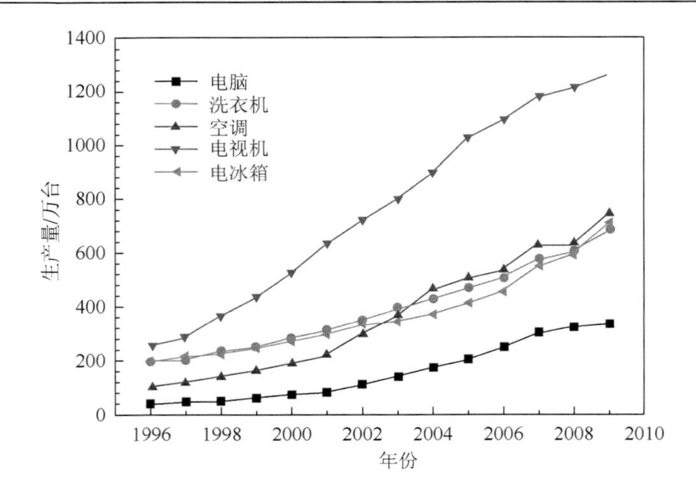

图 1.5 西南某市“四机一脑”产品拥有量

我国土地广袤，幅员辽阔，不同的地区具有不同的特点。我国各个地区电子产品生产量随着各个地区的经济发展状况不同也具有不同的特点。根据部分省区废弃电器电子产品处理发展“十二五”规划信息，图 1.6 展示了浙江省和云南省 2009 年“四机一脑”的拥有量比例。由比较可知，在浙江等气候炎热省区，空调数量明显较多，而在云南等省区，空调拥有量很少。统计数据中，所占比例最大的是电视机。随着智能手机的普及与大众消费习惯的改变，可以预见手机及电脑的所占比例将逐步增加。其他省区的电子信息产品拥有量见附录。

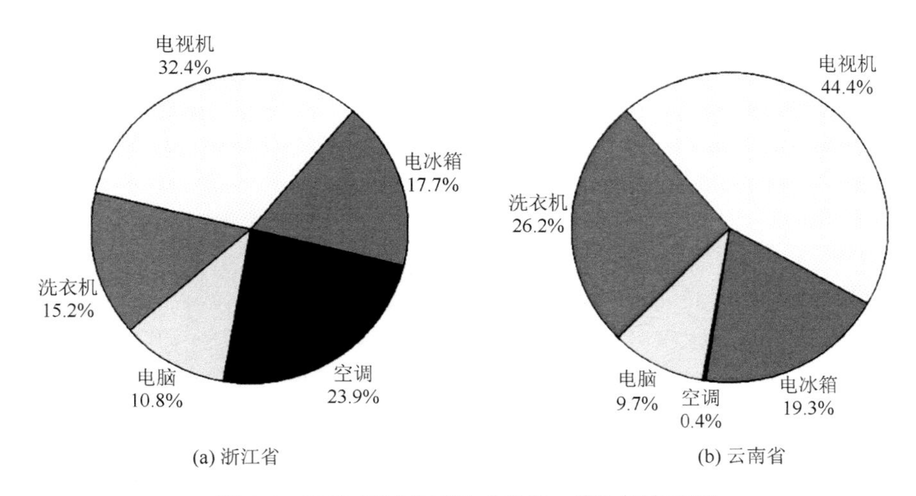

图 1.6 2009 年城乡居民“四机一脑”拥有比例

第 2 章　废弃电子信息产品及处理方式

2.1　废弃电子信息产品简介

2.1.1　定义

废弃电子信息产品，即电子废弃物，指不再具有原始使用价值且不能再继续使用的电器电子产品以及其元（器）件、零（部）件和耗材。2003 年 1 月 27 日，《报废电子电气设备指令》（WEEE-2002/96/EC）和《关于在电子电气设备中禁止使用某些有害物质指令》（RoHS-2002/95/EC）正式公布。指令规定，“电子电气设备”或者“EEE”是指一些依赖于电流或电磁场来实现正常工作的设备，以及测量这些电流和电磁场的设备。这些设备已经按照规定进行了分类，其设计使用电压范围是，交流电不超过 1000V，直流电不超过 1500V。报废电子电气设备是指按照指令 75/442/EEC 条款 1（a）定义的废弃电子或者电气设备，包括所有被废弃产品的组件、二次装配部件和可使用件。而国内外对于电子废弃物的定义并不完全统一，如表 2.1 所示，不同的组织对废弃电子信息产品的定义不同。

表 2.1　废弃电器信息产品定义[17]

出处	定义
欧盟 WEEE 指令（EU，2002）	废弃电子信息产品包括产品废弃时的所有零部件、装配和耗材。75/442/EEC 指令的 1（a）条将“废弃物”定义为“持有者丢弃的或依据国家现行法律规定需要处置的任何物质或物体”
巴塞尔行动网（2002）	电子废物包括广泛的且范围仍在扩大的电子设备，从使用者扔弃的大型家电如电冰箱、空调、手机、个人音响、消费类电子产品到电脑
OECD（2001）	任何达到其使用寿命的需电力供给的设备
SINHA（2004）	原始用途不再满足当前使用者需要的电力设备
StEP（2005）	电子废物指收集过程反向的，特定消费者和翻新者不能再销售给其他消费者、回收商或其他废物过程的产品

2.1.2　种类

根据 WEEE 指令，电器电子设备按以下方式分类：大型家用器具，小型家用器具，IT 和远程通信设备，用户设备，照明设备，电气和电子工具（不含大尺寸静态工业工具)，玩具、休闲和运动设备，医用设备（不含所有的被植入的和被感染的产品)，监视和控制装置，自动售货机等，具体分类见表 2.2。

表 2.2　WEEE 指令下废弃电子信息产品种类[18]

产品类别	产品名称
大型家用器具	大型制冷器具；冰箱；冷柜；其他大型制冷器具；保存和食物储存器具；洗衣机；衣服甩干机；洗盘机；烹调设备；电炉；电热盘；微波炉；其他大型烹调和食物加工器具；电热器具；电暖气；供坐家俱的加热器具；电扇；空调装置；其他扇风、通风换气和空调设备
小型家用器具	真空吸尘器；地毯打扫器；其他清扫器具；缝纫、编织、纺织和织物加工器具；熨斗和其他熨衣、轧平以及其他衣物护理器具；面包机；煎锅；研磨机、咖啡机、开启或封上容器或包裹设备；电刀；理发、吹发、刷牙、剃须、按摩和其他身体护理器具；钟表、手表和其他专用于测量、指示或记录时间的器具；磅秤
IT 和远程通信设备	集中数据处理：大型机、小型机、打印机单元；电脑（包括 CPU、鼠标、屏幕和键盘)；膝上型电脑（包括 CPU、鼠标、屏幕和键盘)；笔记本电脑；记事本电脑；打印机；复印设备；电子和电气打字机；口袋式和桌式计算器；其他通过电子方式进行信息收集、储存、处理、演示和通信的产品和设备；用户终端和系统；传真机；电报机；普通电话机；付费电话机；无绳电话机；便携式电话机；应答系统；其他声音传送、图像传输或者其他经由远程通信传送信息的产品或者设备
用户设备	收音机；电视机；图像摄影机；摄像机；高保真录音机；声音扩大机；音乐设备；其他专用于声音或者图像的录制或复制的产品或设备，包括除了远程通信之外的声音和图像分配信号或者技术
照明设备	荧光灯，不包括家用灯；直线式荧光灯；简洁型荧光灯；高强度发射灯，包括高压钠灯和金属卤化灯；低压钠灯；其他照明和专用于灯光发射或者控制的设备，不包括灯丝灯泡
电气和电子工具	钻孔机；电锯；缝纫机；对木材、金属和其他材料进行旋转、研磨、磨光、磨碎、锯开、切割、修剪、钻孔、打洞、打孔、折叠、弯曲或者类似加工的设备；用于铆钉、钉子或者螺旋钉紧固或者松开以及其他类似用途的工具；用于焊接或者其他类似用途的工具；用于液体或者气体物质喷雾、喷涂、驱散或者其他处理的设备；用于割草或者其他园林活动的工具
玩具、休闲和运动设备	电子火车或者赛车；手动图像游戏控制台；图像游戏；用于自行车、跳水、跑步或者划船等的电脑；带有电子或者电气组件的运动设备；硬币投掷机
医用设备	放射治疗设备；心脏病治疗仪器；透视仪；肺部换气仪；人工培养诊断实验设备；分析仪；冰柜；受精检查；其他诊断、预防、监测、处理和减轻疾病、伤痛或者残疾的器具
监视和控制装置	烟雾探测器；采暖调整器；自动调温器；用于家用或者实验的测量、称重或者调准设备；其他用于工业安装的监视和控制工具（在控制板等上)
自动售货机	热饮料自动售货机；冷热瓶或者罐头自动售货机；固体产品自动售货机；自动取款机；自动销售各种产品的所有器具

我国 GB/T 23685—2009《废电器电子产品回收利用通用技术要求》标准规定的废弃电子信息产品类别，按以下方式分类：办公设备及电脑产品、通信设备、视听产品及广播电视设备、家用及类似用途电器产品、仪器仪表及测量监控产品、电动工具、电线电缆。其分类见表 2.3。

表 2.3　我国规定的废弃电子信息产品种类

产品类别	产品名称
办公设备及电脑产品	电子电脑整机产品；电脑网络产品；电子电脑外部设备产品；电子电脑配套产品；电子电脑应用产品；复印机、传真机等办公设备
通信设备	通信传输设备；通信交换设备；通信终端设备；移动通信设备及移动通信终端设备；其他通信设备
视听产品及广播电视设备	电视机；摄录像、激光视盘机等影视产品；音响产品；其他电子视听产品；广播电视制作、发射、传输设备；广播电视接收设备及器材；应用电视设备及其他广播电视设备
家用及类似用途电器产品	家用制冷电器产品；家用空气调节产品；家用厨房电器产品；家用清洁卫生电器产品；家用美容、保健电器产品；家用纺织加工、衣物护理电器产品；家用通风电器产品；运动和娱乐器械及玩具；商用电器设备；自动售卖机；其他家用电动产品
仪器仪表及测量监控产品	电工仪器仪表产品；电子测量仪器产品；检测控制产品；绘图、计算及测量仪器产品
电动工具	对木材、金属和其他材料进行加工的设备；用于铆接、打钉或拧紧或除去铆钉、钉子、螺丝或类似用途的工具；用于焊接或者类似用途的工具；通过其他方式对液体或气体物质进行喷雾、涂覆、驱散或其他处理的设备；用于割草或者其他园林活动的工具
电线电缆	电线电缆；光纤、光缆

《废弃电子电器产品处理污染控制技术规范》中规定，废弃电子信息产品包括电脑产品、通信设备、视听产品及广播电器设备、家用电器产品、仪器仪表及测量监控产品、工具，共六大类，并包括构成其产品的所有元（器）件、零（部）件和耗材。此规定与 GB/T 23685—2009《废电器电子产品回收利用通用技术要求》规定类似。

2.1.3　特点

（1）数量多

废弃电子信息产品被广泛视为一种特殊的固体废物，此类废弃物如果管理不当，将对人类和环境造成不可挽回的危害。电子工业的高速发展及市场膨胀是废弃电子信息产品高速增长的主要原因。电子产品在科学技术各个方面的作用日益重要，电子废弃物的数量也逐年递增，但大量废弃电子信息产品都没有得到合理的回收利用。美国国家环境保护局估计美国每年废弃电子信息产品达 2.1 亿 t，占城市垃圾的 1%。欧盟每年废弃电子设备高达 600 万～800 万 t，占城市垃圾的 4%，且每 5 年以 16%～28%的速度增长，是城市垃圾增长速度的 3.5 倍，其中仅德国每年即可达 150 万 t，瑞典也达 11 万 t。未来 5～10 年的年增量更被业内人士估计为 25%左右。当前，中国大陆废旧电脑的淘汰量为 500 万台/年以上。中国台湾产生的废旧电脑量大约为 30 万台/年[19]。全球每年废弃电子信息产品约 2 千万～5 千万 t，其中亚洲地区的废弃电子信息产品约 1.2 千万 t[18]。

（2）危害大

《控制危险废料越境转移及其处置巴塞尔公约》（简称《巴塞尔公约》）将废弃的电脑、电子设备及其废弃物规定为“危险废物”，这是由于废弃电子信息产品中含有大量的禁止越境转移的有毒有害物质，这些成分对人体有害，有一些甚至是剧毒的，见表 2.4。

表 2.4　废弃电子信息产品中的污染成分及来源[19, 20]

污染物	来源
氯氟碳化合物	冰箱
卤素阻燃剂	线路板、电缆、电子设备外壳
汞	显示器
硒	光电设备
镍、镉	电池及某些电脑显示器
钡	阴极射线管、线路板
铅	阴极射线管、焊锡、电容器及显示屏
铬	金属镀层
氟利昂	冰箱、空调、其他制冷设备
废润滑油	压缩机

废弃电子信息产品中的有毒有害物质伸入土壤、地下水和河流，将会造成当地的土壤和地下水的污染，直接或间接对当地的居民和环境造成损害[20]。国外某组织在关于废弃电子信息产品问题的报告中指出，每个显示器的显像管内含有较多的铅，线路板中也含有大量铅，这种物质会破坏人的神经、血液系统以及肾脏；显示器中的废弃阴极高速电子管含有钡和危险的发光物质；电脑线路板中还有含氯的阻燃剂，如果发生燃烧，将会产生二噁英等致癌、致畸物质；同时线路板中含有许多有害金属，如铅、铬、镉、镍等金属，对土壤造成严重污染，并且污染地下水，严重损害人类健康，造成病变。废弃电子信息产品中的电池和开关含有铬化物和水银，铬化物会透过皮肤，经细胞渗透，少量便会造成严重过敏，更可能引致哮喘、破坏 DNA；水银则会破坏脑部神经。据非盈利组织硅谷防止有毒物质联盟（Silicon Valley Toxics Coalition）的估计，2004 年美国 3.15 亿台废弃电脑中含有约 50 万 t 铅、900t 镉、180t 汞和 540t 铬，如果不加处理或处理不当，它们对环境的破坏是难以估量的[19]。鉴于此，许多国家都将废弃电子信息产品列入危险废弃物或特殊管理类别。

（3）潜在价值高

从资源回收角度看，废弃电子信息产品中含有大量可回收的金属、塑料、玻璃等物质，其潜在回收价值很高。例如，每吨印刷线路板中约含有 272kg 塑料、130kg 铜、0.45kg 金、41kg 铁、30kg 铅、20kg 锡、10kg 锑[20]。表 2.5 给出了几种典型电子设备的组成成分。电脑中金属含量为 35%左右，而洗碗机中金属含量高达 55%。废弃电子信息产品中的塑料含量也很高，塑料熔化后可作为新产品的原料或者被用作燃料。2008 年，WEEE 签约国收集处理了约 1.5 亿 t 废弃电子信息产品，这其中回收约 30 万 t 的塑料[21]。当把塑料作为炉的燃料时，1t 塑料能代替 13t 煤。而废弃印刷线路板中金属含量更是可观，表 2.6 给出了每吨线路板中所含物质组分。

表 2.5　几种典型电子设备的组成成分（%）[19]

设备类型	黑色金属	有色金属	塑料	玻璃	线路板	其他
电脑	32	3	22	15	23	5
电话	<1	4	69		11	16
电视机	10	4	10	41	7	8
洗碗机	51	4	15		<1	30

表 2.6　线路板中所含的物质成分及含量[22]

成分	含量/（g/t）	成分	含量/%	成分	含量/%
银	3300	铝	4.7	铜	26.8
金	80	铝（液态）	1.9	氟	0.094
钡	200	砷	<0.01	钛	3.4
铍	1.1	硫	0.10	铁	5.3
镓	35	铋	0.17	锰	0.47
硒	41	溴	0.54	钼	0.003
锶	10	二氧化硅	15	镍	0.47
碲	1	碳	9.6	锌	1.5
铯	55	镉	0.015	锑	1.5
碘	200	氯	1.74	锡	1.0
汞	1	铬	0.05		

从表 2.6 可以看出，废弃线路板中仅铜的含量即高达 20%，另外还含有铝、铁等金属及微量的金、银等稀贵金属。因而电子废弃物具有比普通城市垃圾高得多的价值。有研究估计，根据金属含量的不同，每吨废弃电子信息产品价值达几

千美元，甚至高达 9193.4 美元。若再考虑到废弃电子信息产品中具有较高价值且仍可继续使用的部分元器件，如内存条、微芯片等，废弃电子信息产品具有很高的潜在价值，蕴藏着巨大商机，回收利用的前景广阔[19]。据统计，1t 随意收集的印刷线路板中约含有 130kg 铜、41kg 铁、29kg 铅、20kg 锡、10kg 锑、9kg 银、18kg 镍、0.45kg 金和钯、铂等贵金属，仅其中所含的金、银、铂、钯等金属价值就高达数万美元[23]。可见，对废弃电子信息产品资源回收利用，不仅可以降低垃圾填埋的负荷，节省土地资源，同时在资源回收过程中对有害物质如汞、镉、铬、卤素阻燃剂等物质加以分离可以减轻对环境造成的污染，有利于环境保护[24]。

（4）处理困难

尽管废弃电子信息产品潜在价值非常高，但由于含有大量有毒、有害物质，若实现废弃电子信息产品的资源化、无害化，需要先进的技术、设备和工艺，也需较高的投资。废弃电子信息产品组分复杂、类型繁多，使用寿命也各不相同，或长达数十年，或仅能用一次。这给废弃电子信息产品回收及资源化利用带来了相当大的困难，其回收利用率较其他城市垃圾低得多。

美国 1999 年废弃电脑达 2400 万台，其中仅有 11%被回收利用，甚至远远低于其他城市垃圾在 1997 年的回收率，见表 2.7。2007 年，美国产生的废弃电子信息产品约 225 万 t，回收率仅为 18%。

表 2.7 美国 1997 年城市垃圾及 1999 年电脑回收率

类型	回收率/%	类型	回收率/%	类型	回收率/%
电池	93.3	纸及纸板	41.7	电脑（1999 年）	11.0
钢包装材料	61	生活垃圾	41.1	轮胎	22.3
铝包装材料	48.5	软塑料瓶	35.5	玻璃容器	27.5

在固体废弃物处理率较高的日本，废弃电子信息产品的回收利用率也低于城市垃圾的回收利用率。在日本《家用电器回收法》（Japanese Household Appliance Recycling Act）实施之前，日本有近一半的废弃家电未经任何处理直接进入填埋场，另一半也仅经简单的破碎后填埋。在废弃电子信息产品资源化回收利用较先进的欧盟，目前仅有 10%的废弃电子信息产品被收集并单独处理，其余的 90%与普通城市垃圾一起处理，这里面包含电池、金属及合成材料等污染物[19]。

2.2 废弃电子信息产品现状

2.2.1 废弃电子信息产品流向

废弃电子信息产品是一类在我国乃至全世界范围都造成了严重环境问题

的废弃物。废弃电子信息产品难以降解，若直接进入常规生活垃圾处理流程，其含有的多种有毒元素会对环境造成巨大破坏：如果直接填埋，铅等重金属会直接渗入并污染土壤和水质；如果对其进行焚烧，将释放出大量有害气体，污染大气。

我国废弃电子信息产品来源主要有：①不断增加的国内废弃电子信息产品数量。目前我国各类耐用电子产品的产量呈快速增长趋势。这些电子产品的废弃物一部分混入生活垃圾，进入常规垃圾处理流程，严重污染环境；另一部分由非正规渠道收购，经低水平的拆解后，以污染环境为代价，获取其中的可用资源，或者流通到二手市场，在彻底报废后依旧进入生活垃圾处理流程。②一些发达国家不断将难以处理的废弃电子信息产品向包括我国在内的发展中国家转移。据统计，全世界每年产生 5 亿多 t 的电子垃圾，其中 80%被运到亚洲，其中又有 90%进入我国，对我国居民安全及社会环境产生极大影响。国内外这两条增长迅速的来源，使废弃电子信息产品成为我国迫切需要解决的问题之一[25]。

目前发达国家对废弃电子信息产品问题已给予强烈关注，主要采取出台严格法令以及建立完整回收处理体系的手段来控制废弃电子信息产品。但在实践领域尚未形成一个成熟的废弃电子信息产品回收系统。

我国废弃电子信息产品的国内来源主要有三个方面，即居民日常生活中所产生的电子废物、企事业单位和政府部门产生的电子废物、电子电器产品生产商生产过程中所产生的废品，如图 2.1 所示[26]。

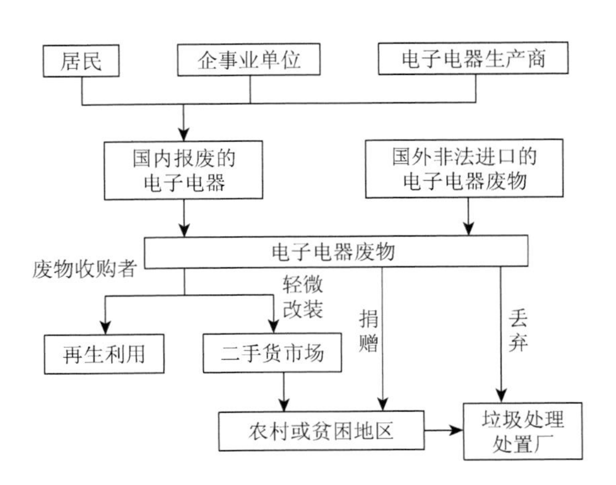

图 2.1 废弃电子信息产品来源和流向[26]

我国居民日常生活中产生废弃电子信息产品的数量无疑是巨大的。2015 年《中国统计年鉴》数据显示，2014 年我国电视机、洗衣机、电冰箱、空调的产量共计 4.45 亿台，电脑 3.51 亿台，手机 16.27 亿部，而电脑、手机的更新速度远远快于其他家用电器，据估计每年约有 500 万台电脑、上千万部手机将被淘汰。并且这部分电子废物回收途径复杂，来源分散，回收最为困难[26]。

企事业单位和政府部门产生的电子废物多为办公用品（如电脑、打印机、扫描仪等）和某些电器（主要是空调），与居民日常生活中产生的电子废物相比，来源比较集中，品种相对简单，回收途径比较容易管理。而电子电器产品生产商在生产过程中所产生的电子废物以不合格产品为主，品种单一，来源更为集中，一些日本企业在苏州已经建立针对这部分废物的处理厂。

此外，国外非法进口的电子电器废物也是一个主要来源。2002 年 2 月 25 日，巴塞尔行动网络和硅谷防止有毒物质联盟联合发表了针对以美国为首的发达国家向亚洲发展中地区出口电子垃圾的调查报告，揭露了信息技术革命光环背面不为大众所知的废弃电子信息产品跨境转移的黑幕，我国一些沿海乡村作为这一调查关注的重点，受到世人的瞩目。虽然我国已经禁止进口电子废物，但是由于电子电器废物本身所具有的资源和环境特征，并且废弃电子信息产品的拆解、分选是典型的劳动密集型行业，在劳动力费用相对较高的发达国家基本无利可图，因此还有很多企业通过非法渠道从美国及其他发达国家地区进口大量的电子电器废物。但是这种越境转移一方面造成生产者继续逃避从根本上解决废弃电子信息产品处理问题的责任，更严重的是，被转移国家由于经济、技术所限，往往不具备合理处理有毒有害废弃物的能力，结果造成有毒有害物质在更大范围内扩散，严重加剧了发展中国家的环境负担。

2.2.2　废弃电子信息产品产量

随着电子工业和信息高科技产业的迅猛发展，以及电子产品的快速更新换代，废弃电子信息产品问题不可避免地摆在了我们面前，亟待有效解决。废弃电子信息产品俗称电子垃圾，包括各种废旧电脑、通信设备、电视机、洗衣机、电冰箱以及一些企事业单位淘汰的精密电子仪器仪表等。据联合国环境规划署估计，全世界每年约有 2000 万～5000 万 t 废旧电子产品被丢弃，其中美国约占 1/3，是城市废弃物的 2%～5%；欧盟约占 1/4，是城市废弃物的 4%。电子垃圾成为继工业时代化工、冶金、造纸、印染等废弃物污染后新的一类重要环境污染物[27]。同时，电子产品使用周期大大缩短，导致电子垃圾数量正以每年 10%～15%的速度增长，因此电子垃圾成为世界上数量增长最快的垃圾[28]。

进入 21 世纪以来，废弃电子信息产品成为现代城市固体废弃物中增长最快的一部分。美国是世界上最大的电子产品生产国和废弃电子信息产品制造国，每年产生的电子垃圾高达 700 万～800 万 t，占城市垃圾的 1%，而且数量正在变得越来越大。美国在1998年就已经有2060万台电脑报废。据美国国家安全局专家估计，2005年每一台新电脑投放市场就有一台旧电脑被淘汰，从2005年起美国每年废弃的旧电脑不低于1亿台[24]。日本电脑拥有量居世界第二，仅次于美国。根据2001年日本统计数据，该年日本仅淘汰的废旧电脑总质量为8万t，相当于450万台台式电脑，日本每年产生的废弃电子信息产品更是不低于60万t。2009年，日本电子信息产品废弃量达1880万台[29]。在欧洲，每年约有600万t电子垃圾充斥垃圾场，其中德国约180万t，法国约150万t，芬兰10万t[24]。另据美国Computer Industry Almanac（CIA）调查公司于2002年3月公布的一项关于个人电脑使用情况的调查报告，2001年在全球使用的个人电脑已经超过了6亿台。可以预测废弃电脑将成为电子垃圾中比重最大的一部分[24]。

我国废弃的电子信息产品数量也非常巨大，2003年以来已高达110万t/年，且年增长速度高于全球平均值，为5%～10%。资料显示，从2003年起我国每年至少有500万台电视机、400万台电冰箱和600万台洗衣机报废；而电脑更新换代的周期也在不断缩短，每年约有500万台电脑被淘汰[30]。

20世纪90年代以来，我国电子信息产品的社会保有量迅速增加。目前我国电视机的社会保有量约3.5亿台，洗衣机为1.7亿台，电冰箱为1.3亿台。这些家电大多在20世纪80年代中后期进入家庭，按照耐用家电的使用寿命计算，2003年起我国就已经进入电器电子产品的报废高峰期。2004年，我国电视机、洗衣机、电冰箱、空调和电脑的产量为2.39亿台，社会保有量已超过10亿台，每年至少淘汰3000多万台家用电器。此外，每年还有大量的打印机、复印机、传真机等电子产品面临淘汰[31]。至2010年，我国电视机、电冰箱、洗衣机、空调和电脑的废弃量分别为5800万台、900万台、1100万台、1200万台和7000万台[29]。

根据2010年《中国统计年鉴》数据，截至2009年年底，云南省城镇居民家庭洗衣机、电视机、空调、电冰箱、电脑（包含音箱）已经基本普及，每百户拥有量分别达到92台、122.4台、1.5台、82.9台、46.5台。这些废旧电子产品目前已进入更新换代阶段，而质量和性能更优的产品开始进入家庭。数码照相机、消毒碗柜、微波炉、洗碗机等新型电子产品以较快速度进入普通百姓家庭。初步估计云南省城镇拥有洗衣机430万台、彩色电视机574.1万台、电冰箱369.8万台、影碟机及音箱378.5万台、电脑147.7万台、摄像机15万台、空调5.5万台、移动电话701.8万部。按照每年10%的淘汰率计算，云南省城镇居民每年淘汰的废弃电子信息产品达53431.27t（不含企事业单位淘汰的废弃电子信息产品）。与普通的生活垃圾不同，废弃电子信息产品成分复杂，含有大量的重金属（如汞、铅、镉等）、多氯联苯、卤素阻燃剂、塑料和石棉，依《巴塞尔公约》规定，应列为危险废物进行管制。目前，对该废物的最终处置基本上是通过填埋和焚烧两种方法，然而这两种方法均可能造成严重的环境污染和生态破坏。但从另一个角度看，废弃电子信息产品又不是一种普通废物，而是各种资源的集大成者，蕴含着巨大的经济价值。资料显示，经专业化回收处置，从 1t 废弃手机中，能提取至少 150g 金、100kg 铜、3kg 银，而从 1t 金矿内平均只能提取约 5g 金。因此，废弃电子信息产品可称是一种“高品位”的矿石，资源化程度很高，具有极高的经济效益[32]。

2015 年《中国统计年鉴》数据显示，2014 年全国居民平均每百户电脑和手机拥有量分别为 53 台和 215.9 部，平均每百户冰箱、洗衣机、电视机拥有量分别为 85.5 台、83.7 台和 119.2 台。根据有关专家对电子产品的测算，普通家用电器的更新周期为 8～10 年，电脑的更新周期为 3～5 年，而手机的更新周期仅为 18 个月，可以预测将来我国每年被淘汰的冰箱、洗衣机、电视机、电脑等将达到 500 万台左右，手机则将达到千万部，并且数量还将逐年增加[24]。我国现有主要电子产品的社会保有量及每年预计的排放量见表 2.8。

表 2.8　我国主要家电及电脑的社会保有量及预计排放量[24]

产品名称	电视机	电冰箱	洗衣机	电脑
社会保有量/亿台	3.5	1.3	1.7	0.395
预计排放量/（万台/年）	490	380	485	570

中国是世界上电子产品消费大国，仅家用电器（如电脑、电视机、手机、洗衣机等）社会保有量达数十亿台，每年因更新换代而废弃数量不少于 700 万 t，此外我国电子垃圾污染不仅来自于我国，还有进口的电子垃圾，每年数量超过 1000 万 t，我国电子垃圾污染已经成为重要的环境问题，应引起政府和广大环境工作者的关注[27, 28]。

2.2.3　废弃电子信息产品产量趋势预测

（1）预测模型

鉴于废弃电子信息产品具有对环境的危害性以及显著的资源再生利用价值等特点，准确掌握和合理预测废弃电子信息产品动态变化规律十分重要。常用的几种废弃电子信息产品产量的预测方法如下[33-37]：

a. 市场供给模型

该模型的使用始于 1991 年德国针对废弃电器电子的调查。根据产品的销量数据和产品的平均寿命期来估算废弃电器电子产品产量。假设出售的电器电子产品达到平均寿命期时全部废弃，在寿命期之前仍被消费者继续使用，并且假设该电器电子产品的平均寿命稳定，不会随时间变化起较大波动。某种废弃电器电子每年产生量的估算方法可以表示为

$$Q_{\mathrm{w}}=S_n \cdot n \tag{2.1}$$

式中：Q_{w} 为废弃电子信息产品产生量；S_n 为 n 年前电子产品的销售量；n 为该电器电子产品的平均寿命期。

b. 市场供给 A 模型

该模型是对市场供给模型的改进，由于电器电子产品使用寿命结束后没有达到平均寿命，而是围绕平均寿命前后分布的，因此市场供给 A 模型对产品的平均寿命采用了分布值。假定每年的产品都服从几种不同的寿命期，并赋予每种寿命期一定的比例。产品的寿命期围绕平均寿命呈正态分布。市场供给 A 模型的废弃电器电子产品产量估算公式为

$$Q_{\mathrm{w}}=\Sigma S_i P_i \tag{2.2}$$

式中：S_i 为从该年算起 i 年前电子产品的销售量；P_i 为 i 年前销售的电子产品过了 i 年之后废弃的百分比；i 为电子产品实际使用年数。

c. 斯坦福模型

该模型由 Stanford 资源有限公司提出，采用某时间段内进入社会的销售量以及电子产品的使用寿命来估算废弃电子信息产品的产生量。其计算方法与市场供给 A 模型类似，不同之处在于，市场供给 A 模型中的 P_i 是定值，即 i 年前销售的电子产品过了 i 年之后废弃的百分比是固定不变的，而斯坦福模型中的 P_i 是变化的。模型假设每年销售的产品按照使用方式的不同，服从几种不同的寿命期。该模型根据经验确定电子信息产品使用寿命年限的概率分布，即对于产品 x 来说，假设其工作 n_1 年，n_2 年，…，n_m 年后报废的概率分别为 p_1，p_2，…，p_m，设某电子信息产品最长寿命为 M，在第 i 年的销量为 S_i，使用 k 年后的报废率为 p_k，则在第 j 年的废弃量 Q_j 可以表示为[38]

$$Q_j=\sum_{k}^{M} S_{j-k} p_k \tag{2.3}$$

d. “估计”模型

该模型也称作消费和使用模型，主要结合社会保有量与平均寿命期进行计算[39]。它对产品平均年龄的改变很敏感。其估算表达式如下

$$Q_{\mathrm{w}}=\text{全社会保有量}/n \tag{2.4}$$

式中：全社会保有量=每百户居民家电拥有量×总户数÷100；n 为产品的寿命。

（2）废弃量趋势

学者采用上述模型预测电子信息产品废弃量，见表 2.9。不同的预测模型，所估算的电子信息产品废弃量各不相同，但仍可看出废弃量呈现逐年递增的趋势，因此对废弃电子信息产品的管理迫在眉睫。

表 2.9　中国电子信息产品废弃量预测（百万台）[40]

年份	电脑	电视机	冰箱	洗衣机	空调	累计	预测模型	来源
2006	5.88	20.41	5.78	10.48	6.67	49.31	估计	Duan et al[41]
2010	48.92	37.93	9.67	11.59	12.35	120.46		
2006	10.73	40.88	11.12	8.00	2.81	73.54	市场供给	Yang et al[42]
2010	19.57	55.73	11.87	12.61	5.50	105.28		
未明确	4.48	33.5	9.76	7.56	0.65	55.95	市场供给	Streicher-Porte et al[43]
2005#	10	32	14	16	2	74	市场供给	Liu et al[44]
2006#	10.5	41	10.5	7	2.5	71.5		
2010#	19.5	55	11	12	5	102.5		
2007*	0.3	1.35	0.495	—	—	2.145	估计	UNEP[45]
2005	6.59	—	—	—	—	6.59	市场供给	Müller et al[46]
2005	—	40	14	15.5	30	99.5	市场供给	ARCHWMTTT[47]
2010	300	52	15.5	16.5	42	426		

*表示该组数据单位为百万吨；#表示该组数据从图中读取。

（3）“十二五”期间废弃量预测

为贯彻落实国务院制定的《废弃电器电子产品回收处理管理条例》（国务院令第 551 号），根据环境保护部等部委《关于组织编制废弃电器电子产品处理发展规划（2011—2015）的通知》的要求，全国各省区编制了废弃电器电子产品处理发展规划。

目前，本书著者所在课题组已通过申请政府公开的渠道，获得了北京、天津、上海、河南、安徽、江苏、湖南、四川、贵州、广东、海南、宁夏、辽宁、吉林、浙江、重庆、云南、广西共计十八个省区及直辖市（以下简称“省区”）的废弃电器电子产品处理发展规划正式文件或相关数据，此外由网络渠道获得山西、河北省的征求意见稿。

现有数据显示，2011～2015 年，废弃电子信息产品（“四机一脑”）产生量逐年攀升；因地域、经济发展等限制，各省区 2015 年废弃电子信息产品产生量明显不均衡，如图 2.2 所示，由于各省区统计的数据方式不统一，因此图中给出了能够相比较的省区。2015 年“四机一脑”累计废弃量如图 2.3 所示。

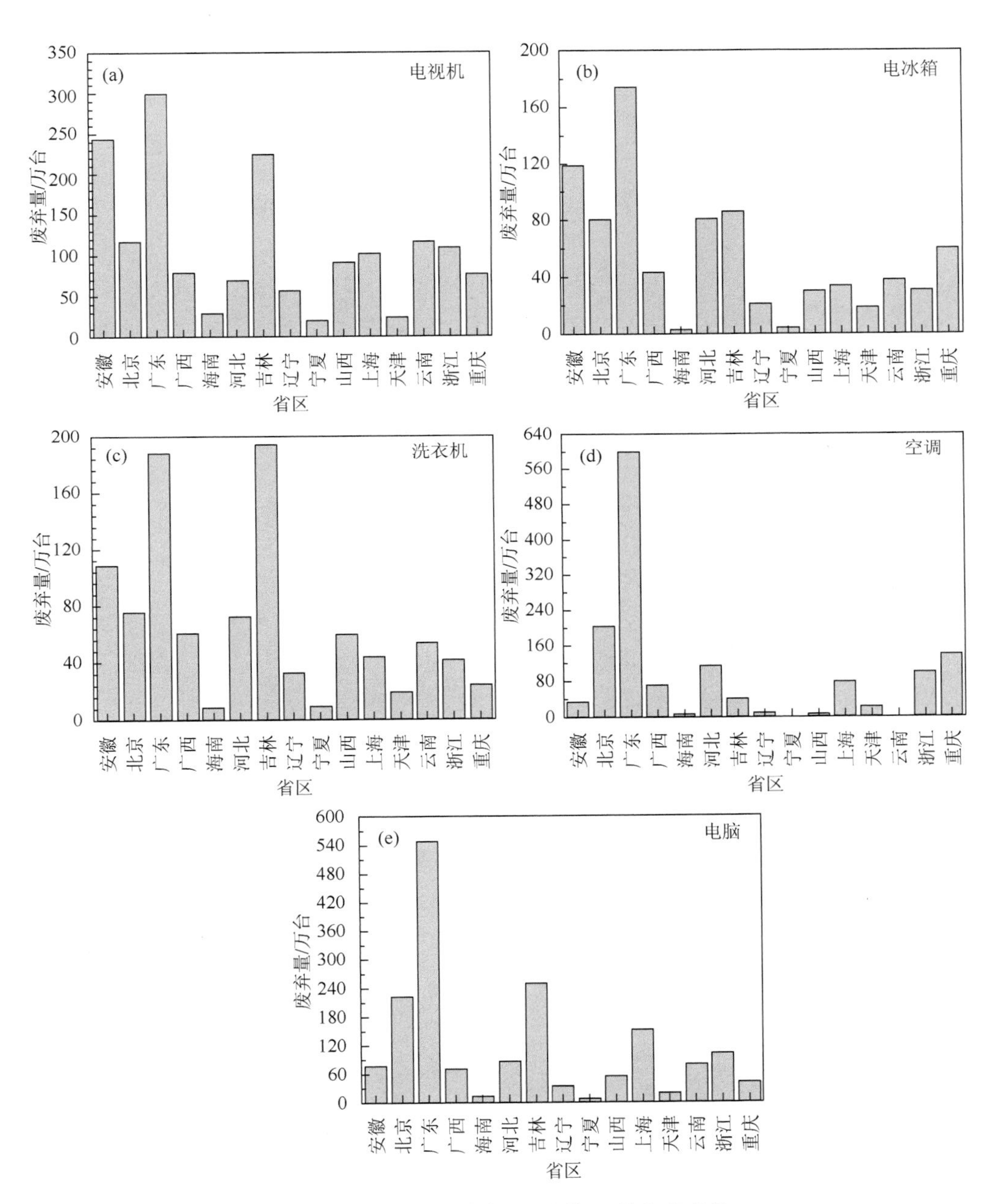

图 2.2　2015 年部分省区“四机一脑”废弃量

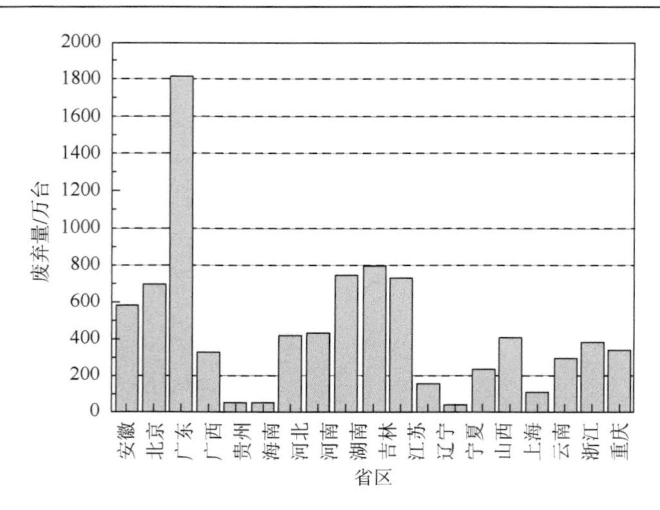

图 2.3　2015 年部分省区“四机一脑”累计废弃量

2.3　废弃电子信息产品处理法令法规

妥善处理废弃电子信息产品，对于缓解或解决环境恶化和资源匮乏具有重大意义。合理回收利用废弃电子信息产品中的可回收部分，不仅能在很大程度上减轻环境污染，而且还能节约资源，保障资源的可持续发展。因此各个国家和组织对废弃电子信息产品的回收管理制定了相关法令法规，见表 2.10。

表 2.10　各国及组织对废弃电子信息产品处理的法令法规[48]

名称	内容
巴塞尔公约	该条约是人类历史上第一部也是唯一一部控制危险废物越境转移的多边环境条约。该公约于 1992 年颁布，目的是危险废物的安全处置和将危险废物的越境转移应当减少至与环境无害管理相符合的最低限度。截至 2014 年 8 月，共有 179 个缔约方，但是由于美国和部分非洲国家的不加入，这一国际法律框架在监管上仍有漏洞。公约没有具体实施。
巴马科公约	1998 年在非洲国家生效，目的是保护非洲避免成为工业化国家危险废物的倾倒场，共有 25 个非洲国家签署了该公约。作为对《巴塞尔公约》的补充，该条约全面禁止危险废物进口到非洲国家，甚至包括用作循环的废物的进口。
欧盟 WEEE 指令	指令的目的是防止报废电子电气设备的产生，以及实现这些报废设备的再利用、再循环使用和其他形式的回收，以达到减少废弃物的处理。指令管辖 10 类电气电子设备。指令于 2003 年 2 月 13 日生效。并在之后的实施过程中不断修改、完善，2007 年所有欧盟成员国改编。
RoHS 指令	指令紧跟着欧盟 WEEE 颁布，规定在欧盟销售的电子电气设备中限制使用铅、汞、镉、六价铬、多溴联苯（PBB）和多溴二苯醚（PBDE）六种有害物质。该指令被中国、印度等许多欧盟外的国家引用。指令从 2006 年 7 月 1 日实施。
StEP 指令	2007 年联合国正式设置，合作伙伴有突出的学术机构和政府机构（例如，麻省理工学院、美国国家环境保护局），目的在于促进材料的回收再利用和控制电子垃圾污染物。

续表

名称	内容
3RS 法规	日本 2000 年开始颁发和修改的一系列关于废弃电子信息产品减少、循环及再利用的法律。旨在阻止垃圾制造，并进一步就回收与发展中国家合作。允许废物出口再制造。
美洲法律和电子产品回收责任制（HR2284）	25 个美洲国家有针对电子废物回收的一系列法律，一些法律中规定消费者支付相应的回收费用。电子产品回收责任制是用来控制电子垃圾出口和旧的电子产品条理性出口的国家法律。
美国 BAN、SVTC 和 ETBC	这三个法规同时运用于美国国家电子废物的回收和再利用项目。他们在国际上推动“巴塞尔禁令”，更严格地修改《巴塞尔公约》的废物出口条约。BAN 已经做了大量的研究，且出版了具体法规。

世界各国废弃电子信息产品的主管部门多是政府环保部门，体现了各国对废弃电子信息产品环境影响的重视，同时也体现了各国环保部门管理理念的转变。除了保护环境，环境同经济、社会的协调与可持续发展也是环保部门的职责所在。部分国家或地区废弃电子信息产品的管理状况见表 2.11。

表 2.11　部分国家或地区废弃电子信息产品的主管部门及目录[49]

国家或地区	主管部门	目录
美国	各州政府	加利福尼亚州：电视机、电脑显示器、笔记本电脑及显示屏大于 4 英寸的设备；其他各州为电视机、电脑显示器。
德国	联邦环境署（UBA）	WEEE 指令规定的产品。
荷兰	住房、空间规划及环境部（VROM）	
瑞士	联邦政府	消费类电子产品、办公设备、冷冻设备、大型家电、小型家电、照明设备、节能灯、机械加工设备、运动休闲器材、自动贩卖机、含印刷线路板的产品。
日本	环境省和经产省	《家用电器回收法》：电视机（CRT 和平板电视）、冰箱、冷柜、洗衣机、干衣机、空调； 《资源有效利用促进法》：电脑、小型充电电池。
韩国	环境部	电视机、冰箱、洗衣机、空调、电脑、音响、手机、复印机类、传真机。
中国台湾	“环境保护署”	干电池、铅蓄电池、电子信息产品、照明设备、家电产品。
中国大陆	国家发展和改革委员会、环境保护部、工业和信息化部	电视机、冰箱、洗衣机、空调、电脑。

美国在废弃电子信息产品目录管理中更关注电视机、电脑显示器及其他带显示屏的电子产品；欧洲国家在制定目录时几乎囊括了所有种类的电子产品，是大而全的电子产品目录；亚洲国家中的日本和韩国在制定目录时，首先关注的是普及率高、资源量大的电子产品，之后逐渐调整目录；中国台湾地区制定目录时，关注到了电子产品以外的资源性废弃物。可见，目录要依据各自的实际需求和社会经济的整体发展水平制定。

2.3.1　欧盟地区

欧盟在废弃电子信息产品管理立法方面一直走在世界前列。1990 年，欧盟就开始高度关注电子信息产品的废弃状况，于 1997 年 7 月颁布了涵盖所有废弃电子信息产品的法案，1998 年 7 月颁布了《废旧电子电器回收法》，2003 年 2 月 13 日，《欧盟电子废弃物管理法令》批准生效[50]。纵观欧盟制定的法令法规，其关于废弃电子信息产品的法律制度主要体现在以下三个指令之中：废弃电子电器设备指令（WEEE 指令）、电子电器设备中禁止使用有害物质指令（RoHS 指令）和生产者延伸责任制度（EPR）。

（1）WEEE 指令

a. 发展

WEEE 指令实施了近 6 年后，欧盟委员会于 2009 年初决定对 WEEE 指令进行修订，经过三年半的咨询、讨论、协商，最终于 2012 年 1 月欧盟委员会和欧洲议会相互折衷、达成一致，并且于 2012 年 7 月 4 日签署了新版 WEEE 指令，并于 7 月 24 日正式生效。新版 WEEE 指令与旧版 WEEE 指令的主要变化表现在以下方面：覆盖的产品范围、对产品设计提出新要求、强调了废弃电子信息产品的再使用、提高了回收率和再利用率等目标[51]。新旧版 WEEE 指令中回收率和再利用率目标值对比见表 2.12。

表 2.12　新旧版 WEEE 指令中回收率/再利用率目标值的对比[51]

旧版 WEEE			新版 WEEE								
2012 年 8 月 12 日前			2012 年 8 月 13 日～2015 年 8 月 14 日			2015 年 8 月 15 日～2018 年 8 月 14 日			2018 年 8 月 15 日以后		
旧版 1 类或 10 类#	回收率	80%	旧版 1 类或 10 类#	回收率	80%	旧版 1 类或 10 类#	回收率	85%	新版 1 类或 4 类*	回收率	85%
	再利用率	75%		再利用率	75%		再利用率	80%		再利用率a	80%
旧版 3 类或 4 类#	回收率	75%	旧版 3 类或 4 类#	回收率	75%	旧版 3 类或 4 类#	回收率	80%	新版 2 类*	回收率	80%
	再利用率	65%		再利用率	65%		再利用率	70%		再利用率a	70%
旧版 2、5、6、7、8 类或 9 类#	回收率	70%	旧版 2、5、6、7、8 类或 9 类#	回收率	70%	旧版 2、5、6、7、8 类或 9 类#	回收率	75%	新版 5 类或 6 类*	回收率	75%
	再利用率	50%		再利用率	50%		再利用率	55%		再利用率a	55%
气体放电灯	再利用率	80%	气体放电灯	再利用率	80%	气体放电灯	再利用率	80%	新版 3 类*	再利用率	80%

#指旧版 WEEE 指令中的 10 类分类中的类别；
*指新版 WEEE 指令中的 6 类分类中的类别；
a 指含再使用。

b. 收集和循环体系

WEEE 指令规定在符合基本立法范围的基础上，各个成员国自行构建回收体系。欧盟大多数成员国采取的是生产者责任延伸（extended producer responsibility，EPR）模式。生产者单独或集体承担和负责企业产品的回收处理责任。

荷兰是欧洲废弃电子信息产品管理立法和实践较早的国家。荷兰采用的生产者责任延伸制是合作模式，如图 2.4 所示。1999 年 12 月创建的两个生产商责任组织是 ICT 环境系统和荷兰金属及电气产品处置协会（NVMP）两个非政府组织，其成为荷兰回收体系的主要结构构成。ICT 环境系统主要收集 IT 设备（包括台式电脑、监控器和笔记本电脑）、打印机、传真机、复印机和电信设备，ICT 环境系统根据返回份额来分配成员成本。NVMP 收集白色和棕色产品（如冰箱、电子消费者产品像电视机）。就 ICT 环境系统而言，采用两级回收系统，由 540 个城市回收点和 65 个区域回收点和分类点组成。消费者可以通过参加以旧换新活动，在购买新产品时直接将废弃的 ICT 返回至销售商，销售商免费回收 ICT。除了以旧换新之外，消费者还可以选择将废弃的 ICT 直接送到市政回收点。废旧的 ICT 由全国统一的运输商收取，ICT 环境系统与运输商签订长期合作合同，还选择其回收 ICT 进行处理的循环厂 CRS 和 MIRES，这两个循环厂会彼此合作来回收处理废旧 ICT 产品，同时向 ICT 环境系统提供关于回收 ICT 的品牌信息[52]。

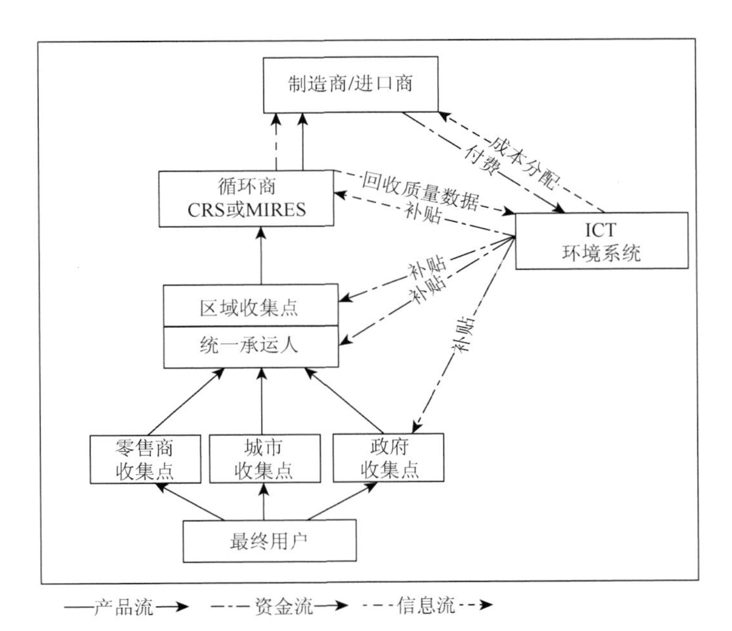

图 2.4　荷兰生产者责任延伸体系结构图[52]

德国采取的是集体制造商的竞争模式。在德国，公共环境总局将最终回收系统设计决策留给电器电子行业，并在电器电子行业中设置管理机构 EAR。政府与生产商共同承担废旧电器电子产品管理的责任，市政府回收集中废旧电器电子产品，生产商将废旧电器电子产品运输和回收处置。政府会在城市中构建回收收集点，这些收集点都配备有生产商的回收箱，当收集点的回收箱装满，收集点会提醒 EAR 来回收，接收到信息提醒后，EAR 会从数据库里搜寻生产商履行义务的情况，根据生产商的销售额选择某个生产商接管处理该废旧电器电子产品。销售商也可以直接回收废旧电器电子产品，并进行运输和循环处理。此外，有专门的回收服务提供商为消费者提供便捷的回收网络。在此回收系统中，存在多个回收服务提供商，通过市场竞争，来获取生产商的回收服务授权，此竞争机制可以保证在德国能够实现比较低的循环服务报价，如图 2.5 所示。

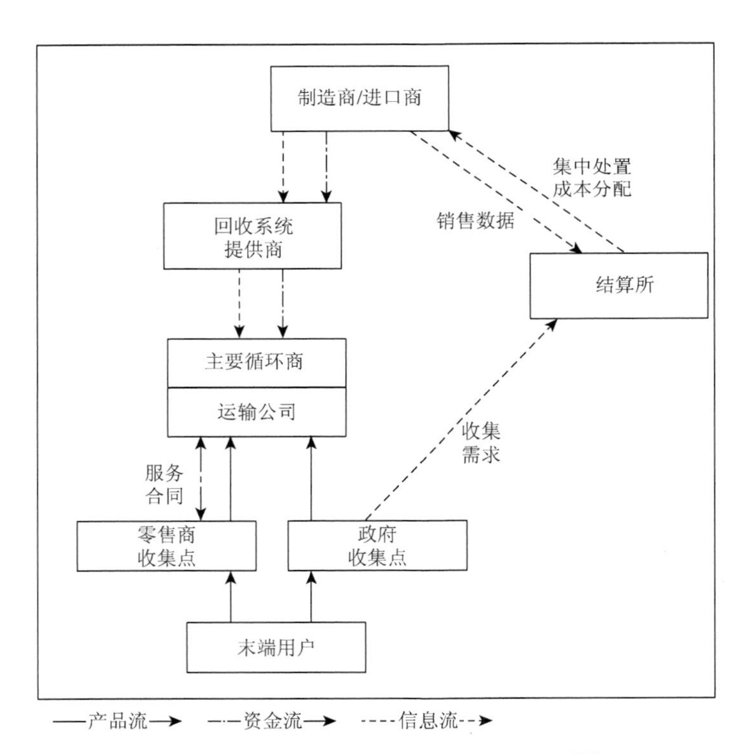

图 2.5 德国生产者责任延伸体系结构图[52]

（2）RoHS 指令

欧盟于 2003 年 1 月通过了 RoHS 指令，即《关于在电子电气设备中限制使用某些有害物质指令》，也称 2002/95/EC 指令，2005 年欧盟又以 2005/618/EC 决议形式对该指令进行了补充，明确了六种有害物质的最大限量值[53]。RoHS 指令主要是针对六种元素的限制使用，目前主要检测方法见表 2.13。指令中六种有害物质上限浓度、主要用途及危害见表 2.14。

表 2.13　RoHS 指令限制使用物质常用检测方法[54]

受检元素	仪器设备	预处理方法	方法标准/法规依据
铅（Pb）	ICP-AES	湿法消解/干法消解/微波消解	US EPA 3050B
汞（Hg）	ICP-AES	微波消解/硫酸或硝酸在烧瓶中回流消解形成汞溶液	US EPA 3052
镉（Cd）	ICP-AES	湿法消解/干法消解/微波消解	EN1122：2001，91/338/EEC
六价铬（Cr^{6+}）	UV-VIS	湿法消解/干法消解/微波消解	US EPA 3060A，7196A
多溴联苯（PBB）	GC-MS 或 HPLC/DAD/MS	用甲醇等溶剂溶解提取	83/264/EEC，US EPA 3540C
多溴二苯醚（PBDE）	GC-MS 或 HPLC/DAD/MS	用甲醇等溶剂溶解提取	83/264/EEC，US EPA 3540C
包装材料中的镉、铅、汞、铬	ICP-AES	用甲醇等溶剂溶解提取	94/62/EEC

表 2.14　RoHS 指令中六种有害物质列表[55]

有害物质	上限浓度	主要用途	危害
Pb	1000ppm①	塑料稳定剂、橡胶固化剂及配合剂；焊接、涂蜡、电器连接材料；颜料、涂料、染料原料；电镀液；润滑剂；硬化剂；油漆干燥剂；陶瓷部件；光学玻璃等	损害神经系统、消化系统、运动系统和生殖系统；肾和心血管功能下降
Cd	100ppm	线路板上的零件如芯片电阻、连接材料；表面处理、低熔点焊接、保险丝、碱性电池化学合成材料；电动机、开关、继电器、漏电开闭器等电气接点材料；半导体受光组件、油漆、墨水、荧光管等	损害呼吸系统、肾脏、骨髓
Hg	1000ppm	防腐剂、催化剂、防雾剂、杀菌剂、蓄电池、油漆、颜料、电极、水银灯、气压计、电开关、整流器、自动调温器等	主要损害中枢神经系统、消化系统及肾脏，此外对呼吸系统、皮肤、血液及眼睛也有一定的影响
Cr（六价）	1000ppm	催化剂、防腐剂；陶瓷用着色剂；电池原料；电镀液；防锈剂；涂料、颜料、墨水、鞣皮等	造成遗传性基因缺陷，吸入可能致癌，对环境有持久危险性
多溴联苯（PBB）	1000ppm	此类物质现阶段不能再生产，仅在一些可循环的塑料中使用，如阻燃剂、印刷线路板、连接器、塑料外壳等	较强的致癌性、生物致畸性
多溴二苯醚（PBDE）	1000ppm	纺织品、阻燃剂、印刷线路板、连接器、塑料外壳等	损伤动物肝酶活性、甲状腺、生殖和发育、神经系统和免疫系统；具有致畸性

① ppm 为 10^{-6}。

自 2008 年起，欧盟启动原 RoHS 指令的改写工作，2011 年 7 月 1 日发布了 2011/65/EU，要求欧盟各成员国 2013 年 1 月 2 日前将新的 RoHS 指令内容转换成本国法规，也就意味着新指令从 2013 年 1 月 3 日起全面实施。业界通常称 2011 年 7 月 1 日发布的为 RoHS 2.0 或新 RoHS 指令，2003 年 2 月 13 日发布的称原 RoHS 指令[56]。二者之间的差别见表 2.15。

表 2.15　RoHS 2.0 与原 RoHS 的差异[56]

项目	原 RoHS	RoHS 2.0（2011/65/EU）
管控产品范围	8 类	11 类
限制物质（均质材料中）	Pb、Cd、Hg、六价 Cr、PBB、PBDE	Pb、Cd、Hg、六价 Cr、PBB、PBDE（将建立新限制物质鉴定机制，且优先评估 HBCDD、DEHP、BBP 和 DBP，还应注意与其他法规的协调性）
豁免	至少每 4 年	评估最长有效期 5 年或 7 年（已确定废除日期的项目除外）
	40 项（截至 2011 年 9 月 10 日）	已有项目+适用于第 8、9 类的 20 项
对象	生产者	经济经营者：制造商、授权代表、进口商、分销商
标识	无	CE 标志
其他	无	定义、市场监管等

（3）生产者延伸责任制度

生产者延伸责任制度（EPR）是以现代环境管理为原则，改善产品系统环境性能的一种主要制度，它要求生产者不仅要对生产过程中产生的环境污染负责，而且要对产品整个生命周期内的环境影响负责，尤其是对生命周期末端的产品进行回收、再循环、再利用和废弃物处理。经济合作与发展组织（OECD）在《EPR 框架报告》中较为完整地阐释了该定义：EPR 是指产品的生产商和进口商必须对其产品在整个生命周期中对环境负大部分责任，包括原材料选取和产品设计的上游影响，生产过程的中游影响以及产品消费后回收处理处置的下游影响，如图 2.6 所示[57]。

欧盟的定义是站在生产者的角度，强调生产者作为产品链条的主导者所应承担的责任，其策略为将产品弃置阶段的责任完全归生产者。这一理念提出之后，迅速被德国、瑞典等国采纳并通过本国生产者责任延伸制度的建立来解决本国的废弃产品问题，该制度运行 20 多年来，效果显著[58, 59]。生产者责任延伸制度通过相关立法付诸实施，见表 2.16。

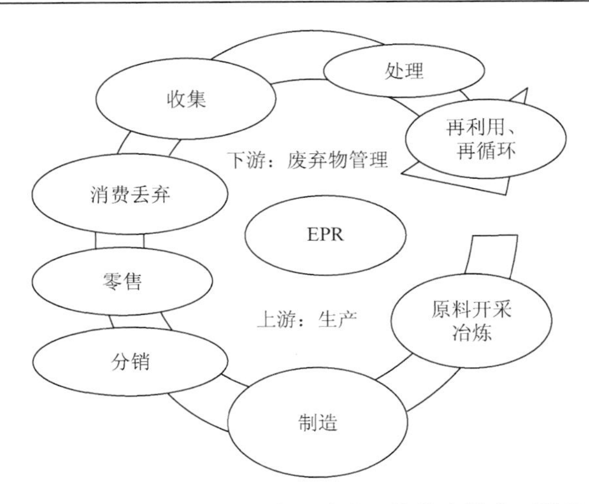

图 2.6　生产者责任延伸包括产品生命周期的上游和下游阶段[57]

表 2.16　一些发达国家相关法律的制定情况[57]

国家及地区	相关法律及颁布时间	责任主要承担者	费用来源
欧盟	2003 年颁布 WEEE 和 RoHS 指令	政府，生产者	生产者
日本	2001 年正式实施《家电回收再利用法》	多元责任制，包括政府、生产商、销售商以及消费者	消费者
美国	无全国统一立法，一些州政府单独立法	产业界起主要作用，另外还有州政府、国家环保局	生产者，政府

2.3.2　美洲地区

美国是世界上最大的电子废弃物制造国，每年因过时而被扔掉的电脑多达 1.34 亿台，其他种类的电子产品达 3.49 亿件。尽管美国在电子废弃物管理上并没有建立全国统一的法律法规，但各州相继通过立法，强制规定生产者对其产品废弃后承担回收再利用的责任，促进电子废弃物的回收管理。美国现阶段已有 20 个州通过了电子废弃物回收法案。

加利福尼亚州率先通过了《2003 年电子废物回收法》，并于 2005 年起正式实施。该法具体规定了回收管理加利福尼亚州所销售的视频显示设备的废弃物的范围。视频显示设备不仅包括阴极射线管、笔记本电脑、电脑液晶显示器、等离子电视机和液晶电视机，2006 年 12 月还增加了带 LCD 屏的便捷式 DVD 机，但不包括台式电脑及其他产品。生产商告知销售其产品的所有零售商需要收取电子废物处置费的电子设备产品，具体收费标准为 4～15 英寸显示器收取 6 美元，15～35 英寸显示器收取 8 美元，35 英寸以上显示器收取 10 美元；零售商向消费者收取回收处理费用，转交给加利福尼亚州的税收署（BOE），由税收署将费用存入电子废物回收再利用专用账户；消费者购买产品时支付回收处理费用，并在产品废弃后送到指定回收点，实行消费者购买时付费机制；收集商和处理商必须经政府授权，负责废旧家电的收集和处理；政府管理电子废物回收再利用专用账户，用于支付政府授权的收集商和处理商的费用、宣传及管理成本。此外，2004 年加利福尼亚州又出台了回收废旧手机的法律，其中规定，手机零售商必须向加利福尼亚州城市统一废物管理委员会报告自己的回收计划，免费收回消费者的废旧手机，并统一处理[60]。

在加拿大，阿尔伯塔省制定了《指定材料再利用和管理条例》、《电子产品指定条例》以及阿尔伯塔省回收管理机构 ARMA 制定了《电子产品再利用规章》，并已于 2005 年 2 月正式启动包括电视机和电脑设备等电子废物的回收处理工作。安大略省在 2004 年将电子废弃物列入《废物回收法》的管理产品目录，包括白色家电、棕色家电、IT 产品等在内的所有电子电气设备。涉及的白色电器产品包括：空调器、干衣机、洗衣机、洗碗机、冷柜、电冰箱和炉灶等。该法案已于 2007 年开始实施。

2.3.3　亚洲地区

亚洲国家根据其实际国情也颁布了一系列相关法律法规。

（1）日本

1991 年 10 月，日本通过颁布《关于促进再生资源利用的法律》，强力推行资源的再生循环利用；1993 年《环境基本法》相当于环保宪法，是替换 1967 年《公害对策基本法》而制定的。2000 年制定的《循环型社会形成推进基本法》则把焦点放在了不仅难以改善而且日益深刻的废弃物问题上，它是在《环境基本法》的基础上，在努力确保社会的物质循环的同时，以天然资源消费的抑制和环境负荷的减低为目的的基本法。以废弃物适当处理为中心的法律是《废弃物处理法》（1970），以废弃物再利用为中心的法律是《资源有效利用促进法》[61]。

2001 年 4 月 1 日，正式生效实施了《家用电器回收法》。该法律的主要内容包括：以电冰箱、电视机、空调和洗衣机四种电器为立法对象；要求生产商承担再生利用的责任，必须以自行投资或协作参股的方式建设加工处理设备；零售商承担回收、运输的责任，即零售商对于已经销售的产品必须负责回收，而且在销售新的家电时必须负责回收替换下来的旧家电；消费者必须支付家电废弃后的加工费用，费用的设定必须考虑到可能导致非法扔弃现象增加的因素；运用管理表单对废旧家电产品的排放、运输和加工利用整个过程进行监管，以确保其回收和“再商品化”加工得到落实[61]。

2012 年 8 月，日本参议院通过《废弃小型电子产品回收再利用促进法》，并于 2013 年 4 月 1 日开始正式实施此法。据统计，2012 年全年回收家庭用电脑 44.6 万台，合计 3783t，企业用电脑 39.6 万台，合计 2794t，回收手机 660.6 万台，合计 639t。实施回收及再资源化的目标值规定，每年回收并进行再资源化的废弃小型家电应达到 14 万 t[62]。

（2）印度

印度与我国同为新兴发展中国家，面临着相似的废弃电子信息产品管理问题。2011 年 5 月 1 日，印度环境与森林部（Ministry of Environment and Forests）发布《2011 年电子废弃物（管理和处理）细则》，对特定电子消费品中的四种重金属物质和两类溴化阻燃剂（BFR）进行了限制，适用的对象包括信息技术和通信设备（传真机、主机、笔记本电脑和电话）、电子电器消费品（空调、电冰箱、电视机、洗衣机），以及生产、回收中心、批发商、半成品回收处等[63]。该新规则的生效日期为 2012 年 5 月 1 日；新规则的重点见表 2.17。

表 2.17　印度电子废弃物管理和处理主要内容

物质	范围	要求	生效日期
镉（Cd） 铅（Pb） 汞（Hg） 铬（Cr^{6+}） 多溴联苯（PBB）和多溴联苯醚（PBDE）	电子和电信设备 电子电器消费品	均质材料 ≤0.01% Cd ≤0.1% Pb ≤0.1% Hg ≤0.1% Cr^{6+} ≤0.1% PBB ≤0.1% PBDE 豁免：某些允许豁免	2012 年 5 月 1 日

（3）中国

从 20 世纪 90 年代起，欧洲各国对废弃电子信息产品给予了高度关注，德国、荷兰、瑞典、瑞士、意大利、葡萄牙等国先后颁布实施了废弃电子信息产品管理法规。但我国在这方面的起步比较晚，针对国内日益严重的废弃电子信息产品污染问题，我国在 2002 年就开始了废弃电子信息产品的立法工作，但直到 2004 年 10 月，《废旧家用电器及电子产品回收处理管理条例》征求意见稿才面向社会征求意见，并且仍然没有上升到立法层面[64]。近几年，我国陆续颁布了一些法律，见表 2.18。

表 2.18　我国已出台的废弃电子信息产品管理法规[65, 66]

颁布时间	名称	内容
2003 年 8 月 26 日颁布	《关于加强废弃电子电器设备环境管理的公告》	国家环境保护总局发布实施。要求对电子工业废弃物的回收、处理处置和利用要以环境无害化的方式来进行。

续表

颁布时间	名称	内容
2005 年 4 月 1 日起施行，2015 年 4 月 24 日第三次修订	《中华人民共和国固体废物污染环境防治法》	对废弃电子信息产品管理进行了原则性的规定：国家对固体废物污染环境防治实行污染者依法负责的原则。产品的生产者、销售者、进口者、使用者对其产生的固体废物依法承担污染防治责任；拆解、利用、处置废弃电器产品和废弃机动车船，应当遵守有关法律、法规的规定，采取措施，防止污染环境。
2006 年 2 月 28 日颁布，2007 年 3 月 1 日实施	《电子信息产品污染控制管理办法》	由信息产业部颁发。在研发、设计、生产、销售、进口等环节对有毒有害物质限制或禁止。
2006 年 4 月 27 日	《废弃家用电器与电子产品污染防治技术政策》	国家环境保护总局发布实施，它提出了废弃电子信息产品污染防治的指导原则，即减量化、资源化和无害化，以及实行“污染者负责”的原则。由产品生产者、销售者和消费者依法分担废弃产品污染防治的责任，并提出了有毒有害物质的信息标识制度。
2006 年 5 月 17 日通过，2007 年 5 月 1 日施行	《再生资源回收管理办法》	该办法对包括废弃电子产品在内的再生资源回收经营活动进行规范。
2007 年 9 月 27 日通过，2008 年 2 月 1 日开始实施	《电子废物污染环境防治管理办法》	该办法对废弃电子信息产品产生、储存、拆解、利用、处置等活动进行规范，以防治电子废物污染环境，加强对电子废物的环境管理。
2010 年 1 月 4 日颁布，2010 年 4 月 1 日开始实施	《废弃电器电子产品处理污染控制技术规范》（HJ 527—2010）	国家环境保护部发布。该法规规定了废弃电器电子产品收集、运输、储存、拆解和处理等过程中污染防治和环境保护的控制内容及技术要求。
2009 年 2 月 25 日颁布，2011 年 1 月 1 日正式实施	《废弃电器电子产品回收处理管理条例》	该条例规定了废弃电器电子产品处理目录、处理发展规划、基金、处理资格许可、集中处理、信息报送等一系列制度。
2010 年 11 月、12 月	《废弃电器电子产品处理资格许可管理办法》等一系列与《废弃电器电子产品回收处理管理条例》配套实施的文件	国家环境保护部制定下发。目的是配合《废弃电器电子产品回收处理管理条例》的实施。

为有效解决废弃电器电子产品环境污染问题，《废弃电器电子产品回收处理管理条例》（以下简称《条例》）包括了废弃电器电子产品处理目录管理制度、废弃电器电子产品处理发展规划制度、集中处理和处理资格许可制度等在内的多项管理制度，并明确规定不得进口属于国家禁止进口的废弃电器电子产品，禁止采用国家明令淘汰的技术和工艺处理废弃电器电子产品等。

《条例》的实施，对于规范我国废弃电器电子产品回收处理活动，防止和减少环境污染，促进资源综合利用，发展循环经济，建设资源节约型、环境友好型社会，保障人体健康具有重要的意义。

为配合《条例》的实施，国家环境保护部于 2010 年 11 月、12 月制定下发了系列相关配套政策，包括《废弃电器电子产品处理资格许可管理办法》、《废弃电器电子产品处理企业资格审查和许可指南》、《废弃电器电子产品处理发展规划编制指南》、《废弃电器电子产品处理企业建立数据信息管理系统及报送信息指南》、《废弃电器电子产品处理企业补贴审核指南》等一系列配套实施的文件。

此前，国家环境保护部还会同发改委、工业和信息化部、商务部联合发布了《关于组织编制废弃电器电子产品处理发展规划（2011—2015）的通知》；国家发改委会同环境保护部、工业和信息化部下发了《废弃电器电子产品处理目录（第一批）》等。

目前《条例》涉及的产品有五类，在其配套政策《废弃电器电子产品处理目录》中明确标出，具体见表 2.19。

表 2.19　废弃电器电子产品处理目录[67]

产品种类	产品范围
电视机	阴极射线管（黑白、彩色）电视机、等离子电视机、液晶电视机、背投电视机及其他用于接收信号并还原出图像及伴音的终端设备
电冰箱	冷藏冷冻箱（柜）、冷冻箱（柜）、冷藏箱（柜）及其他具有制冷系统、消耗能量以获取冷量的隔热箱体
洗衣机	波轮式洗衣机、滚筒式洗衣机、搅拌式洗衣机、脱水机及其他依靠机械作用洗涤衣物（含兼有干衣功能）的器具
空调	整体式空调（窗机、穿墙式等）、分体式空调（分体壁挂、分体柜机等）、一拖多空调及其他制冷量在 14000W 及以下的房间空气调节器具
电脑	台式微型电脑（包括主机、显示器分体或一体形式、键盘、鼠标）和便携式微型电脑（含掌上电脑）等信息事务处理实体

2.4　废弃电子信息产品处理方式

20 世纪 70 年代以前，废弃电子信息产品的回收技术主要着重于对贵金属的回收。但随着技术的发展和资源再利用的要求，目前已发展为对铁磁体、有色金属、贵金属和有机物质等的全面回收利用。

2.4.1　机械处理

机械处理是利用各组分之间物理性质的差异（如密度、导电性、磁性、韧性等）进行分选的方法，不涉及化学变化，仅通过物理手段实现废弃电子信息产品中金属、塑料基板及其他物质的分离。它的成本低，操作简单，不易造成二次污染，易实现规模化生产。目前的机械处理方法主要包括拆解、破碎、分选等，经过机械法处理后的物质再经过冶炼、焚烧等后续处理后可获得金属、塑料、玻璃等再生原材料。机械处理可以使废弃电子信息产品中有回收价值的物质充分地富集，减少后续处理的难度，提高回收效率[68]。

（1）拆解

在对废弃电子信息产品资源化处理的过程中，对其进行有效拆解是第一步。有效拆解后对可回收和有毒有害的零部件进行针对性的处理。拆解物类型有印刷线路板、电缆、塑料机壳、金属机壳、玻璃、显像管等部件。进行拆除分类后，可以简化后续的材料处理过程。现阶段，手工拆解仍是世界各国相关领域内最常用和最经济的拆解手段。但是手工拆解存在较大的职业健康风险，因此自动化拆解也是当前一个研究重点。

（2）破碎

为了实现废弃电子信息产品单体的分离，破碎是比较有效的方法。破碎的方法很多，主要方法有冲击、剪切、挤压、摩擦等，此外还有低温破碎和湿式破碎等[68]。常用的设备主要有锤碎机、锤磨机、切碎机和旋转破碎机等[69]。

（3）分选

废弃电子信息产品的机械分选主要是利用物质间的物理性质差异（如密度、磁性、形状及表面特性等）来实现不同物质的分离。密度分选和磁电分选是两类常用的分选技术。密度分选是根据各种材料密度和粒度的不同，依靠各种机械力的作用使不同组分分层，进而实现各种物料分选的工艺过程。磁电分选是利用不同物料的磁性或电性的差异，依靠混合物料在磁场或高压电场中的受力情况差异进行分离的一种方法。

常用的设备有涡流分选机、静电分选机、风力分选机、旋风分离器和风力摇床等[32]。

研究者[70]提出了多种电子信息组件在一个生产线回收的构想，如图 2.7 所示。该处理系统包括集成的多功能设备，可以处理各种电子废弃物。多功能粉碎机粉碎所有废弃电子信息产品，磁选分离所有铁磁材料，电子分选有色金属和非金属材料。印刷线路板、电线和其他组件，不需要特殊的预处理，可以直接送到多功能生产线回收有用材料。该体系将实现废弃电子信息产品利用的最大化管理。

2.4.2　湿法冶金处理

湿法冶金处理，是将破碎后的废弃电子信息产品在酸性或碱性条件下浸出，浸出液再经过萃取、沉淀、置换、离子交换、过滤以及蒸馏等一系列过程，最终得到金属。该处理可回收稀贵金属，又可回收除铜以外的其他金属（如铅和锡），具有金属回收率高、可获得高纯度的金属单质等优点，符合日趋严格的环保要求。但在化学处理的过程中要使用强酸和有剧毒的氰化物等，产生的废液对环境

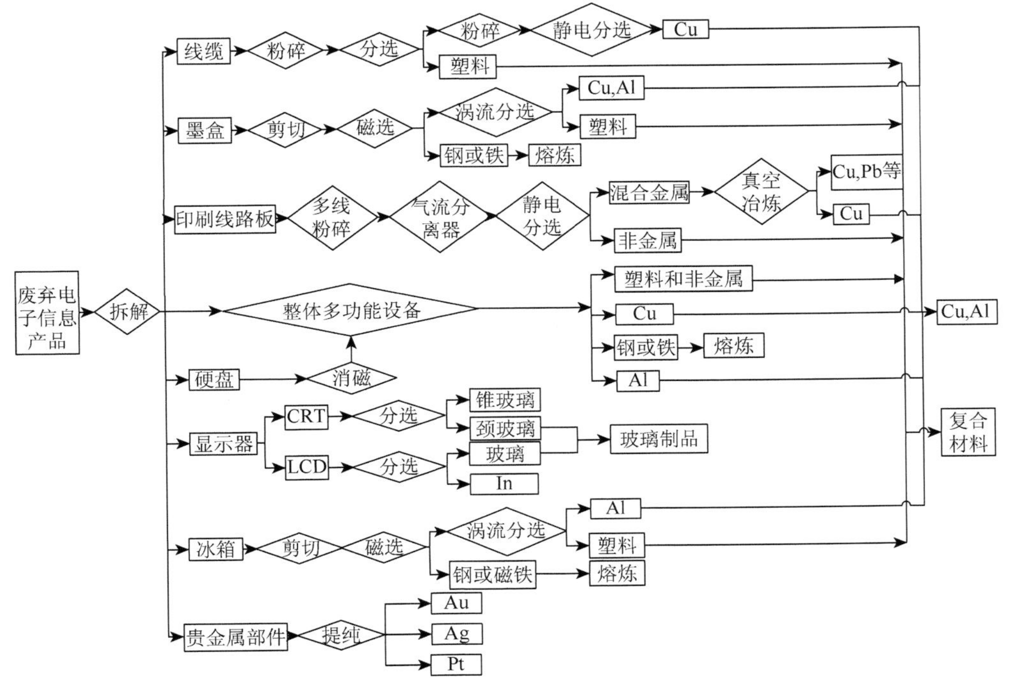

图 2.7　废弃电子信息产品回收集成体系[70]

危害较大，而无害化成本较高。该技术未来的研究趋势应是采用环境友好的试剂作为浸出剂或在整个回收工艺过程中考虑循环使用浸出试剂[68, 71]。

（1）酸洗法

酸洗法是将含贵金属的废弃电子信息产品以强酸或强氧化剂处理，得到贵金属的剥离沉淀物，再分别将其还原成金、钯等，含有高浓度离子的废液则可回收硫或电解铜。但后者往往经济价值明显降低，导致在贵金属回收后的废板、废料及含有有毒离子的废液遭任意倾弃或填埋，从而造成严重的二次污染[23, 72]。

（2）溶蚀法

溶蚀法主要用于回收含贵金属的接点、合金底材。将废弃电子信息产品置于溶蚀液中，在适当的氧化还原电位值控制下使底材溶蚀，但贵金属不溶，因此可以将其回收，溶蚀后母液再用氯气氧化，铜溶蚀液循环使用，最后加以处理使尾液合乎排放标准[23, 72]。

2.4.3　火法冶金处理

火法回收技术主要包括焚烧法、真空热解法、微波法等。通常的废弃电子信息产品主体部分都是由热固性的环氧树脂玻璃纤维复合材料制成的，这种材料含有高浓度的溴化阻燃剂、重金属等多种成分，同时这种材料本身还具有不溶解和难熔融的特点，因此给再生利用带来很大的困难。燃烧是火法冶金过程中用于去除塑料等有机材料的过程，而多氯联苯的焚烧将释放出挥发性化合物。在这个过程中某些金属（铜、铅）可以像其他金属一样残留下来。因此，得到的是未知组分的合金成分，而不是某种特定纯金属[71]。

（1）焚烧

焚烧是废弃电子信息产品处理方式中最基础的一种。其基本流程是先将废弃电子信息产品破碎至一定粒径，送入一次焚化炉中焚烧，将其中的有机成分分解破坏，使有机气体与固体分离。与普通塑料废弃物不同的是，废弃电子信息产品中常常含有无机填料、阻燃剂以及增强材料等，这些成分对废物的燃烧状况有较大的影响，往往需要更高的焚烧温度，若焚烧过程中温度控制不当会产生二噁英等剧毒物质[23, 72]。

（2）热解

热解也称第三级回收，是在无氧的条件下加热，控制压力，将高分子聚合物材料转化为低分子化合物，与金属、填料分离，再以燃料或化工原料的方式获得回收利用[68]。热解法易于导致空气污染，故相应的防治设施要求较高[73]。

（3）气化

气化方法是以可控的方式对塑料废弃物中的碳氢化合物进行氧化，生产出具有高价值的合成气。气化技术同时结合了热解和焚烧技术的特点，在过程中引入氧气加速分解，起到了避免碳化结焦的效果，与燃烧不同的是，气化过程是使用纯氧，气化产物为氢气和一氧化碳，不是二氧化碳。气化的温度高达 1000℃以上，一般在 1300～1500℃之间，因而反应过程中不会产生二噁英、芳香族化合物与卤代烃类有毒物质，对环境影响比焚烧和热解要小。根据气化工艺的不同，有直接气化法和间接气化法[68]。

（4）真空热处理

废弃电子信息产品的真空热处理技术目前主要有真空热解和真空熔炼技术。真空热处理技术处理电子塑料更具优越性，真空条件缩短了热解产物在高温反应区的停留时间，减少了二次热解反应的发生，降低了卤代氢发生二次反应生成卤代烃的概率。真空热处理技术还有利于提高化工原料的产率，减少气体的产量。

（5）微波处理技术

微波处理技术比传统加热方法更加高效。微波加热过程是：先将废弃电子信息产品粉碎，放入坩埚中用微波加热，可使其中的有机物受热分解挥发，继续加热到 1400℃左右时，玻璃纤维和金属会熔化形成玻璃化物质，冷却后，金、银和其他金属就会以小颗粒的形式分离出来，便于回收利用，而剩余的玻璃物质则可回收用作建筑材料等。微波加热与传统加热方法有显著差异，具有高效、快速、资源回收利用率高、能耗低等显著优点。尽管这一技术目前尚未成熟，但随着研究的深入和发展，微波技术不久将迈向工业化[69]。

火法冶金技术在废弃电子信息产品的处理、利用领域已获得了广泛的应用，表 2.20 列出了各类技术特点。

表 2.20　电子废弃物火法冶金技术的特点[68]

火法冶金技术	处理速度	回收产品	二次污染程度	运行投资成本	减容减量效果	惰性材料分离效果
焚烧	快	热能	大	高	最好	好
热解	慢	原料和燃料	小	比焚烧低	好	次之
气化	快	合成气	很小	比焚烧低	好	好
真空热处理	快	原料	很小	比焚烧低	好	最好

2.4.4　其他处理方法

（1）生物技术

生物技术是利用细菌浸取贵金属的一种工艺，始于 20 世纪 80 年代，是用于提取低含量物料中贵金属的新技术，现已在环境领域得到广泛的应用。该技术利用某些微生物在矿物表面的吸附作用和氧化作用来解决难浸金矿石的选冶问题。微生物吸附有两种类型，分别是利用微生物的代谢产物来固定金属离子和利用微生物直接固定金属离子。前者是利用细菌产生的 H_2S 固定，后者则是利用 Fe^{3+}的氧化性使贵金属合金中的其他金属氧化后进入溶液，而贵金属则裸露出来。生物技术提取金等贵金属具有工艺简单、费用低、操作方便的优点，但是浸取时间较长，浸取率较低，目前很少投入使用。但它是较有前途的从废弃电子信息产品中回收金等贵金属的新技术之一[74]。

（2）电解法

电解提取是向金属盐的水溶液中通过直流电而使其中的某些金属沉积在阴极

的过程。即将废弃线路板磨碎，采用酸溶后过滤，在电解槽中提取各种金属。电解提取不能使用大量试剂，对环境污染少，但需要消耗大量能量。“台湾中央大学”研究了金在无毒硫脲溶液中的电化学行为，循环伏安曲线表明：硫脲在酸性溶液中对金的剥离率比在中性或碱性溶液中的高[23]。

（3）超临界液体氧化法

关于超临界液体氧化法处理废弃电子物，Fraunhofer 化工高分子学院与德国 DaimLer-Benz 研究中心合作发明了运用超临界水安全回收废弃电子信息产品的方法。此法使难于处理的物质与超临界水中的氧反应，它们被分解为二氧化碳、氮气、水和无害的盐类[23]。

（4）再生利用

再生利用处理厂分为两种，一是在沿海地区建立工厂，主要针对电子电器生产商所产生的废物；二是家庭作坊式，它们一般规模很小，多为手工操作，设备简陋，技术水平比较低，也暴露出很多问题。首先，设备简陋，技术水平低，造成分离回收贵重金属效率低，资源浪费严重。其次，在废弃电子信息产品回收利用过程中产生环境污染问题，多出现在拆卸分离出的塑料，含金的芯片和微处理器，含铜的电线和线路板的进一步分离、回收利用过程，以及所产生废物的不当处置过程。这种在处理过程中产生的废液未经处理，造成地表水体的严重污染，产生的固体废物露天任意堆放，不仅占用土地资源，而且堆放产生的渗滤液污染地下水和地表水[26]。

2.4.5　回收方法比较

由于废弃电子信息产品本身部件结构和物质组成的复杂性，任何单一回收技术都无法很好地实现废弃电子信息产品的资源化和无害化。

机械物理回收技术具有很多其他工艺无法比拟的优势，如设备简单、效率很高，而且该工艺二次污染很小。除了水力分选处理会产生污泥和废水，风力分选技术和高压静电分选技术几乎不会产生环境污染。机械物理回收技术的缺点在于分选前必须进行拆解和破碎处理，使金属和非金属物质解离，这增加了处理的耗时和成本。涡电流分选技术分选效果很好，也具有很好的环境友好性。但是涡电流分选设备相对复杂，而且能耗较高。这种技术在冶金工业中常被应用于熔体的净化，以获得更高质量的合金[73]。

湿法回收技术工艺流程比较简单，通常不会产生废气，但会有一定的废液产生。利用湿法回收技术提取贵金属后，物料的残余物不仅便于处理，而且能够产生比其他工艺更显著的经济效益。因此，在实际生产中湿法回收技术具有比火法冶金回收技术更加广泛的应用。必须注意的是，湿法回收技术也不可避免地存在一些难于解决的问题。主要有：①对组成复杂的废弃电子信息产品，如印刷线路板等必须采取预处理措施，否则无法发挥某些化学试剂的作用效果；②湿法回收技术无法对非金属材料进行回收；③对于某些金属物质，湿法回收技术的浸出效率很低，而生物处理法的处理周期太长，因此对某些金属物质难以配制对应的浸取溶剂；④湿法回收技术的浸出液和残渣具有非常强的腐蚀性及毒害性，易引起二次污染。

火法冶金能得到高达 90%的金属回收率，但由于废弃电子信息产品内含有相当多的黏结剂及有机物，这些物质会在热处理冶金过程中燃烧，释放大量有害气体。同时，热处理冶金会产生大量浮渣，成为固体废弃物。因此，热处理冶金增加了处理二次污染的成本和复杂性。热处理冶金处理过程的能耗较大，加之处理设备的制造、运营成本高昂，经济效益较低[73]。

2.4.6　处理线设备

废弃电子信息产品处理线设备通常有以下几种[75]：

（1）拆解分选设备

该设备是废弃电子信息产品处理的第一个环节，是一个自动化的传输设备，用于在废弃电子信息产品粉碎前将废弃电子信息产品进行拆解，初步分选，把金属机壳、薄板、线路板、导线、塑料等分门别类地放进不同的回收箱。

（2）废旧线路板上元器件及焊料去除系统

对废旧线路板上元器件去除和焊料去除，是印刷板组装焊接的逆过程，但是废旧线路板绝大部分是混装板，如果要去除干净上面的插件元件，则去除系统必须具有能去掉插件元件的装置，同时焊料的去除也必须考虑，目前，这种装置可考虑采用振动方式来解决。可以一次性去除废旧线路板上的元器件和焊料。元器件可进行二次筛选，损坏的元器件则进入贵重金属回收处理系统，而好的元器件可再利用，焊料可重新回收利用。

日本 NEC 公司开发了一套自动拆卸废弃线路板中电子元器件的装置。这种装置主要利用红外加热和两级去除的方式（分别利用垂直和水平方向的冲击力作用）使穿孔元件和表面元件脱落，不会造成任何损伤。然后再结合加热、冲击力和表面剥蚀技术，使线路板上 96%的焊料脱焊，用作精炼铅和锡的原料[23]。

（3）线路板的低温破碎系统

对于机械分离技术，各种材料尽可能充分地单体解离是高效率分选的前提。

破碎程度的选择是破碎工艺的关键，不同的破碎工艺产生的效果差别极大。废线路板主要由强化树脂板和附着其上的铜线以及电镀上的各种金属等组成，硬度较高、韧性较强，采用具有剪、切作用的破碎设备可以达到比较好的解离效果，如旋转时破碎机和切碎机，使用这种破碎机可以减小解离后金属的缠绕作用。根据相关的实验，不同材料的变形不同，金属和有机物经过破碎后，有机物的大小和形状基本不变，而金属材料则变化较大。

（4）废旧线路板分选和筛分设备

分选工艺粉碎后的废线路板粒度在 0.3～0.6mm 之间，这时铜可以很好地解离，而且铜的尺寸远大于玻璃纤维和树脂。再经过两级到三级分选可以得到铜含量 82%～84%的铜粉，其中超过 90%的铜得到了回收，而树脂和玻璃纤维混合粉末尺寸主要在 100～300μm。对分选技术来说，主要有电选和磁选技术、密度分选技术。

近年随着破碎技术和设备的进步，破碎粒度越来越小，一种根据密度分选技术开发出来的超细涡流分离技术逐渐得到应用，取得了很好的分离效果。要得到有效的分离，分离过程一般采用多级分离，分选设备有：涡流分选机、静电分选机、风力分选机、旋风分离器和风力摇床等。破碎后必须仔细分级，采用窄级别物料分选机分别进行重选。具体采用哪种设备更适用、更经济，要根据采用的回收工艺、设备的最佳操作条件和分选要达到的纯度和回收率来确定。

（5）CRT 显示器处理设备

由于 CRT 构造特殊，它含有十几种化学成分，其中绝大部分可对人体造成伤害，同时对环境带来严重污染（如铅、镉、汞等），如若将报废的 CRT 不加处理直接丢弃，每年我国将有约 10000t 的铅直接污染环境，危害相当大。因此，CRT 的无害化、资源化利用是解决废弃电子信息产品处理的关键问题。其核心设备主要有 CRT 激光切割设备、荧光粉刮除负压收集设备、铅玻璃清洗设备。

2.5 废弃电子信息产品处理现状

2.5.1 国外处理现状

目前，欧洲特别是欧盟国家基本上已经制定了相关法律、法规及回收再生标准，拥有比较完整而成熟的废弃电子信息产品回收处理技术，建设了许多专业的废弃电子信息产品回收处理厂，甚至建立了相应的信息管理系统。美国和日本也较早地开展了废弃电子信息产品的有效处理和回收工作。

（1）欧洲

欧洲在废弃电子信息产品处理技术方面居世界领先地位。从 20 世纪 80 年代开始，德国、瑞典、瑞士等国就对废弃电子信息产品的综合利用展开了深入研究，他们致力于手工拆卸和金属富集工艺技术的开发。其基本处理方法主要包括废旧电子产品的拆解、粉碎、分选和危险废弃物处理，主要采用物理粉碎、物理分离和物理分选，不采用化学处理技术，没有燃烧工艺，尽量减少对环境的影响。处理工厂的技术水平比较高，基本上都是依靠自动化程度较高的机械设备和系统，处理过程中不产生废水，针对处理过程中产生的少量废气设置专门的废气处理系统，确保达到环保的排放标准。目前，几乎所有的欧洲国家均采用与此类似的技术和工艺。

在废弃电子信息产品回收技术的产业化方面，欧洲也走在世界的前列。世界首家电子垃圾处理工厂于2001年2月在芬兰北部的电子城奥鲁市正式建成并投入生产，名为生态电子公司。其采用类似矿山冶冻的生产工艺，把废旧手机和个人电脑及家用电器进行粉碎和分类处理，然后对材料充分回收利用，每年可处理 1500～2000t，对铜、锡、钯等贵重金属的回收率为 100%，建有良好的环保处理系统[75]。截至 2006 年，瑞典的 SR-AB 公司是世界上最大的回收公司之一，一直致力于实施和开发废弃电子信息产品的机械处理技术与设备。法国在波尔多建立了年处理近 1500t 废弃电子信息产品的回收公司[68]。

德国的 US-BM 公司早在 20 世纪 70 年代就用物理分离方法对军队的废弃电子信息产品进行简单的处理。2006 年，德国有一个年处理近 21000t 废弃电子信息产品的综合工厂。目前，德国废弃电子信息产品回收厂普遍采用了一种电子破碎机来分选废弃电子信息产品的有用物和废物。其流程是：先用人工拆卸的方法将废弃电子信息产品中含有有毒物质的器件取出，如电视机显像管、荧光屏等。然后，将剩余部分放入破碎机中，先通过磁力分选分离出铁，再进入涡流分离出铝，再通过风力分离出塑料等较轻物质，最后剩下的便是铜和一些贵重金属；这些分离出的金属，会根据它们的含金量来卖给终端处理厂。其回收利用率高达 90%以上，这样的一套设备每年可处理废旧电器 30000t[76]。

（2）美国

美国采矿局在 20 世纪 70 年代末和 80 年代初就尝试对废弃电子信息产品进行拆解分类，并对分离出的有害物质进行安全有效的处理。90 年代以后，美国也开始重视资源回收技术的开发。1995 年在新泽西州建立了一个年处理废弃电子信息产品约 20000t 的工厂。2006 年，美国俄亥俄州立大学在工业生态学理论的指引下，研究如何设计既容易回收又对环境损害较小的产品。在其倡导下，施乐公司正在开发全球第一种可以回收、再生利用的复印机，而柯达公司则对最新型号的一次性相机做了精心的改造，使其用过后还可以回收利用[68, 77]。

截至 2013 年，美国电子垃圾拆解已经形成了很专业的分工，共有 400 多家专业公司，有专门负责拆解的公司、有专门负责线路板回收的公司、有专门负责回收贵重金属的公司等。由于是专业化处理，其回收利用率达到 97%以上，最后只有 3%被当作垃圾埋掉。工艺包括手工拆卸、机械处理、火法冶金、湿法冶金、生物技术冶金及电冶金等技术。资料显示：美国目前的废弃电子信息产品处理企业，一般年利润为 2500 万～3000 万美元，从中也可以看出，这是一个既有社会环境效益，经营得好还有巨大的经济效益的阳光产业。美国采用立法征收电子垃圾处理费[76]。

（3）日本

日本开展废弃电子信息产品回收方面的工作比较早，且特别重视能源和资源的节约与再利用。例如，日本北海道 1998 年就已经成功地实现了电池分离回收利用技术，将其分解成铁粉、水银和铁酸盐等，从而为电脑、电视机、温度计和荧光灯等制造业提供原材料。日本废弃电子信息产品处理工艺，因地区及处理设备的不同而有所不同。若有大型粉碎设施，则直接进行一次性粉碎性处理；若是小型粉碎设施，则要先除去电机、压缩机等，经切割后再进行粉碎处理。粉碎后，经电磁筛选、风力筛选等，将铁屑、铜屑和铅屑等选出，作为再生资源回收利用；塑料、玻璃、木块等的碎末，进行焚烧或填埋处理。日本废弃电子信息产品回收技术取得了显著成效，目前约有 82%的废弃电子信息产品通过回收处理后可进行再次销售[68, 75]。

2.5.2 国内处理现状

（1）回收处理流程

目前，我国废弃电子信息产品的主要管理过程包括回收、储存、重复使用、再利用等几个环节。文献[42]调查得出我国目前的废弃电子信息产品处理流向，如图 2.8 所示。废弃电子信息产品 70%存放在家中或办公室，储存时间从几个月到几年不等。该图还表明，只有约 22%的电子废弃物分解或由商贩回收拆除，18%的废弃电子信息产品进行回收处理再利用或维修。升级或翻新后的产品进入二手产品市场，通常，这些二手产品用于农村或贫困地区。进入回收处理的废弃电子信息产品首先进行手工拆解，可用的零部件也将进入二手市场。回收处理终端是丢弃或填埋。

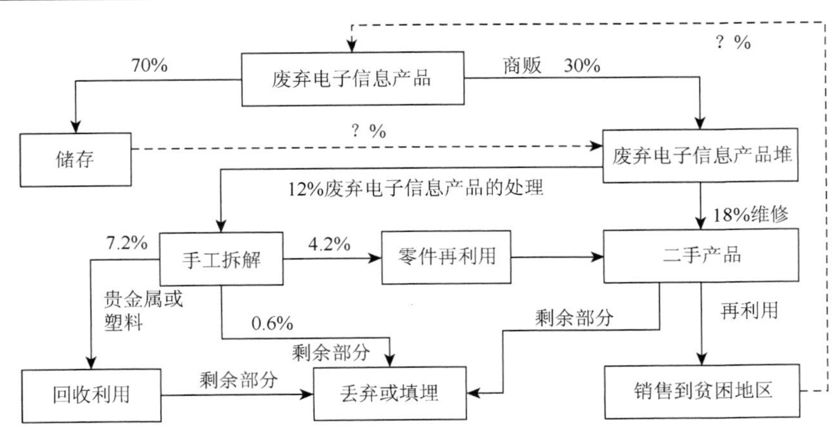

图 2.8　我国废弃电子信息产品流向[42]

a. 回收

回收是废弃电子信息产品回收与处理的一个重要环节、中心环节，同时也是最困难的一个环节。只有把千家万户淘汰的废弃电子信息产品通过一定的回收渠道集中起来，才能够进行集中拆解与处理，才能够全面控制环境污染。我国大城市已形成废旧电子电器废品回收网络，它是由个体商贩通过流动回收、上门回收和居民区固定回收点组成，但缺乏专门管理，导致所回收的产品大部分流向二手市场、农村、经济不发达地区或小型的回收利用厂。我国也正在制定废家电报废和收集的相关法规，但是由于消费者环保意识不高，法律意识不强，消费观念陈旧，以及小商小贩已经形成的回收渠道与存在的经济利益，想要改变电子电器废品回收现状，规范回收网络秩序还有很长的路要走[77]。

回收方式主要有小贩回收和生产厂商回收两种。现在在城市居民区甚至乡村都活跃着为数众多的从事废品回收的小贩，他们以低廉的价格从物主手中购得废弃家电，然后再转手或自己拆卸；近几年来，一些电子电器生产厂商已经着手回收自己生产的产品了，如惠普、戴尔、联想及诺基亚等大厂商[78]。

b. 储存

据预测，中国大陆仅电视机、冰箱、洗衣机、空调的年淘汰量分别就超过 2000 万台、500 万台、1000 万台、500 万台。数量如此庞大的废弃电子信息产品并未全部流入社会，而是有接近三分之一存放在居民家中或企事业单位里[78]。我国已有条例规定，大型公有企业和机构不能丢弃废弃的电脑和其他废弃电器，这些废弃电器只能由各单位暂时储存。由于目前废物处理厂规模及技术水平所限，没有能力完全处理这部分废物，因此大部分电子电器产品生产厂商及企事业单位只是收集后运到城市周边的一些农村地区暂时储存，整个过程的进行没有严格的管理[26]。

c. 重复使用

城市产生的绝大部分电子废物主要通过三种途径重复使用：①通过二手转让直接重复使用。主要是大城市政府机关废弃电器，如电脑、打印机和复印机等，通常送给经济相对落后地区的学校和有关政府部门。此外还包括通过二手货市场或网络等媒介的个人转让行为。②经过修理或者轻微改装重复使用，如笔记本电脑、打印机、扫描仪、硬盘、照相机、空调和复印机等。③利用其中的一部分或者零件来产生“新”的电器，如内存升级、主板、显示器等。这两种途径主要是个体收购商零散收集，经过二手电脑、打印机、电器等专业修理商店，运往二手货和旧货市场销售，或直接销售到经济相对落后地区。

延长电子信息产品的使用寿命有其益处，但是也存在很多问题。首先，稍微经过改装的废弃电子信息产品以旧充新进入市场，不仅损害消费者利益，也严重影响正规市场的运行；其次，即使是使用部分旧的零部件组装新产品，因为旧零部件寿命有限，会影响产品的质量，有的甚至严重威胁消费者的人身安全，湖北、广东等地都曾经出现过翻新电视爆炸，并造成人员受伤的事故；最后，这些电子电器产品的使用寿命较短，会很快在难以收集、处理能力较差的地区变成废物污染环境[26]。

（2）回收处理现状

a. 回收市场混乱，处理水平低下

我国废弃电子信息产品产生、回收及处理情况远远落后于发达国家，在市场尚不完全规范，整个社会对电子产品的认识还不到位的情况下，废弃电子信息产品回收作业主要由一些产能低下的工厂和私人作坊完成。通常的处理方法有三个：一是翻新改装后进入二手市场；二是简单拆解、低水平再利用；三是与生活垃圾一起被填埋。这类工厂一般都是在不考虑环保、人工成本极低、拆解简单的模式下运作。所采用的手段是简单物理方法（如砸、剪、风吹法、水洗法等）和化学方法（如焚烧、酸解处理等），工艺原始，技术落后，加工处理工作未能实现机械化和规模化，而且回收处理过程中缺乏配套相关环保设备，对最终垃圾不做任何预处理，直接进行丢弃、填埋或焚烧。这些应用落后方式拆解处理的作坊，不仅难以妥善处理结构复杂、原料种类众多的废弃电子信息产品，而且极易造成二次环境污染和有用资源的流失，如提取贵重金属后的废酸液，含有大量的镍、镉、铅等重金属，在非规范化处置的情况下，将长期滞留在土壤或水源中，严重污染周边的生态环境和危害人们的身体健康，同时由于缺乏相关环保设施，产业人员的自身健康也受到威胁[79]。

b. 正规处理加工厂建设滞后

目前，我国只有个别省市在废弃电子信息产品回收处理设施建设方面迈出了新的步伐。例如，广东省计划投资 5.8 亿元在广州、深圳等 8 个片区建立符合环保标准要求的废弃电子信息产品回收处置中心；无锡已引进外资企业对其市内的废弃电子信息产品进行综合处理。与上述省市相比较，包括北京市在内的大部分城市的废弃电子信息产品回收处理设施建设滞后，缺乏必要的跟进措施，造成大多数规模化企业处于“无米”下锅状态，导致正规的废弃电子信息产品加工处理企业回收周期长，就连美国富勒集团南京金泽公司这样有摩托罗拉、三星、NEC、西门子、LG 等众多巨头式客户的企业，也依然面临开工不足，产能大量闲置的问题[79]。北京市经济委员会早在 1994 年就在大兴成立了工业有害废物处理基地，由北京市固体废物管理中心进行管理，专门处理电子废弃物。但是，开展工作至今，该基地一年的处理量只占北京市废弃电子信息产品年产量的 1/20，由于处理规模小，处理成本过高，废物处理基地的经营非常困难[80]。

（3）存在的问题及障碍

a. 社会环保意识薄弱

我国多数居民家庭尚不富裕，人民群众仍秉承勤俭节约的文化传统，很少向市政回收设施直接丢弃废旧电器，在电器确实无法使用或功能完好但因更新换代而确需要丢弃时，一般也会卖给流动回收商贩并获取一定经济回报；另外，我国居民对电子废弃物的环境危害认识不足，尚未普遍树立起缴纳电子废弃物处理费的观念，主观上不倾向于主动付费[81]。要让环境保护意识深入人心，必须加大宣传力度，让大众知道，目前这种浪费资源、破坏环境的行径如果再得不到遏制，只能是吃子孙饭，断子孙路了[78]。

b. 回收体系不完善

我国未从法律上明确产品制造商、进口商和消费者对于废弃电子信息产品回收的责任，没有形成社会化的回收体系和渠道，废弃电子信息产品回收者仅限于一些小商贩，回收数量少。缺乏有效的政府监管和法律约束，是我国废弃电子信息产品回收处理产业发展的重大障碍[78, 82]。

c. 基础研究与技术设备研发滞后

我国废弃电子信息产品处理处置研究起步较晚，与发达国家相比，相关基础研究和技术研发滞后。主要体现在：①我国废弃电子信息产品相关基础数据研究和分析薄弱，如全国和区域废弃电子信息产品的存量统计与年产生量预测，不同废弃电子信息产品结构、材料组成、有毒有害物质含量等方面基础技术参数的测定等。②适合我国国情的实用无害化和资源化技术的研发深度不够，对国内外现有回收处理技术的引进、消化、吸收以及再创新方面的工作刚刚展开。③处理处置设备研制方面严重滞后[82]。目前废弃电子产品回收利用厂规模小，多为一些乡镇企业和家庭小作坊，仅回收废弃电子产品中利用价值高的金属，如金、银、铑、钯、铜等以及部分塑料，总的回收率不超过废弃物总量的30%。④缺乏产业循环性的连接，专业的废弃电子信息产品处理企业受回收再利用的成本、技术及污染控制等因素的限制，无法有效回收处置废弃物，同时导致现有资源的闲置和浪费[83]。

d. 激励政策、法律法规有待健全

我国的废弃电子产品管理起步晚，进度慢，虽然在立法层面上已经提出了延伸生产者责任制、清洁生产、资源循环利用、末端治理等一系列理论，但是在实际执行过程中，由于实践时间短、缺乏经验，仍然存在很多不足[84]。

（4）发展建议

a. 发展生态科技

发挥技术创新对生态文明的核心支持功能，鼓励开发成熟的电子废物处理技术。

b. 完善生态制度，实施多元化回收制度体系，积极引导，促进电子垃圾回收的产业化

建立合理规范我国废弃电子信息产品的回收系统，包括建立废弃电子信息产品的管理信息系统、建立废弃电子信息产品处理的资金支持体系、建立废弃电子信息产品管理的物流系统、加大废弃电子信息产品全过程管理的科技投入、加强文化宣传力度、增强民众的环保意识、明确地方与中央的监督管理职责、建立社会监督管理体系。

c. 强化生态意识

提高社会大众对废旧高科技电子产品危害的认识，采取有效的经济激励政策，通过税收减免、政府奖励等措施，鼓励生产者和消费者回收和再利用废弃物，奖励对废弃物回收处理作出贡献的相关参与者；解决电子废物回收处理问题的关键是，从根本上提高全民文化素质，增大环保宣传力度，增强民众环保意识[85]。

d. 健全法制

借鉴国际经验，探索推行产品延伸责任制等法律法规，健全我国废弃电子信息产品处理的法律法规，完善相关法律。针对进口垃圾，要强化监管，堵截非法进口的电子垃圾；加快立法，规范电子垃圾进口及回收体系。

第3章　废弃电子信息材料中有害物质及典型污染案例

3.1　废弃电子信息产品的成分及危害

由于电子信息材料种类繁多，要将全部废弃电子信息产品中的元素成分列出是很困难的。电子信息产品在制造中采用的材料较多、工艺较为复杂。废弃电子信息产品中许多部件是由金属、塑料和其他物质组成的。例如，一部手机中有超过40种元素，它们在元素周期表中的分布如图3.1所示，有铜（Cu）和锡（Sn）等贱金属；钴（Co）、铟（In）和锑（Sb）等稀有金属；银（Ag）、金（Au）和钯（Pd）等贵金属。据统计，金属材料占手机质量的23%，其中铜的比例较高，其余部分是塑料和陶瓷材料。1t手机（不含电池）中含有3.5kg银、340g金、140g钯以及130kg铜，即一部手机中平均含有250mg银、24mg金、9mg钯和9g铜。此外，一部手机中的锂电池含有3.5g钴[45]。

▬ 手机材料中含有的元素（诺基亚手机）

1	1 H																	2 He
2	3 Li	4 Be											5 B	6 C	7 N	8 O	9 F	10 Ne
3	11 Na	12 Mg											13 Al	14 Si	15 P	16 S	17 Cl	18 Ar
4	19 K	20 Ca	21 Sc	22 Ti	23 V	24 Cr	25 Mn	26 Fe	27 Co	28 Ni	29 Cu	30 Zn	31 Ga	32 Ge	33 As	34 Se	35 Br	36 Kr
5	37 Rb	38 Sr	39 Y	40 Zr	41 Nb	42 Mo	43 Tc	44 Ru	45 Rh	46 Pd	47 Ag	48 Cd	49 In	50 Sn	51 Sb	52 Te	53 I	54 Xe
6	55 Cs	56 Ba	镧系	72 Hf	73 Ta	74 W	75 Re	76 Os	77 Ir	78 Pt	79 Au	80 Hg	81 Tl	82 Pb	83 Bi	84 Po	85 At	86 Rn
7	87 Fr	88 Ra	锕系	104 Rf	105 Db	106 Sg	107 Bh	108 Hs	109 Mt	110 Ds	111 Rg	112 Cn	113 Uut	114 Uuq	115 Uup	116 Uuh	117 Uus	118 Uuo

图3.1　手机中的材料（诺基亚手机）[45]

根据欧洲资源废物管理中心（ETC/RWM）数据（图3.2），钢和铁是废弃电子信息产品中最常见的材料，几乎占废弃电子信息产品总质量的一半；塑料次之，约为废弃电子信息产品总量的21%；有色金属（含贵金属），约占废弃电子信息产品总质量的13%，其中铜占7%。瑞士SWICO/S.EN.S回收系统在废弃电子信息产品回收过程中发现了类似的组成，如图3.3所示[17]。

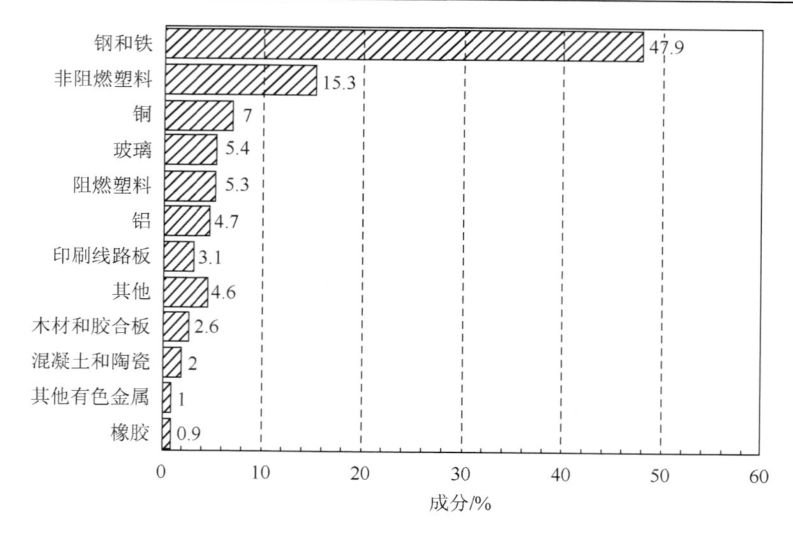

图 3.2　废弃电子信息产品材料成分[17]

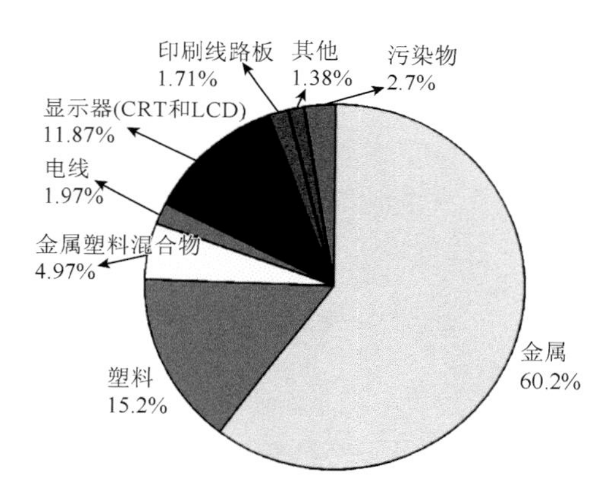

图 3.3　瑞士回收系统中废弃电子信息产品的组成[17]

随着技术的发展，电子信息产品中金属材料仍然保持着主导地位，超过 50%，与此相对应的是，由于 WEEE 指令和 RoHS 指令的颁布与实施，废弃电子信息产品中污染物和有害成分的比例逐渐降低，如图 3.4 所示。

制造一台电脑需要 1000 多种化学原料，其中含有 300 多种对人类有害的化学物质。按其中的物质性质来分类，可将电子垃圾中的有害物质分为有毒重金属、塑料等[86]，见表 3.1。这些有害物质在废弃电子信息产品回收处理过程中对人类及环境造成潜在危害，见表 3.2。

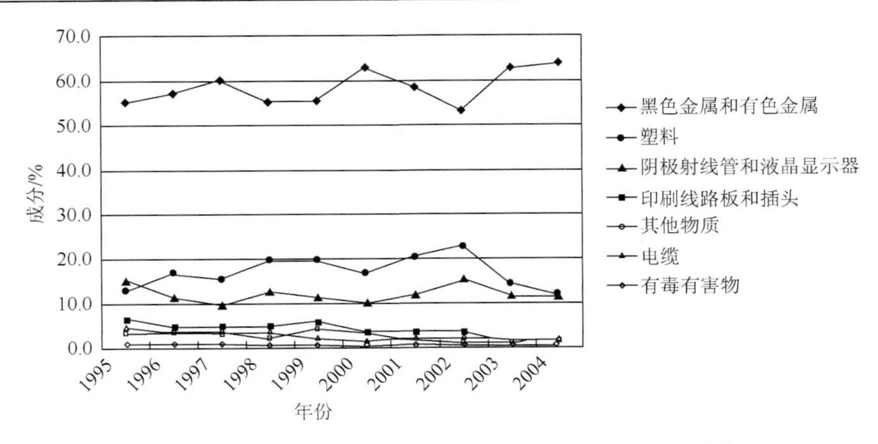

图 3.4　瑞士废弃电子信息产品的组成随时间的变化[17]

表 3.1　一台电脑中的主要物质含量（%）[86]

名称	含量	名称	含量	名称	含量
塑料	22.907	铟	0.0016	铬	0.0063
铅	6.2988	钒	0.0002	镉	0.0094
铝	14.1723	铍	0.0157	汞	0.0022
锗	0.0016	金	0.0016	砷	0.0013
镓	0.0013	镁	0.0315	硅	24.8803
铁	20.4712	银	0.0189	钡	0.0315
锡	1.0078	锌	2.2046	镍	0.8503
铜	6.9287	钽	0.0157		

表 3.2　废弃电子信息产品造成的职业安全和环境危害

电脑/电子废弃物	加工工艺	潜在的职业危害	潜在的环境危害
阴极射线管（CRT）	打碎	硅肺病	地下水重金属污染
印刷线路板（PCB）		铅吸入	大气污染
拆卸印刷线路板过程中	露天焚烧、酸洗	对工人和附近居民有毒，呼吸系统疾病，对眼睛、皮肤有刺激	河流重金属污染、影响生态系统
电脑、打印机、键盘、显示器等中的塑料	对塑料分解和低温融化、剥离和露天焚烧金属铜	酸、雾的吸入引起的肺水肿、内循环衰竭	土壤、水源、大气重金属污染
电脑其他零件（存储器、钢轴、稀有金属等）	露天焚烧、垃圾炉中重新提取	接触二噁英和重金属	重金属排放
芯片和其他组件	盐酸或硝酸腐蚀	对工人和附近居民有毒，呼吸系统疾病	重金属污染

3.1.1 重金属

废弃电子信息产品中含有许多对人体有毒有害的重金属元素，回收处理不当将给环境和人群健康带来不良后果。表 3.3 显示了废弃电子信息产品中包含的金属元素及分布。其中，铅主要分布在 CRT 玻璃和焊料中，汞主要分布在电池、LCD、印刷线路板、传感器、开关和温度调节器中，镉分布在电池、电脑、印刷线路板中。金属元素除了存在于金属部件，在塑料中同样也发现重金属（如镉和铅等）。在美国，填埋场中的重金属（汞和镉）约有 70%来源于废弃电子信息产品，填埋场中的铅 40%来自于消费类废弃电子信息产品，这些有毒物质能导致脑部受损、过敏性反应和癌症[17]。

表 3.3 废弃电子信息产品中的元素及分布[18]

元素	在废弃电子信息产品中的分布
铝（Al）	阴极射线管显示器，CD 驱动器，软盘驱动，硬盘驱动，主板，印刷线路板，电机转子
镅（Am）	烟雾检测器
锑（Sb）	电脑，阴极射线管显示器，阻燃剂，液晶显示器，移动电话，等离子显示器，印刷线路板
砷（As）	电脑，阴极射线管显示器，硅掺杂材料，液晶显示器，等离子显示器，印刷线路板
钡（Ba）	电脑，阴极射线管显示器，液晶显示器，等离子显示器
铍（Be）	电脑芯片散热器，电线，印刷线路板，硅控整流器
溴（Br）	阴极射线管显示器，液晶显示器，阻燃剂，塑料，印刷线路板
镉（Cd）	电池，电脑，移动电话，塑料，导线的绝缘皮，印刷线路板，碳粉
钼（Mo）	荧光灯
氯（Cl）	印刷线路板
铬（Cr）	电脑，阴极射线管显示器，数据磁带，软盘，液晶显示器，移动电话，等离子显示器，印刷线路板
钴（Co）	阴极射线管显示器，磁性记录媒介，磁体，等离子显示器，印刷线路板，可充电电池电极
铜（Cu）	CD 驱动器，电脑，阴极射线管显示器，软盘驱动，硬盘驱动，液晶显示器，主板，等离子显示器，印刷线路板，电机转子，接线
镝（Dy）	磁体（用于移动硬盘和光驱）
铱（Ir）	荧光灯，印刷线路板
钆（Gd）	荧光灯，磁体（用于移动硬盘和光驱）
镓（Ga）	集成电路（模拟电路和数字电路），光电设备（激光二极管，发光二极管，光电探测器，太阳能电池，印刷线路板，射频电子，半导体等）
锗（Ge）	印刷线路板
金（Au）	连接器，镀层，印刷线路板
铁（Fe）	CD 驱动器，阴极射线管显示器，软盘驱动，硬盘驱动，主板，印刷线路板

续表

元素	在废弃电子信息产品中的分布
铟（In）	液晶显示器，印刷线路板
铅（Pb）	电池，CD 驱动器，电脑，阴极射线管显示器，软盘驱动，平板玻璃上的荧光涂料，硬盘驱动，液晶显示器，移动电话，主板，印刷线路板，等离子显示器，电子焊料
锂（Li）	电池
汞（Hg）	电池，电脑，荧光灯，液晶显示器，印刷线路板，传感器，开关，温度调节器
镍（Ni）	电池，CD 驱动器，电脑，软盘驱动，硬盘驱动，液晶显示器，主板，等离子显示器，印刷线路板
铂（Pt）	印刷线路板
硅（Si）	阴极射线管显示器
银（Ag）	电脑，液晶显示器，等离子显示器，印刷线路板，电子焊料，开关，导线
锶（Sr）	阴极射线管显示器
钽（Ta）	印刷线路板
锡（Sn）	阴极射线管显示器，印刷线路板，电子焊料
钛（Ti）	阴极射线管显示器
锌（Zn）	CD 驱动器，电脑，阴极射线管显示器，软盘驱动，硬盘驱动，主板，印刷线路板，等离子显示器

由于重金属不能被微生物降解，在环境中只发生各种形态之间的相互转化，所以，重金属污染一旦形成就很难消除。重金属不仅可以直接进入水体和土壤，甚至能够进入大气之中，造成各类环境要素的直接污染。同时，重金属也可以在大气、水体和土壤中相互迁移，造成各类环境要素的间接污染，对生物引起的影响和危害也是人们更为关注的问题。如果不加处理或处理不当，它们对环境的破坏将是难以估量的。

各种重金属元素在生物体中的正常含量均小于人体体重的 0.01%，属于微量元素。金属在自然循环中主要通过水体、土壤、大气等在环境中迁移，最终会通过食物链逐级转移富集，以“土壤/水→植物→动物（肉、内脏、蛋、乳）→人”的方式进入人体，在人体中逐渐积累，增大了人体中毒的危害性。重金属进入人体后不易排泄，逐渐积累，当超过人体自身生理负荷时，就会引起生理功能改变，导致急、慢性或远期危害[87]。下面简单介绍几种典型重金属元素。

（1）铅

铅分布广，易提取，易加工，既有很高的延展性，又很柔软，而且熔点低。早在 7000 年前人类就已经认识铅，在《圣经·出埃及记》中就已经提到了铅。古罗马使用铅非常多。由于人们认识到铅对环境的污染，从 19 世纪 80 年代开始，铅的应用开始骤然下降。

废弃电子信息产品中铅的来源主要是阴极射线管中的铅玻璃，此外还有电池、电子焊料、CD 驱动器、硬盘驱动、液晶显示屏、移动电话、主板、等离子显示器、印刷线路板等。同时，含铅汽油的使用，冶炼、制造以及使用铅制品，农田污水灌溉、农药和化肥的施用等人类活动几大典型的用铅方式，对铅的区域性及全球性生物地球化学循环的影响比其他任何一种元素都明显得多。鉴于铅的危害性，人们正在限制产品中铅的使用，如今汽油、染料、电子焊料和水管中铅的含量已经受很大限制。

a. 铅的化学性质

在自然界，铅是比较常见的元素之一。铅的元素符号为 Pb，原子量为 207.2，相对密度为 11.35。金属铅是蓝白色重金属，质柔软、延性弱、展性强。空气中表面易氧化而失去光泽。其熔点为 327.3℃，沸点 1740℃，在常温下为固态，在 400～500℃时可蒸发。铅属于亲硫元素，也具有亲氧性。在加热下，铅能很快与氧、硫、卤素化合；铅与冷盐酸、冷硫酸几乎不起作用，能与热或浓盐酸、硫酸反应；铅与稀硝酸反应，但与浓硝酸不反应；能缓慢溶于强碱性溶液。在自然界中，当铅以无机化合物形式存在时，其化合价一般为二价；当以共价化合物存在时，铅也可以四价的形式存在。铅盐中除乙酸铅、氯酸铅、亚硝酸铅和氯化铅之外，一般都难溶于水[88]。

b. 铅的危害

铅是一种有毒的重金属元素，铅及其化合物是一种不可降解的有毒污染物质，也是中国 68 种优先控制污染物黑名单之一。在岩石风化、人类活动等的作用下，铅不断向环境和生物转移。铅污染环境后随各种途径进入农产品中，动物体内的铅主要来自农产品或食物，进入人畜体内后主要分布于肝、肾、脾、胆、脑中，其中以肝、肾中的浓度相对高，铅对人体健康的危害，尤其是婴幼儿和儿童的智力发育的危害已成为全球环境和人类发展的重要问题。铅在治疗上很少应用，但在工业上用途很广，慢性铅中毒系重要职业病之一[88]。

铅中毒以无机铅中毒为多见，主要损害神经系统、消化系统、造血系统和肾脏。铅的吸收甚缓，主要经消化道及呼吸道吸收。随后铅就会从以上组织转移到骨骼，以不溶性磷酸铅形式沉积下来，人体内有 90%～95%的铅积存在骨骼中，只有少量积存在肝、脾等脏器中。沉积骨中的铅盐并不危害身体，中毒的深浅主要取决于血液及组织中的含铅量，血中铅含量如超过 0.05～0.1mg/L，即产生中毒症状。神经系统受侵犯而发生头痛、头晕、疲乏、烦躁易怒、失眠，晚期可发展为铅脑病，引起幻觉、谵妄、惊厥等；外周可发生多发性神经炎，出现铅毒性瘫痪。近年来，铅接触对内分泌、生殖系统、铅接触女工后代的影响，包括生长落后，行为障碍，感觉功能障碍，身体各系统损害也已引起重视。

历史上比较重大的例子是古罗马的衰亡源于重金属元素——铅。古罗马时代是全球铅生产的第一个高峰期，古罗马人以铅为荣，用铅管道输水，用铅杯喝水，用铅锅煮食，在铅制容器里长期存放食品。贵族铅暴露远高于世界卫生组织（WHO）1977 年规定的成人铅摄入量。现在的研究表明，铅可直接作用于男性生殖系统的核心器官睾丸，其结果是精子的质和量发生改变，因此，罗马帝国的衰亡可能与罗马上层人物铅中毒导致生育能力低下，人口质量明显下降有关[89]。

铅不是植物生长的必需元素，超过植物耐受浓度会对植物产生毒害作用。植物体内铅含量并不高，通常低于 10mg/kg。高浓度的铅不仅对农作物可食用部分产生残毒，还可降低土壤微生物量和生物酶活性，影响植物对营养物质的吸收，进而导致幼苗萎缩、生长缓慢、产量下降甚至绝收。

一般规定自来水中可接受铅的最大浓度为 50μg/L。此外，血样中的铅浓度作为是否铅中毒的先期指标，数据表明：如果饮用水接近 50μg/L，那么该患者血样的铅浓度在 30μg/L 以上。对婴儿血铅浓度的要求更为严格，平均血铅浓度不超过 10μg/L。铅对儿童健康的危害已日益受到世界各国的广泛关注。1991 年美国疾病预防与控制中心将儿童铅中毒诊断标准修订为血铅水平≥100μg/L[90]，目前其已成为国际公认的诊断标准，根据美国《儿童铅中毒指南》，血铅分为五级，见表 3.4。

表 3.4 儿童铅中毒等级[90]

血铅等级	Pb 含量/（μg/L）	中毒等级
Ⅰ	＜100	相对安全
Ⅱ	100～199	轻度
Ⅲ	200～449	中度
Ⅳ	450～699	重度
Ⅴ	≥700	极重度

关于铅毒性研究最多的是对儿童神经发育的影响，低浓度铅接触即可损害儿童中枢神经系统的整体功能，导致儿童学习、记忆能力下降和智力发育障碍。研究表明，长期低浓度铅暴露，会导致儿童智商（intelligence quotient，IQ）值下降，且血铅每上升 10μg/L，IQ 值将下降 4.6 分，并伴有认知功能和心理行为的改变[91, 92]。美国儿科学会的研究结果表明，以前同类研究也证实，铅毒可能令人们产生反社会行为或者性格较为暴躁，减少人们体内的铅毒，可能成为防止罪行的有效方法之一。

（2）铬

法国化学家沃克兰（L. N. Vauquelin）于 1797 年在西伯利亚红铅矿（铬铅矿）中发现一种新元素，次年用碳还原得到金属铬。铬因为能够生成美丽多色的化合物，根据希腊文 chroma（颜色）被命名为 chromium。

铬在废弃电子信息产品中存在于阴极射线管显示器、磁带、软盘、液晶显示器、移动电话、等离子显示器、印刷线路板等部件中，铬也被用于塑料的稳定剂。铬污染的其他来源有铬矿冶炼、耐火材料、电镀、制革、颜料和化工等工业生产以及燃料燃烧排出的含铬废气、废水及废渣等。

a. 铬的化学性质

铬元素符号 Cr，银白色金属，体心立方晶体，在元素周期表中属ⅥB 族，原子序数 24，原子量 51.996，密度 7.20g/cm³，熔点（1857±20）℃，沸点 2672℃。铬不溶于水，在酸中一般以表面钝化为其特征。一旦去钝化后，极易溶解于几乎所有的无机酸中。铬能溶于硫酸却不溶于硝酸，可溶于强碱溶液。铬常见化合价为+2、+3 和+6。Cr^{2+}在空气中迅速被氧化成 Cr^{3+}，Cr^{3+}最为稳定，Cr^{3+}与 Cr^{6+}在一定条件下可以互相转化。所有铬的化合物都具有毒性，Cr^{6+}的毒性最大，Cr^{3+}其次，Cr^{2+}毒性最小。

b. 铬的危害

自然界铬主要以三价铬（Cr^{3+}和 CrO_2^-）和六价铬（$Cr_2O_7^{2-}$ 和 CrO_4^{2-}）的形式存在。

三价铬：人体必需的微量元素，参与人和动物体内的糖与脂肪的代谢，协助或增强胰岛素在体内的作用，增加胆固醇的分解和排泄。缺铬时，机体会产生葡萄糖耐量降低的有关症状，如血糖升高，脂肪代谢紊乱，出现高脂血症，特别是高胆固醇血症。近年一些报道指出，原发性白血病、烧伤病、白内障、屈光不正等疾病也与体内缺铬有关。但三价铬是否会有致癌性和诱发基因突变的作用，也一直是人们关注的热点问题。目前，在常用的富铬酵母、烟酸铬、氨基酸铬和吡啶铬等补铬剂的动物实验和临床实验中，均未发现有铬中毒症状，但美国已制定了一些铬摄入的推荐量。美国国家科学院推荐成人铬摄入量是 50～200μg/d[93]。尽管研究结果显示短期内补充有机铬的毒性很小甚至可能没有，但是长期补铬的累积毒性是否存在则还有待于进一步的研究[94]。

六价铬：明确的有害元素，被美国国家环境保护局（EPA）确定为 17 种高度危险的毒性物质之一，具有致癌并诱发基因突变作用。六价铬的长期摄入会引起扁平上皮癌、腺癌、肺癌等疾病；吸入较高含量的六价铬化合物会引起流鼻涕、打喷嚏、鼻出血、溃疡和鼻中隔穿孔等症状；短期大剂量地接触六价铬，可导致接触部位溃疡、鼻黏膜刺激和鼻中隔穿孔；摄入超大剂量铬会导致肾脏和肝脏损伤以及恶心、胃肠道不适、胃溃疡、肌肉痉挛等症状，严重时会使循环系统衰竭，失去知觉，甚至死亡。六价铬的毒性比三价铬大 100 倍，可干扰体内的氧化、还原和水解过程，具有致癌并诱发基因突变的作用。实验表明，六价铬化合物口服致死量约 1.5g，水中六价铬含量超过 0.1mg/L 就会引起中毒。长期接触六价铬的父母还可能对其子代的智力发育带来不良影响[94]。

土壤中过量的铬将抑制水稻、玉米、棉花、油菜、萝卜等作物的生长，这些作物由于铬的毒害而发生不同程度的减产，其具体表现为：降低作物的发芽率；抑制作物吸收铁、锌而引起叶片失绿；阻碍作物根的延伸，减少作物根的数量。铬抑制矮菜豆、黄豆等对锌的摄取，增加水稻对锰、镁的摄取。研究指出，铬酸钠浓度达 0.1mg/L 时，对小麦、玉米等有毒害作用。由于作物吸收的铬大部分累积在根里，根细胞体积小，数量少，因此作物根部受害最严重[95，96]。

研究表明，三价铬化合物进入土壤后 90%以上被土壤迅速吸附固定，以铬和铁的氢氧化物的混合物存在，是十分稳定和不溶的。六价铬进入土壤后大部分游离于土壤溶液中，仅有 8.5%～36.2%被土壤吸附固定。土壤吸附六价铬的能力受土壤和黏土矿物类型的影响，对六价铬吸附能力不同的原因，主要与土壤中无机胶体的组成有关，以高岭土、氧化铁和氧化铝为主的土壤，对阴离子表现出强的亲和力。普通土壤中可溶性六价铬的含量是很少的，因为进入土壤中的六价铬容易还原成三价铬。在土壤中六价铬还原为三价铬时，有机质起主要作用[96]。

（3）汞

汞在自然界中分布量极小，被认为是稀有金属，但是人们很早就发现了水银。天然的硫化汞又称朱砂，由于具有鲜红的色泽，因而很早就被人们用作红色颜料。殷墟出土的甲骨文上涂有丹砂，可以证明中国在有史以前就使用了天然的硫化汞。汞是一种剧毒非必需元素，广泛存在于各类环境介质和食物链（尤其是鱼类）中，其踪迹遍布全球各个角落。

据统计，世界上汞消耗的 22%是用在电子工业，被广泛应用于制作水银开关、电池、电脑、荧光灯、液晶显示器、传感器、电子焊料、印刷线路板等。汞最常用在工业、农业、科学技术、交通运输、医药卫生等领域中，如电池、气压表、压力计、温度计、汞真空泵、日光灯、水银法烧制碱、汞触媒、雷酸汞、颜料朱砂等。

自然环境中汞的来源除了人类工农业生产活动之外，汞还通过大气沉降、废水排放、农药施用等过程直接或间接进入土壤中，当达到一定量时，便对人类生存的环境及人体构成危害。据估计，每年由于岩石和矿物的物理化学风化作用而进入地球表面的汞约为 1000t，还有大量汞通过火山爆发、间隙喷泉、地热等进入生态环境。

a. 汞的化学性质

汞元素的原子序数为 80，原子量为 200.6，位于元素周期表ⅡB 族，密度为 13.546g/cm³（20℃），蒸气压 0.27Pa（25℃），属于典型的重金属元素。能生成化合价为+1 和+2 的化合物，是在常温、常压下唯一以液态存在的银白色发光金属。熔点–38.87℃，沸点 356.95℃。在空气中稳定，在室温下不能被空气氧化，常温下蒸发出有剧毒的汞蒸气，加热至沸腾才慢慢与氧气作用生成氧化汞。汞难溶于水，不与盐酸或硫酸发生置换反应，但在热的浓硫酸或硝酸中是可溶解的；汞可溶于脂类，易与硫和氯作用生成硫化汞和氯化汞。汞具有溶解多种金属（钠、钾、金、银、锌、镉、锡、铅）而形成汞齐（汞合金）的能力。汞在自然界以金属汞、无机汞和有机汞的形式存在，有机汞的毒性比无机汞、金属汞毒性大。

b. 汞的危害

汞是一种对动植物及人体无生物学作用的有毒元素。由于人类活动频繁，进入环境中的汞有所增加，对人类和环境造成一定的危害。

汞及其化合物可通过呼吸道、皮肤或消化道等不同途径侵入人体，但皮肤完好时短暂接触不会中毒。食物链对汞有极强的富集能力，淡水鱼和浮游植物对汞的富集倍数为 1000，淡水无脊椎动物为 100000，海洋植物为 100，海洋动物为 20[86]。汞的毒性是积累的，往往很长时间才能表现出来。

汞中毒有急慢性之分，以慢性为多见，主要在生产活动中长期吸入汞蒸气和汞化合物粉尘而发生。症状有神经功能异常、齿龈炎、肌肉震颤等，有时还会产生幻觉。急性汞中毒则由大剂量汞蒸气吸入或汞化合物摄入引起。接触汞机会较多的有真空泵、照明灯、仪表、温度计、补牙汞合金、雷汞、颜料、制药、核反应堆冷却剂、汞矿开采、汞合金冶炼、金和银提取、汞整流器以及防原子辐射材料等的生产工人。一支体温计打碎后，外泄的汞全部蒸发可使 $15m^2 \times 3m$ 的室内浓度达到 $22.2mg/m^3$，而我国规定汞在室内空气中最大允许浓度为 $0.01mg/m^3$。一般认为，人在汞浓度 1.2～$8.5mg/m^3$ 的环境中，很快会汞中毒[97]。

实际上受汞化学形态的影响，人们主要受无机汞（元素汞、Hg^{2+}等）和有机汞（甲基汞等）的影响。无机汞对身体健康的危害有限。无机汞进入体内的主要途径是呼吸、口腔摄取和皮肤吸收。呼吸是汞蒸气暴露的最重要途径，80%左右的吸入汞蒸气可以透过肺泡进入血液，食物中的无机汞大约有 7%通过口腔摄取而被吸收，1%左右呼吸吸收的汞蒸气可以通过皮肤吸收，但是使用一些高无机汞含量的美白护肤品也可以造成汞吸收和积累。无机汞的毒性主要表现为神经毒性和肾脏毒性。中枢神经系统可能是对汞蒸气最敏感的靶器官，其发生汞中毒后的典型症状包括震颤、情绪不稳定、注意力不集中、失眠、记忆衰退、说话震颤、视物模糊、肌肉神经功能变化、头痛以及综合性神经异常等。肾脏和中枢神经系统一样，也是对汞蒸气敏感的靶器官。人体汞中毒的不良后果还包括致癌性、呼吸系统毒性、心血管毒性、消化系统毒性、免疫系统毒性、皮肤毒性和生殖系统毒性等[98]。

大多数汞化合物在污泥中微生物作用下就可转化成有机汞，如 $Hg(CH_3)_2$ 等，这些有机汞不仅毒性高、能伤害大脑，而且比较稳定，能在人体内停留长达70天之久，所以即使剂量很少也可累积致毒。有机汞摄入体内后98%被吸收，可随血液分布到脑组织和肝脏而逐渐累积，不易排出。汞可以进入人体毛发，普通人发汞含量平均在2.5μg/g左右。据估计，如成人发中汞含量达50μg/g或红细胞为0.4μg/g时，即可发生中毒并出现神经和精神症状。因此毛发中汞含量作为判断环境污染程度的一项指标。无机汞主要从肾脏排出，而甲基汞则主要从肠道排出。甲基汞比无机汞从体内排出要缓慢得多，所以其蓄积性更大。尿汞正常值为0.25μmol/L，超出则表示体内有汞蓄积[99, 100]。对于甲基汞，主要影响的是一些长期接触汞作业的人群。例如牙医，其体内的甲基汞含量是不接触者的5倍。其次，因甲基汞化合物主要用作农药杀菌剂，从事类似职业的人群体内含量也较多。

我国国家环境保护总局和国家质量监督检验检疫总局发布《地表水环境质量标准》规定生活饮用水、珍稀水生生物栖息地、鱼虾类产卵场等水域中汞含量不得超过0.00005mg/L，农业用水区及一般工业用水区的水质中汞含量不得超过0.001mg/L[101]。

震惊世界的有关汞中毒的水俣病事件[102-107]

事件经过：1953年，日本九州最南面的熊本县水俣小渔村的猫开始出现反常行为，它们发疯般地四处奔跑，甚至跳进河里淹死。不久，村民发生首例怪病，症状初始是口齿不清、步态不稳、面部痴呆，进而眼瞎耳聋、全身麻木，最后精神失常，身体弯弓高叫而死。1955年5月，又出现50多例。据80年代末统计，水俣市确认的水俣病患者2200人，已死亡400人，全国患者约30000人，死亡逾1000人，实际情况远远超过此数字[107]。

发生原因：研究组查出水俣病的病因是甲基汞化合物中毒，其祸源是水俣氮素工厂排出的工业废水。该厂在生产乙醛过程中，使用低成本的汞作催化剂，30多年来工业废水未加处理，已有上百吨汞随废水流入海中，工厂废水中所含的甲基汞使鱼中毒，人和猫吃了之后也会中毒。但是，工厂主一直拒绝检查，直到水俣病事件发生十年后，工厂主才承认有责任。该厂于1966年关闭，但是已给水体造成了严重的影响[89]。

患者的病状不堪入目，他们被病痛折磨得随地翻滚、痛苦地呻吟，甚至疯狂吼叫，或染病不久即被夺去生命；或不堪忍受痛苦，投海自尽；或终生残废，卧床数十年，苦受病魔的煎熬。水俣病更加恐怖之处还在于它有遗传性，对后代贻害无穷。正如日本评论社发行的《水俣病裁判》（乙书）中所述："熊本水俣病，从其受害之广及受害情形之悲惨而言，是世界有史以来，仅次于广岛、长崎原子弹的人为灾害，是人类有史以来最恐怖的公害病。"现在，水俣病污染人口已达20万人[107]。

（4）砷

砷是地壳中广泛存在的微量元素，也是自然界中普遍存在的重要元素之一，在生物界分布尤为广泛。人类对砷的认识已有很长的历史；早在4000多年前我国就知道雄黄（As_2S_2）、雌黄（As_2S_3）等砷化物。砷与其化合物被运用在农药、除草剂、杀虫剂及许多种合金中。砷是环境中五大剧毒元素之一，砷化合物已经成为一个常见的重要环境污染物，会引起作物减产、人畜中毒，虽然人类对砷的认识已有很长的历史，近几十年，关于砷对环境污染以及对人体健康的影响受世界范围的密切关注。

砷的污染主要来源于工业活动。砷在一台电脑中的含量为 0.0013%，液晶显示器、掺杂硅材料、阴极射线管显示器、等离子显示器、印刷线路板等都含有砷或砷的化合物。除了电子器件中砷的污染外，其他工业活动，如含砷金属矿石的开采、焙烧以及冶炼过程中排放的含砷烟尘、废水、废气、废渣和矿渣造成的污染；用含砷农药防治病虫害，造成对水源、大气、土壤、水果、蔬菜的污染等。

a. 砷的化学性质

砷位于第四周期ⅤA 族，属于类金属元素，具有两性元素的性质；原子序数为 33，原子量为 74.92，砷的化合价有+3 和+5 价。金属砷的密度为 5.727g/cm³，熔点 814℃；加热至 615℃便可直接升华成为蒸气，砷蒸气具有一股难闻的大蒜味。砷一般以多原子分子存在，能形成黄、灰、黑褐三种同素异构体。其中灰色晶体具有金属性，脆而硬，并具有良好传热导电性。黄砷质地较软且呈蜡状，一定程度上类似于白磷，有与白磷相似的四面体分子结构；不稳定、最易挥发，密度最低且固体毒性最大。黄砷固体是由快速冷却砷蒸气产生的，在光照下迅速转化成灰砷。砷在潮湿空气中易氧化，不溶于水；在室温下不与浓盐酸发生作用，但能与热浓盐酸缓慢作用生成三氯化砷（$AsCl_3$）；可溶于硝酸、王水、次氯酸钠，溶解后形成亚砷酸或砷酸，与热浓硫酸反应生成亚砷酸酐。砷在室温下较为稳定，但加热灼烧时则生成白色三氧化二砷（As_2O_3，又称砒霜）和五氧化二砷（As_2O_5），成为剧毒物质。

b. 砷的危害

砷，是广泛分布于自然界的非金属元素，地壳中的含量为 2～5mg/kg，为构成地壳元素的第 20 位[108]。在土壤、水、矿物、植物中都能检测出微量的砷。植物体内砷含量一般为 0.07～0.83mg/kg。砷是植物生长非必需元素，微量的砷可刺激植物生长发育，但是过量的砷对植物有害。砷在土壤中累积并进入农作物组织中，阻碍植物生长发育，如抑制根系活性，阻碍对水分、养分的吸收，以致叶片脱落、枯死等，致使许多作物减产。砷对农作物产生毒害作用的最低浓度为 3mg/L[109]。

砷不是人畜体内必需元素，但由于所处环境中都含有砷，故成为人和动物的构成元素。单质砷无毒性，砷化合物均有毒性。无机砷化合物与人类的几种癌症有关，是已经确认的致癌物质。三价砷比五价砷毒性大，约为60倍；有机砷与无机砷毒性相似。人口服三氧化二砷中毒剂量为10～50mg，致死量为100～300mg[110]，吸入三氧化二砷蒸气致死浓度为0.16mg/m³（吸入4h），长期少量吸入或口服可产生慢性中毒。正常情况下，人每天从食物、水、空气中摄入砷的总量为100μg左右，而每天排出的总量也约是100μg，因此一般情况下人不会中毒，当机体的摄入量超过排出量就会引起不同程度的危害[111]。

砷和砷化物可通过水、大气和食物等途径进入人体，造成危害。砷一般通过食物链经口腔进入人体，也可通过皮肤或呼吸进入人体，被胃肠道、肺脏吸收并散布在身体组织和液体中，蓄积在甲状腺、肾、肝、肺、骨骼、皮肤、指甲以及头发等处。砷慢性中毒主要有以下症状和表现：无力、厌食、恶心，有时呕吐、腹泻等；随后发生结膜炎、上呼吸道炎，并且鼻中隔有穿孔等症状，也会使皮肤色素高度沉着和皮肤高度角化。慢性长期砷摄入对人体有严重的危害，一般经过十几年甚至几十年的体内蓄积才发病，可引起肝、肾的损害[108]。急性砷中毒主要是生活中由于误饮砷污染的饮料或含砷农药，误食砷污染的食品等，较为罕见，主要表现为剧烈腹痛、腹泻、恶心、呕吐、惊厥、昏迷休克，抢救不及时可造成死亡。

2004年12月15日，世界卫生组织公布，全球至少有5000多万人口正面临着地方性砷中毒的威胁，其中，大多数为亚洲国家。中国正是受砷中毒威胁最为严重的国家之一[112]。市场上的部分食物可能存在严重的砷超标问题。北京部分农产品，砷含量已近临界值。如果饮用水、空气、食物中的含砷量超标，就有可能引发砷中毒。我国规定居民区大气砷的日平均浓度为3μg/m³，饮用水中砷浓度不得超过0.01mg/L[113]，工业用水区和农业用水区砷含量不得超过0.1mg/L[101]。

因工业活动不当导致的集体砷中毒的著名事件也较多。例如，在英国曼彻斯特，啤酒中添加含砷的糖，造成6000人中毒和71人死亡；日本森永奶粉公司，因使用含砷中和剂，引起超过12100人中毒，130人因脑麻痹而死亡[114]。典型的慢性砷中毒在日本宫崎县吕久砷矿附近，因土壤中含砷量高达300～838mg/kg，该地区小学生慢性中毒。日本岛根县谷铜矿山居民也有慢性中毒患者。孟加拉国的砷污染事件更是被世界卫生组织称为“历史上一国人口遭遇到的最大的群体中毒事件”。据2009年11月报道，孟加拉国中可能有两百万人集体砷中毒，而且已经造成多人丧命，甚至未来将有更多人因此失去生命，堪称人类史上最大的中毒案。2008年6月发现的云南阳宗海砷污染事件就是由于多家企业违反环境保护规定致使水受到砷污染，直接经济损失达几十亿元[115]。我国内蒙古自治区砷中毒区是继台湾、新疆之后于1990年发现的又一病区[114]。

（5）铜

铜是一种存在于地壳和海洋中的金属。铜在地壳中的含量约为 0.01%，在个别铜矿床中，铜的含量可以达到 3%～5%。铜是人类最早使用的金属，早在史前时代，人们就开始采掘露天铜矿并用于制造武器、式具和其他器皿，铜的使用对早期人类文明的进步有很深远的影响[87]。由于铜导电性能良好且价格便宜，电子信息产品中印刷线路板都是由铜印刷而成的，转子线圈是由铜线绕成的。此外在 CD 驱动器、液晶显示器、阴极射线管显示器、硬盘驱动、主板、等离子显示器等器件中也含有铜元素。

a. 铜的化学性质

铜位于元素周期表的第四周期 I B 族，在自然界中分布极广，地壳中含量居第 22 位。铜的原子量 63.54，密度 8.92g/cm³，熔点 1083℃，沸点 2336℃。纯铜呈浅玫瑰色或淡红色，打磨光亮后会呈现出明亮的金属光泽，铜不具有磁性，其强度、硬度中等，抗磨损性良好。铜原子易失去一个电子形成亚铜离子或失去两个电子形成铜离子，故铜在化合物中通常呈+1 和+2 价的氧化态。铜是不太活泼的重金属元素，在常温、干燥空气中不发生化学变化，但在具有二氧化碳的潮湿空气中易生成碱式碳酸铜的绿色薄膜。在空气中加热至 185℃以上，铜开始氧化，形成黑色氧化铜；在很高温度下燃烧生成红色氧化亚铜。铜不能与稀盐酸或稀硫酸作用放出氢气，但在空气中可以缓慢溶解于稀酸中；铜容易被硝酸或热浓硫酸等氧化性酸氧化而溶解；常温下能与卤素直接化合。

铜具有许多优良的物理、化学性质，如其热导率很高，抗蚀性、可塑性、延展性良好，易熔接。1g 铜可以拉成 3000m 长的细丝，或压成超过 $10m^2$ 的几乎透明的铜箔。纯铜的导电性和导热性很高，仅次于银。铜能与锌、锡、铅、锰、钴、镍、铝、铁等金属形成合金，铜合金主要分成三类：黄铜即铜锌合金，青铜即铜锡合金，白铜即铜镍合金。

b. 过量铜的危害

铜是动物和人体必需的微量元素，广泛分布在人体脏器组织内，是血、肝、脑等组织中铜蛋白的组成成分，有 30 种以上的蛋白和酶中含有铜，铜也是几种胺氧化酶的必需成分。它们起着维持生命正常发育和新陈代谢的作用[116]。

铜的毒性以铜的吸收为前提，金属铜不易溶解，毒性比铜盐小，铜的毒性主要是由重金属铜离子带来的危害。当摄入铜过量时，铜在肝中的储量可升高并保持在一个高水平，此水平可能发生肝铜大量释放到血液中，引起溶血和黄疸，肝组织坏死，以致死亡。铜过量时产生的症状有：

①Wilson 氏征：胆汁排泄铜的功能紊乱、组织中铜滞留，沉积于肝脏则引起慢性活动性肝炎，沉积于脑部出现小脑性运动失常和帕金森综合征，沉积于肾则

引起肾小管中毒表现，出现蛋白尿、血尿及管型，沉积在角膜可在后弹力层上出现铁锈样环。

②肝豆状核变性：肝豆状核变性是一种不常见的隐性遗传先天性铜代谢缺陷疾病，实质上是属于慢性铜中毒。儿童时期表现为慢性肝病症状，青少年时期又出现神经系统症状，且久治不见好转时，应请医院详细检查是否为此病。本病多有家族史，表现有慢性肝病或肝硬化、反复发作原因不明的溶血、神经症状（动作不协调、震颤、四肢僵硬挛缩等）、精神异常、眼角膜周边出现棕褐色或绿色环等[117]。

③肝内胆汁淤积症：肝内胆汁淤积症是急性铜中毒的另一表现，这是由于铜过量使肝小叶发生中心性坏死所致。

④急性铜中毒：急性铜中毒是由于偶然摄入过量铜而发病，铜中毒时可发生溶血、血红蛋白降低，血清乳酸脱氢酶升高以及脑组织病变等。如大量饮用被铜污染的饮料，会出现胃肠道中毒症状，上腹痛、恶心呕吐或腹泻；重者可出现胃肠黏膜溃疡、溶血、肝坏死、肾损害，甚至发生低血压、休克而死亡。引起中毒的原因是吸收过量铜后抑制了许多酶的活性，使细胞膜受到严重损伤。中毒者可采用牛奶等洗胃急救；补充水盐；口服硫化钾以减少铜的吸收；使用药物加速铜的排出等方法[118]。

所有植物体内都含有铜。研究证明，铜是植物体内多酚氧化酶、氨基氧化酶、酪氨酸酶、抗坏血酸氧化酶、细胞色素氧化酶等的组成部分，是各种氧化酶活性的核心元素，可进行电子的接受与传递，在植物体内的氧化还原反应中发挥重要作用。而且铜还与叶绿素的形成以及碳水化合物、蛋白质合成有密切关系，并能提高植物的呼吸强度，因而植物生长需要少量的铜。植物缺铜时叶绿素减少，叶片出现失绿现象，繁殖器官的发育受到破坏，产量显著下降，严重时死亡。但是，过量的铜会对植物生长发育产生危害。例如，在美国佛罗里达州，土壤的含铜量超过 50ppm（ppm 为 10^{-6}）时，柑橘幼苗生长受到影响。用浓度 0.06ppm 的铜溶液灌溉水培水稻，其产量减少 15.7%；若溶液浓度增至 0.6ppm 时，产量减少 45.1%；若溶液浓度增至 1.2ppm 时，产量减少 64.7%；若增至 3.2ppm，水稻全无收获[116]。

（6）锌

锌在很久以前就被人类所认识，在唐朝就制锌，并用锌做成黄铜装饰品，到明朝时期锌的冶炼技术已达到较高水平。电子信息产品也含有锌，如液晶显示器，等离子显示器以及软盘、硬盘、CD 等的驱动器，印刷线路板中都含有锌及其化合物。由于锌在常温下其表面能生成一层保护作用的薄膜，因此锌最大的用途之一是用于镀锌工业。锌能与许多有色金属形成合金，其中锌与铝铜组成的合金，广泛用于压铸件，对于汽车工业和航空工业极为重要。锌与铜、锡、铅组成的黄铜，用于机械制造业，含有少量铅、镉元素的锌板可制成锌锰干电池、印花锌板等。由于锌在大量工业中应用，所以工业“三废”中大量的锌成为土壤锌污染的重要来源之一。

a. 锌的化学性质

锌的化学符号是 Zn，在化学元素周期表中位于第四周期ⅡB 族，原子序数是 30。锌是第四“常见”金属，仅次于铁、铝及铜，原子量 65.409，是一种微带蓝色的银白色金属，具有金属光泽，密度 7.14g/cm³，熔点 419.5℃，沸点 907℃；在常温下，在干燥的空气中很稳定，但与潮湿的空气接触，表面生成一层薄而致密的碱式碳酸锌膜，可阻止其进一步氧化。锌在 184℃开始挥发，当温度达到 225℃后，锌剧烈氧化。锌的最外层只有两个电子，很易失去，故锌的化学性质活泼，且在化合物中主要以+2 价离子形式存在。

b. 过量锌的危害

锌是人体和许多动物的必需元素之一，在人体生长发育、生殖遗传、免疫、内分泌等重要生理过程中是必不可少的物质。锌参与人体内碳酸酐酶、DNA 聚合酶、RNA 聚合酶等许多酶的合成及活性发挥，也与许多核酸及蛋白质的合成密不可分。体内充足的锌可保证胱氨酸、蛋氨酸、谷胱甘肽、内分泌激素等合成代谢的正常进行，可维持中枢神经系统代谢、骨骼代谢，保障、促进儿童体格生长、大脑发育、性征发育及性成熟的正常进行。

人体缺锌会引起许多疾病，如侏儒症、糖尿病、高血压、生殖器官及第二性特征发育不全、男性不育等疾病。但锌的摄入量过多可致中毒，如可引起急性锌中毒，有呕吐、腹泻等肠功能失调症状，严重者可导致肠道坏死和引起溃疡，或由于胃穿孔引起腹膜炎、休克死亡。人体内含有的元素硒具有抗癌功能，但锌与硒有拮抗性，能减弱硒的生理作用，如果体内锌含量高，将使人体抗癌能力降低，甚至刺激肿瘤生长。锌是参与免疫功能的一种重要元素，但是大量的锌能抑制吞噬细胞的活性和杀菌力，从而降低人体的免疫功能，减弱抗病能力。过量的锌能抑制铁的吸收，致使铁参与造血机制发生障碍，从而使人体发生顽固性缺铁性贫血，并且在体内高锌的情况下，即使服用铁制剂，也很难使贫血治愈。此外，长期大剂量锌摄入可诱发人体的铜缺乏，从而引起心肌细胞氧化代谢紊乱、单纯性骨质疏松、脑组织萎缩、低色素小细胞性贫血等一系列生理功能障碍。

锌也是植物生长的必需微量营养元素之一。但土壤中过量的锌同样会对植物产生危害，损害植物的根系，抑制根的生长，进而减少养分的输入，高含量的锌会干扰铁的代谢，从而抑制叶绿素的产生，影响植物光合作用。

（7）锡

锡是大名鼎鼎的“五金”——金、银、铜、铁、锡之一。早在远古时代，人们便发现并使用锡了。在我国的一些古墓中，常发掘到一些锡壶、锡烛台之类锡器。据考证，我国周朝时，锡器的使用已十分普遍。在埃及的古墓中，也发现有锡制的日常用品[119]。古时候，人们常在井底放上锡块，净化水质。在日本宫廷中，精心酿制的御酒都是用锡器作为盛酒的器皿。

自古代的青铜及锡器物使用以来，锡一直广泛应用于人类活动中。在电子产品中，锡及其合金广泛应用于半导体器件、电子线路板等，而通常的焊锡，即以锡为主添加其他合金元素，在大量电子器件、仪器仪表等的互连中发挥不可替代的作用。此外金属锡还可作为功能性防腐蚀涂层、锡基轴承合金、船舶黄铜零件的合金元素，以及在染料、橡胶、搪瓷、玻璃、塑料、油漆、农药等工业中关键化合物的组成元素。近代以来，锡元素及合金等被广泛用于汽车工业的钢板、原子能工业的防护材料、易熔合金、化学工业中的多种试剂和催化剂、塑料工业中的合成橡胶、聚酯工业中的稳定剂和接触剂以及生活上的各种食品包装和补牙材料中[120]。

a. 锡的化学性质

锡为ⅣA族元素，原子序数50，原子量118.71。锡在自然界中几乎都以锡石（氧化锡）的形式存在，此外还有极少量的锡的硫化物矿。金属锡是排列在白金、黄金及银后面的第四种贵金属，它富有光泽、无毒、不易氧化变色，常温下是一种银白色的软金属，熔点231.96℃，沸点2270℃。有三种同素异形体：白锡、灰锡和脆锡；白锡为正方晶系，密度7.30g/cm^3，延展性好，我们日常所用的锡即为白锡；灰锡为等轴晶系，密度5.35g/cm^3，是金属锡在−13.2℃以下转变成的一种无定形的灰锡，特别是在−33℃左右时，白锡会“自动”变成一堆粉末。这种锡的“疾病”还会传染给其他“健康”的锡器，被称为“锡疫”。在161℃以上，白锡又转变成具有斜方晶系的斜方锡，斜方锡很脆，一敲就碎，展性很差，称作“脆锡”[121]。

在空气中金属锡与氧气反应，在表面形成一层致密的氧化膜（SnO_2）而保持金属光泽，在加热下与氧反应加快。锡也能与硫反应生成二硫化锡（SnS_2）或一硫化锡（SnS）。除对氟较稳定外，锡与卤素在加热下反应可生成四卤化锡（SnX_4），与热的卤酸反应可迅速溶解形成Sn（Ⅱ）盐并放出H_2。锡与稀硫酸几乎不起作用，但能溶于热的浓硫酸，生成硫酸锡[$Sn(SO_4)_2$]。锡与稀硝酸反应缓慢，生成硝酸亚锡[$Sn(NO_3)_2$]，加热则反应加快；锡与浓硝酸作用生成难溶的二氧化锡水合物（$x SnO_2 \cdot y H_2O$）。锡与氨水和碳酸钠等弱碱溶液几乎不起作用，但能溶于强碱性溶液，生成亚锡酸盐，如亚锡酸钠（Na_2SnO_2）等。在氧化剂（包括空气）存在下，锡在氯化铁、氯化锌等盐类的酸性溶液中会被腐蚀。有机锡大多在常温下易蒸发或升华，有腐败的青草气味和刺激性，易扩散，不溶于水，易溶于有机溶剂等[120]。

锡的化工产品有广泛的工业用途，其中最重要的用途是用于金属表面上镀锡及其合金，以起到保护或装饰作用，并在药剂、塑料、陶瓷、木材防腐、照相、防污剂、涂料、催化剂、农用化学制品、阻燃剂及塑料稳定剂等方面广泛应用。高纯锡则广泛用于制造半导体和超导合金[121]。

生产焊料所使用的锡占世界锡消费量的30%以上，而其中75%的锡焊料用于电子信息产品工业。由于焊接工艺的改进，焊料的用量有所减少，但随着电子信息工业的迅速发展，焊料的用量仍在稳步增长。随着环保要求的日趋严格，国际上许多国家都禁止使用含铅焊料，而 SnAg、SnCu、SnZn、SnAgCu 等无铅焊料得到广泛的应用，因而锡的消耗量将有所增加[121]。

b. 过量锡的危害

锡通常被认为是低毒性的金属，但过量锡在活体组织中的长期累积将对生物体造成严重危害。锡中毒症状包括神经系统疾病，有毒的锡有机化合物，如烷基锡化合物等，抑制氧化过程，加速红细胞的溶血[122]。

大多数无机锡化合物毒性都很低。长时间吸入 SnO_2 烟雾或粉尘可引起锡肺，临床上可见轻度呼吸系统症状，如咳嗽、胸闷等，仅少数具有降低肺通气的功能。但有人认为 SnH_4 的毒性比 AsH_3 大，吸入 SnH_4 后可导致痉挛并损害中枢神经系统。动物经口摄入大剂量金属锡未发现特殊毒性，有时引起呕吐。锡过量会使肝脏变性、肾小管变化以及缩短动物的寿命。无机锡化物主要引起生长受阻、睾丸退化和大脑白质改变等疾病。实验表明，大白鼠饲料中含锡化合物（氯化锡、硫酸锡、草酸锡、酒石酸锡）达 3g/kg 可致生长停滞、贫血及肝脏异常变化等；狗进食含有大量氯化亚锡的牛奶后会出现瘫痪[120]。

与无机锡化合物不同，有机锡化合物多数有害，属神经毒性物质。毒性与直接连接在 Sn 原子上基团的种类和数量有关，一般遵循以下规律：$R_3SnX > R_2SnX_2 > RSnX_3$。同类烃基锡中，毒性随化合物分子量减少而增强，且带侧链多者毒性较强。一烃基锡应用较少，毒性相对较低；三烃基锡毒性最强；四烃基锡在肝脏内转化为三烃基锡而对机体产生毒害；二烃基锡对巯基有亲和力，能抑制 α 酮戊二酸氧化酶，从而阻止脑、脊髓对氧的利用，并可抑制肝线粒体的三羧酸循环，对肝、胰、胆、肾造成损害。部分有机锡化合物是剧烈的神经毒物，特别是三乙基锡，它们主要抑制神经系统的氧化磷酸化过程，从而损害中枢神经系统。有机锡化合物中毒会影响神经系统能量代谢和氧自由基的清除，引起严重疾病：①脑部弥漫性的不同程度的神经元退行性变化，脑血管扩张充血，脑水肿和脑软化，且白质部分最明显；②严重而广泛的脊髓病变性疾病；③全身神经损害引起头痛、头晕、健忘等症状；④严重的后遗症。

有机锡化合物还能引起剧烈痉挛和颅内压力增高等严重疾病。例如，我国上海曾报道农药三乙基溴化锡苯胺使人中毒并产生严重危害，广东省曾在 1998 年先后两次发生塑料行业有机锡中毒事件等。

锡及其化合物的毒性还可影响人体对其他微量元素的代谢，如锡能影响人体对锌、铁、铜、硒等元素的吸收等，锡毒性还会降低血液中钾离子等的浓度，导致心律失常等[120]。2003 年 12 月和 2004 年 3 月，珠海市发生了两起类似的不明原因突发多人精神异常、昏迷，1 人死亡事件，经调查发现，含锡化合物污染井水，总锡含量高达 1.057mg/L，高于周围井水 80～1000 倍，导致食用者中毒甚至死亡[123]。

（8）镉

镉作为一种重金属元素，在 1817 年由 F. Stromeyer 于锌矿的硫化物中首次发现，1847 年在植物中检出了镉，1931 年首次在动物中检出镉。因此，镉在生物圈中普遍存在，在地壳中的平均含量为 0.2mg/kg，但不是生物必需的元素，它在生物圈中的存在，会给生物体带来有害的效应。20 世纪 50 年代在日本发现的“骨痛病”，就是镉在人体中积累到一定浓度后出现的症状[87]。各类电子信息产品中，如电池、电脑、移动电话、印刷线路板等，都含有镉及其化合物。

a. 镉的化学性质

镉是一种淡蓝色而且具有银白色光泽的金属，原子序数 48，位于周期表ⅡB 族，原子量 112.4，相对密度 8.65，熔点 320.9℃，沸点 765℃，抗腐蚀。镉在干燥空气中很稳定，在潮湿空气中缓慢氧化并失去金属光泽，加热时易挥发，其蒸气与空气中的氧结合形成氧化镉。高温下镉与卤素反应激烈，形成卤化镉，但不能直接与氢、氮、碳反应，可与硫直接化合生成硫化镉。金属镉、氧化镉和氢氧化镉难溶于水，而硝酸镉、卤化镉及硫酸镉均溶于水。金属镉可溶于酸形成相应盐，镉的化合物在酸性溶液中易溶解，但镉的化合物在碱性溶液中可形成沉淀[87]。

b. 镉的危害

随着工业的迅速发展，镉的生产和使用不断增加，镉及其化合物被广泛应用于电镀工业，也用于制造合金、电池、焊料及半导体材料等。环境镉污染及其引起的疾病时有报道。在人体内，镉的半衰期长达 7～30 年，可蓄积 50 年之久，能对多种器官和组织造成损害。有大量研究表明，镉具有致癌性。国际癌症研究机构（IARC）把镉归类为第一类人类致癌物；美国国家毒理学计划（NTP）也把镉确认为人类致癌物[124]。

镉不是人体的必需元素，人体内的镉都是通过工业接触、饮食、吸烟等途径经消化道和肺吸收的。镉的毒性受其化学形态、浓度、作用部位和排泄等因素的影响。在未污染的大气、土壤和天然淡水中，镉的含量很低。在镉污染区，大气中镉含量高达 1254ng/m^3（正常为 150ng/m^3），地面水的含量高达 3200μg/L（正常为 0.01～0.03μg/L），土壤中含量高达 50mg/kg（正常为 0.012mg/kg）。经 1976 年国际劳动卫生会重金属中毒研究会分会及世界卫生组织讨论，人的肾皮质中镉的临界浓度目前定为 100～300μg/g，最好的估计值为 200μg/g。关于环境镉允许浓度，日本定为 50μg/m^3，美国最近也降低至 50μg/m^3[125]。

3.1.2　高分子塑料

随着电子信息产品不断向轻型化、微型化方向发展，塑料在其中所占比例不断增大。如图 3.2 所示，塑料（包括阻燃塑料与非阻燃塑料）所占比例约为 20%。在这些塑料中，丙烯腈-丁二烯-苯乙烯共聚物（ABS）、聚丙烯（PP）、聚苯乙烯（PS）以及聚氨酯（PUR）这四类聚合物占据了总量的 70%。目前移动通信设备是所有电子信息产品中使用塑料量最多的。苯乙烯类聚合物，包括 PS、高抗冲 PS（HIPS）、丙烯腈-丙烯酸酯-苯乙烯共聚物（ASA）、苯乙烯-丙烯腈共聚物（SAN，又称 AS 树脂）以及 ABS 等广泛应用于移动通信设备的制造，因此塑料在废弃电子信息产品中占据了较大的比例。废弃显示器塑料外壳典型组成如图 3.5 所示，PS 类聚合物的比例约占总质量的 50%。因此，目前对于废弃电子信息产品中塑料的回收主要集中在苯乙烯类聚合物上[126]。

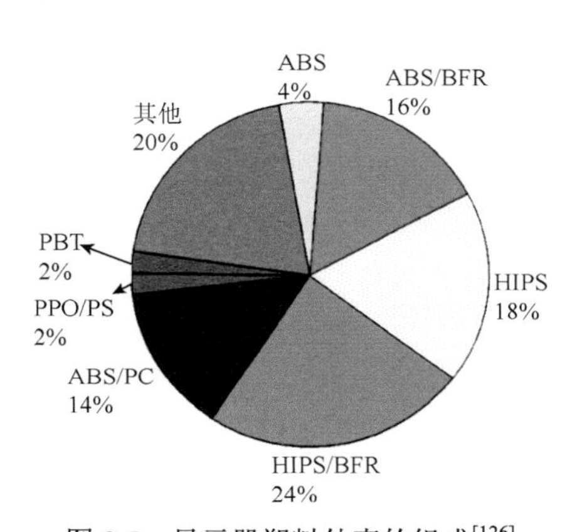

图 3.5　显示器塑料外壳的组成[126]

BFR：溴系阻燃剂；PC：聚碳酸酯；
PBT：聚对苯二甲酸丁二醇酯；
PPO：聚苯醚

家用电器主要由钢铁、铜、铝、塑料、玻璃等材料组成，见表 3.5。塑料在不同家用电器中所占的比例不同，在电冰箱和洗衣机中所占比例最高（40%左右），在电视机中约占 23%，在空调器中约占 11%。塑料在由各种废弃电子信息产品组成的混合物中，约占总质量的 19%[127]。

表 3.5　四种家用电子信息产品的材料组成及比例（%）[127]

材料	电视机	电冰箱	洗衣机	空调器	所有电子电气设备
钢铁	10	50	53	55	38
铜	3	4	4	17	28（有色金属合计）
铝	2	3	3	7	—
塑料	23	40	36	11	19
玻璃	57	—	—	—	4
其他	5	3	4	10	11

家用电器中含有的塑料种类也很多，主要为热塑性塑料（如各种聚烯烃），同

时也含有部分热固性塑料（如 PU）。四种主要家用电器中常用塑料的种类及其所占比例见表 3.6，其中 PP、PS、ABS、PVC 等最为常见。但在不同家用电器中使用塑料的种类和比例差异较大，电视机中使用 PS 最多，电冰箱以 PP、PS、ABS 和发泡 PU 居多，洗衣机中主要采用 PP，而空调器中 PS、PP 和 ABS 占较大比例[127]。

表 3.6　家用电器中塑料的种类及其所占的比例[127]

塑料种类	电视机	电冰箱	洗衣机	空调器
PP	8.9	24.7	76.5	21.2
PS	84.5	26.3	6.2	31.9
ABS	1.7	16.3	3	10.8
AS	—	—	—	1.7
ASA	—	—	—	2.5
PVC	3.2	7.9	5.7	10.6
发泡 PU	—	21.4	—	—
聚酯	—	—	2	3.7
玻璃纤维增强塑料	—	—	—	8.4
其他	1.7	3.4	6.6	9.2
合计	100	100	100	100

（1）聚乙烯

聚乙烯（polyethylene，PE）是工业生产中非常重要的，也是十分常见的聚合物之一。聚乙烯一般呈白色蜡状，柔韧性好，半透明，比水略轻，密度 0.95g/cm^3，无毒，易燃，熔点 92℃，闪点 270℃。具有优良的耐热性和耐低温性能，化学稳定性好，能耐大多数酸碱的侵蚀。常温下不溶于一般溶剂，吸水性小，电绝缘性优良。

聚乙烯分为高密度聚乙烯和低密度聚乙烯。高密度聚乙烯具有良好的耐环境应力开裂性、低吸湿性、耐疲劳性以及高抗冲性等性能，可以用于化工设备和储槽、管道、阀件、衬套以及高频水底电缆和一般电缆的包覆层等。而低密度聚乙烯质地刚硬，耐磨性、耐腐蚀性及电绝缘性较好，主要用于农业薄膜、工业薄膜、包装薄膜、中空容器、日用制品、电线电缆等[14]。

（2）聚苯乙烯

聚苯乙烯（polystyrene，PS）是世界上比较早实现工业化的塑料之一。单体苯乙烯是通过煤和石油裂解得到的。它是一种无色透明的热塑性塑料，透明度高达 88%～92%，可用于制备仪器仪表外壳、灯罩、光导纤维等[128]。其具有良好的耐腐蚀性、高频绝缘性、耐电弧性、耐溶剂性、耐辐射性等特点，可制备电容器、高频线圈骨架等电子元器件。缺点是抗冲击性差，易脆裂、耐热性不高。

聚苯乙烯是一种无色透明的热塑性塑料，玻璃化转变温度较高，常被用来制作各种需要承受开水温度的一次性容器，以及一次性泡沫饭盒等[129]。

聚苯乙烯广泛用于建筑、船舶、冷藏、冷冻化工设备的高温隔热材料及各种精密仪器、仪表、家用电器、玻璃制品的包装材料等，也可用其直接制成杯、盘、盒等包装容器来包装物品。聚苯乙烯颗粒作为包装材料都是一次性使用，由于其质量小、残余价值低，聚苯乙烯不容易循环再生。通常聚苯乙烯不能以 kerbside 法进行回收。被丢弃的聚苯乙烯无法经由生物分解及光分解进入生物地质化学循环。发泡聚苯乙烯由于其低密度而易漂浮于水面或随风飘移，造成景观破坏。根据加利福尼亚州海岸委员会的调查，聚苯乙烯已是主要的海洋漂流物。而对误食这类塑料的海洋生物而言，其会对其消化系统造成伤害。另外，聚苯乙烯塑料还会造成严重的环境污染问题，对资源也会造成巨大浪费。如何有效地利用聚苯乙烯塑料为社会服务、为人类服务变得越来越重要。目前，人们对聚苯乙烯颗粒的处理主要是填埋、热解、焚烧和回收再利用[130]。

（3）丙烯腈-丁二烯-苯乙烯共聚物

丙烯腈-丁二烯-苯乙烯共聚物（acrylonitrile butadiene styrene copolymers，ABS），是丙烯腈（A）、丁二烯（B）、苯乙烯（S）的三元共聚物，是一种强度高、韧性好、易于加工成型的热塑性高分子材料。ABS 中，丙烯腈所占质量比为 0.4～0.7，丁二烯为 0.2～0.3，苯乙烯为 0.05～0.4[131]。

ABS 树脂为浅黄色粒状或粉状不透明树脂，无毒，无味，质轻，相对密度为 1.04～1.07，具有优良的耐冲击性、良好的低温性能和耐化学性，光泽度好，易于涂装和着色。ABS 树脂的缺点是可燃，热变形温度较低和耐候性较差[131]。

a. 力学性能

ABS 树脂具有优良的力学性能，其抗冲击强度极好，可以在极低温度下使用；ABS 树脂韧性高，即使 ABS 制品被破坏也只能是拉伸破坏而不会是冲击破坏。ABS 树脂的耐磨性优良，尺寸稳定性好，又具有耐油性，可用于中等载荷和转速下的轴承。ABS 树脂的弯曲强度和压缩强度属塑料中较差的。ABS 树脂的力学性能受温度的影响较大。

b. 热性能

ABS 树脂的脆化温度为−7℃，通常在−40℃时仍有相当的强度，而且 ABS 树脂的线膨胀系数在热塑性塑料中是较小的一种。ABS 树脂的热变形温度为 93～118℃，制品经过退火处理后还可提高 10℃左右。ABS 树脂易燃，无自熄性。

c. 电性能

ABS树脂在宽广的频率范围内有良好的电绝缘性能，而且很少受温度或湿度的影响，可在大多数环境下使用。

d. 耐化学药品性

ABS树脂的耐化学药品性能较好，几乎不受稀酸、稀碱及盐类的影响，但能溶于酮、醛、酯和卤代烃中；不溶于乙醇等大部分醇类，但在甲醇中数小时就软化；与烃类溶剂长期接触会溶胀；ABS树脂在应力作用下其表面受乙酸、植物油等化学试剂的侵蚀会产生应力开裂。

基于以上性能，ABS树脂在汽车、电子电器等行业应用广泛。据统计，近几年，每年都有上千万台家电和手机进入淘汰期，预计到2020年这些电子产品的年报废量将达上亿台。2012年，我国全年汽车销售已高于1900万辆，如果按6%的理论报废率计算，每年报废的汽车要超过600万台，其中有色金属和塑料都将近百万吨。这些淘汰的产品中都含有大量的 ABS 电镀件。相对于普通废塑料，废ABS塑料由于含有大量的金属，对环境的污染更严重，其回收工艺更复杂、难度更大[132]。

（4）聚氯乙烯

聚氯乙烯（polyvinyl chloride polymer，PVC），是由氯乙烯在引发剂作用下聚合而成的热塑性树脂，是氯乙烯的均聚物。氯乙烯均聚物和氯乙烯共聚物统称为氯乙烯树脂。PVC为无定形结构的白色粉末，支化度较小。工业生产的PVC分子量一般在5万～12万范围内，具有较大的多分散性，分子量随聚合温度的降低而增加；无固定熔点，80～85℃开始软化，130℃变为黏弹态，160～180℃开始转变为黏流态；有较好的机械性能，抗张强度60MPa左右，冲击强度5～10kJ/m^2；有优异的介电性能。但对光和热的稳定性差，在100℃以上或经长时间阳光曝晒，就会分解而产生氯化氢，并进一步自动催化分解，引起变色，物理机械性能也迅速下降，在实际应用中必须加入稳定剂以提高对热和光的稳定性。PVC很坚硬，溶解性也很差，只能溶于环己酮、二氯乙烷和四氢呋喃等少数溶剂中，对有机和无机酸、碱、盐均稳定，化学稳定性随使用温度的升高而降低。具有难燃、耐酸碱、抗微生物、耐磨，并具有较好的保暖性和弹性[133，134]。

聚氯乙烯分为硬质聚氯乙烯和软质聚氯乙烯。硬质聚氯乙烯具有较高的机械强度和较好的耐腐蚀性，因此主要用来制造型材和管材。软质聚氯乙烯伸长率大，制品柔软，具有良好的耐腐蚀性和电绝缘性。其可制成薄膜，用于工业包装、农业育秧和日用雨衣、台布等，制成人造革用于皮箱、皮包、书的封面、汽车坐垫等，制作耐酸耐碱软管、导线绝缘层等[134]。

（5）聚碳酸酯

聚碳酸酯（polycarbonate，PC）是分子链中含有碳酸酯基的高分子聚合物，根据酯基的结构可分为脂肪族、脂环族、芳香族、脂肪族-芳香族等多种类型。其中由于脂肪族聚碳酸酯的熔点低、溶解度大、热稳定性差、机械强度不高，从而限制了其在工程塑料方面的应用。脂环族和脂肪族-芳香族聚碳酸酯的耐热性有所提高，溶解度也有所降低，但由于结晶趋势较大、性脆，机械强度仍然不足。从原料成本、制品性能及成型加工条件等多方面考察，只有芳香族聚碳酸酯才具有工业化生产价值。聚碳酸酯由于结构上的特殊性，现已成为五大工程塑料中增长速度最快的通用工程塑料[14, 135]。

聚碳酸酯工程塑料的三大应用领域是玻璃装配业、汽车工业和电子、电器工业，其次还有工业机械零件、光盘、包装、电脑等办公室设备、医疗及保健、薄膜、休闲和防护器材等[136, 137]。

聚碳酸酯由于在较宽的温度、湿度范围内具有良好而恒定的电绝缘性，是优良的绝缘材料。同时，其良好的难燃性和尺寸稳定性，使其在电子电器行业形成了广阔的应用领域。聚碳酸酯树脂主要用于生产各种食品加工机械、电动工具外壳、机体、支架、冰箱冷冻室抽屉和真空吸尘器零件等。而且对于零件精度要求较高的电脑、视频录像机和彩色电视机中的重要零部件方面，聚碳酸酯材料也显示出了极高的使用价值[135]。

随着信息产业的崛起，由光学级聚碳酸酯制成的光盘作为新一代音像信息存储介质，正在以极快的速度迅猛发展。聚碳酸酯以其优良的性能特点成为世界光盘制造业的主要原料。世界光盘制造业所耗聚碳酸酯量已超过聚碳酸酯整体消费量的 20%，其年均增长速度超过 10%。中国光盘产量增长迅速，据国家新闻出版总署公布的数字，2002 年全国共有光盘生产线 748 条，年耗光学级聚碳酸酯约 80000t，且全部进口。因而聚碳酸酯在光盘制造领域的应用前景是极为广阔的[135]。

PC 层压板广泛用于银行、使馆、拘留所和公共场所的防护窗，用于飞机舱罩、照明设备、工业安全挡板和防弹玻璃。PC 板可做各种标牌，如汽油泵表盘、汽车仪表板、货栈及露天商业标牌、点式滑动指示器，PC 树脂用于汽车照相系统、仪表盘系统和内装饰系统，用作前灯罩，带加强筋汽车前后挡板、反光镜框、门框套、操作杆护套、阻流板等。

PC 可做低载荷零件，用于家用电器马达、真空吸尘器，洗头器、咖啡机、烤面包机、动力工具的手柄，各种齿轮、蜗轮、轴套、导规、冰箱内搁架等。PC 及 PC 合金可做电脑架、外壳及辅机，打印机零件。

改性 PC 耐高能辐射杀菌、耐蒸煮和烘烤消毒，可用于采血标本器具、血液充氧器、外科手术器械、肾透析器等。

PC可做头盔和安全帽、防护面罩、墨镜和运动护眼罩。PC薄膜广泛用于印刷图表、医药包装、膜式换向器[136]。

（6）聚苯醚

聚苯醚（polyphenylene oxide，PPO），是一种非结晶性的工程塑料，其分子结构决定了它具有优良的物理力学性能、耐热性高、难燃以及电器绝缘性能优良等特点，不仅可在–160～190℃的温度范围内连续使用，而且高温下的耐蠕变性是所有热塑性工程塑料中最优异的[14]。另外，聚苯醚还具有耐磨、无毒、耐污染等优点。PPO的介电常数和介电损耗在工程塑料中是最小的品种之一，几乎不受温度、湿度的影响，可用于低、中、高频电场领域。

纯PPO料具有熔融流动性较差、成型极为困难、价格高的缺点，市场出售的产品均为改良产品，具有优良的综合性能。目前其产量次于尼龙、聚碳酸酯和聚甲醛，居工程塑料第四位，世界上的聚苯醚生产量每年达15万t，改性聚苯醚每年达40万t。它们广泛运用于以下几方面：

电子电器：可用于生产各种电机盖、照明、加热、通风或空调设备外壳，收音机、电视机、立体声收录机、扬声器内部零件，各种电器连接件、线圈骨架、各种开关、继电器及其基座、可变电容器、自动电路连接器、调谐器部件，各种家电制品或OA制品如剃须刀、开瓶器、电熨斗、搅拌器、食品粉碎机、卷发器，大到冰箱、冷冻柜、空调、洗碗机、洗衣机、烘干机、电脑、打印机、复印机、传真机、键盘、计算器、调制解调器的外壳等，也可用于制造碟形卫星天线和无线电发射系统的各种零部件等[14]。

汽车工业：适用于仪表板件、窗框、减震器、泵过滤网等。

机械工业：用作齿轮、轴承、泵叶轮、鼓风机叶轮片等。

化工领域：用于制作管道、阀门、滤片及潜水泵等耐腐蚀零部件。

（7）丙烯腈-丙烯酸酯-苯乙烯共聚物

丙烯腈-丙烯酸酯-苯乙烯共聚物（acrylonitrile styrene acrylate copolymer，ASA），是丙烯酸酯类橡胶体与丙烯腈、苯乙烯的接枝共聚物形成的工程塑料。苯乙烯赋予其光泽与加工性，丙烯腈赋予其刚性与耐化学药品性，丙烯酸酯橡胶赋予其抗冲击性与耐老化性，三种物质的共聚合，使ASA树脂具备优良性能。ASA树脂的耐候性是ABS树脂的10倍左右，此缘于ASA树脂橡胶相是以丙烯酸酯取代ABS树脂中的聚丁二烯部分，这种主链的饱和结构大大改善了其耐候性，克服了ABS树脂长期露置室外，其机械强度显著下降，受日光的作用颜色逐渐变黄等缺点[138]。

ASA树脂除具有显著的耐候性外，同时还具有下列优点：①耐冲击性：从低温至高温的宽广范围内，都保持高的抗冲击性。②机械强度：拉伸强度、挠曲强度和刚性等机械强度大，而且这些性能可以取得均衡。③耐热性：在高温下强度不下降，不变形，热稳定性优良。④高的电绝缘性能。⑤耐药品性，能耐酸、动植物油等。⑥具有非常好的着色性，可着成各种鲜艳的颜色。⑦电镀性能、抗静电性能及加工性能均较 ABS 好。

ASA 树脂所具有的优异的综合性能，使得它可以用来代替增强聚酯和其他热塑性树脂如聚碳酸酯、聚丙烯酸酯和聚烯类树脂；与金属相比，ASA 树脂具有良好的耐腐蚀性、绝热性和抗冲击强度及耐应力开裂，使得它在某些领域可代替金属材料[139]。其主要应用于下列领域：①电器工程材料：如手机、电子安装材料的程序按钮、家用缝纫机、蒸汽熨斗、录音电话、路灯用的标准灯罩、户外照明的墙壁固定装置、屋顶天线零件等。②IT 设备：如复印机的分布滚轮、送纸器等，电脑的键盘、光驱托盘、机箱等。③汽车工程材料：如散热器的格栅、通气天窗、反光镜、风道、车窗框、车灯架、开关、内部配件等。④家庭、运动和娱乐材料：如椅子、支座的外壳、椅罩、船外壳、挡风板、挡风用的升降板、玩具及模型制品等。⑤家具和安装材料：气体通道、储水排水系统、信箱、游泳池的溢水格栅、排水管及耐热水的装置、抽水马桶、厨房洗具、地板革、地下用的井灯、房屋建筑的通风格栅等。⑥环卫材料：如花园的桌子、椅子、栅栏，花园浇水用的软管及工具配件、割草机的端盖及草地的修剪器、花箱等。⑦高速公路工程材料：高速公路上的“猫眼”反光路灯、反射薄板、应急电话箱等[138]。

3.1.3　阻燃剂

20 世纪 50 年代后，高分子材料工业迅速发展的同时，由塑料的可燃性引起的火灾也给人们酿成了惨重的人员伤亡，并造成了巨大的经济损失。自 60 年代起，一些工业发达国家即开始生产和应用阻燃塑料。随着电器、电子、机械、汽车、船舶、航空、航天和化工的发展，人们对产品材质的阻燃要求也越来越高，使阻燃剂和阻燃材料的研制、生产及推广应用得以迅速发展，其品种日趋增多，产量急剧上升。目前就产量和用量来看，阻燃剂已成为仅次于增塑剂的塑料助剂，而就产量的年增长率而言，阻燃剂也位居各种塑料助剂的前列[140]。阻燃剂是电气电子设备组件中的重要组成部分，对于保证设备在极端环境下的安全具有重要的作用。

阻燃剂包括无机阻燃剂与有机阻燃剂两大类，后者则包含卤素阻燃剂、磷系、氮系阻燃剂等多种类型。如图 3.6 所示，阻燃剂在电子信息产品塑料中的比例约为 30%，而含卤素阻燃剂占阻燃剂的 41%。电子信息产品中常见的阻燃剂见表 3.7，其中溴系阻燃剂是最常见的。表 3.8 列出了三种主要阻燃剂性能的对比。

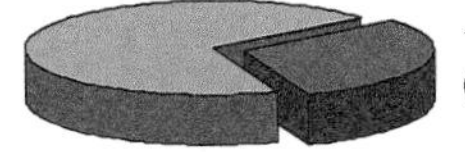

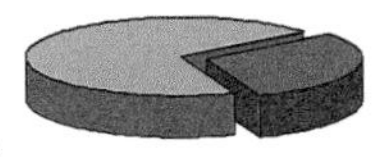

图 3.6　阻燃剂在电子信息产品塑料中的应用[126]

表 3.7　电子信息产品中常见的阻燃剂[18]

缩写	阻燃剂名称
BAPP	双酚 A，磷酸二苯酯
BTBPE	1，2 二（三溴苯氧基）乙烷
CDP	磷酸甲苯二苯酯
Deca-BDE	十溴二苯醚
HBB	六溴联苯
HBCD	六溴环十二烷
PBB	多溴联苯
Nona-BDE	九溴二苯醚
OBB	八溴联苯
Octa-BDE	八溴二苯醚
Penta-BDE	五溴二苯醚
RDP	间苯二酚双二苯基磷酸酯
TBBPA	四溴双酚 A
TBBPA-adp	四溴双酚 A-双（2，3-二溴丙基醚）
TBBPA-ae	四溴双酚 A-双（烯丙基醚）
TBBPA-CO_3	四溴双酚 A，碳酸酯低聚物

表 3.8　三种主要阻燃剂性能[141]

项目	有机卤系	有机磷系	无机系
代表产品	十溴二苯醚、四溴双酚 A	TCPP、BDP	氢氧化铝、氢氧化镁
阻燃效率	最高	高	低
环保性	放出有毒、腐蚀性气体	低毒、低腐蚀、抑烟效果好	低毒、低腐蚀、抑烟效果好

续表

项目	有机卤系	有机磷系	无机系
相容性	好	好	差
价格	适中	适中	较低
缺点	燃烧烟雾大、放出有毒、腐蚀性气体	挥发性大、热稳定性差	添加量较大，影响材料的物理机械性能
应用领域	主要为通用塑料、工程塑料等	主要为聚氨酯、工程塑料	主要为通用塑料、橡胶

我国的阻燃剂中氯系（主要为氯化石蜡）占 69%，无机系仅占阻燃剂的 17%左右，其中有一半为 Sb_2O_3，而氢氧化铝、氢氧化镁还不到 10%。国内的卤系约占整个阻燃剂的 80%，而目前国外的阻燃剂均以无机系为主（表 3.9），占总体的 50%～65%，并且主要是氢氧化铝、氢氧化镁[140]。

表 3.9 国内外不同种类的阻燃剂所占比例（%）[140]

阻燃剂种类	美国	欧洲	日本	中国
氯系	8	11	5.4	69
溴系	10	20	21	8
磷系及卤化磷系	16	16	9	6
无机系	60	50	64	17

废弃电子信息产品塑料中阻燃剂对于其回收具有较大的影响，在燃烧时会产生危害环境以及人体健康的二噁英以及苯并呋喃等有害物质[126]。在 RoHS 指令中有明确规定：溴系阻燃剂包括多溴联苯（PBB）和多溴联苯醚（PBDE），不得超过 1000ppm。

（1）有机阻燃剂

a. 溴系阻燃剂

卤系阻燃剂中用量最大的是溴系阻燃剂（BFR）。溴系阻燃剂的生产和使用已有 30 多年，当前全球具有一定生产规模的 BFR 大约有 70 种，其中最主要的是十溴二苯醚（Deca-BDPO）、四溴双酚 A（TBBPA）和六溴环十二烷（HBCD），前两者的总产量约占 BFR 总产量的 50%[142]。BFR 由于具有阻燃效率高、对聚合物性能影响小等特点，因此在电子电气设备中的应用最为广泛。

大部分溴系阻燃剂在 200～300℃下会分解，分解时通过捕捉高分子材料降解反应生成的自由基，延缓或终止燃烧的链反应，释放出的 HBr 是一种难燃气体，可以覆盖在材料的表面，起到阻隔表面可燃气体的作用[143]。这类阻燃剂还能与其他一些化合物（如三氧化二锑）复配使用，通过协同效应使阻燃效果明显得到提高，所以溴系阻燃剂的适用范围非常广泛，可以大量应用于阻燃多种塑料、橡胶、纤维及涂料等[144]，其耐热性好、不喷霜等优点使其在HIPS、ABS等工程塑料的阻燃上具有重要地位[140]。

溴系阻燃剂的严重缺点是以它阻燃的高聚物在燃烧时发烟量大，且释放出的卤化氢气体具有强腐蚀性，潜藏着二次危害[145]。此外，BFR一般与氧化锑并用，这样使材料的生烟量更高。除了生产厂家以粉尘的方式向周围环境排放外，多溴联苯醚污染环境的主要途径是对于含多溴联苯醚的电子垃圾进行焚烧、粉碎和填埋处理等。由于多溴联苯醚在环境中相当稳定，难以降解，所以其在土壤里的残留量逐年增加。而且多溴联苯醚不溶于水，易溶于脂肪，所以其容易被动物吸收而在食物链中逐渐富集[146]。

自1986年起，科学家发现多溴二苯醚（PBDE）及其阻燃的高聚物的热裂解和燃烧产物中含有多溴二苯并二噁英（PBDD）及多溴二苯并呋喃（PBDF），近年证实个别溴系阻燃剂本身对环境和人类健康存在潜在的危害[147]。多年来，欧盟对多种溴系阻燃剂进行危害性评估，且根据RoHS指令，已规定自2006年7月起，在欧盟新上市的电子电气产品中禁用[142]。虽然近年来随着WEEE以及RoHS指令的实施，溴系阻燃剂的应用受到很大限制，但至少从目前来看，WEEE塑料中的阻燃剂仍然是其回收过程中的主要问题之一。

一些欧美国家已禁止或限制使用溴系阻燃剂，而中国正成为溴系阻燃剂在世界范围内增长最快的国家[148]。

通过长期的对比研究，美国学者发现在同一人群中，体内十溴联苯醚同系物含量在逐年增加；在人类应用十溴联苯醚的30年内，十溴联苯醚在人体内的水平已经增长了100多倍。有学者在母亲和婴儿的血液中检测到6种十溴联苯醚的同系物。母亲血液中总十溴联苯醚含量为15～580ng/g，婴儿血液中为14～460ng/g，与母亲体内含量相差不大。由此推测，十溴联苯醚可以通过胎盘屏障和乳汁输送给新生儿[149, 150]。目前人体内十溴联苯醚的浓度范围是1～400ng/g，在高风险电子垃圾区的工人体内，一工人体内十溴联苯醚最高达3436.3ng/g脂肪，是迄今为止在人体内检测到的最高浓度，其他地区报道的该物质最高浓度仅为270ng/g脂肪[151]。这些数据表明，十溴联苯醚在人体内的蓄积量有加速上升的倾向，这种状况已引起科学界的高度关注。

b. 磷系阻燃剂

有机磷系阻燃剂（OPFR）大都具有低烟、无毒、低卤、无卤等优点，符合阻燃剂的发展方向，具有很好的发展前景。有机磷系阻燃剂包括有机磷酸酯、亚磷酸酯、膦酸酯、有机磷盐，还有磷杂环化合物及聚合物磷（膦）酸酯等，如磷酸三苯酯、磷酸三甲苯酯、磷酸三（二甲苯）酯、丙苯系磷酸酯、丁苯系磷酸酯等，但应用最广的是磷酸酯和膦酸酯[143]。有机磷酸酯阻燃剂（OPE）的特点是具有阻燃与增塑双重功能。它可使阻燃剂实现无卤化，增塑功能可使塑料成型时流动加工性变好，可抑制燃烧后的残余物，产生的毒性气体和腐蚀性气体比卤系阻燃剂少。

磷系阻燃剂的阻燃机理是促使高聚物在初期分解时的脱水而炭化，使阻燃剂受热时能产生结构更趋稳定的交联状固体物质或炭化层。碳化层的形成一方面能阻止聚合物进一步热解，另一方面能阻止其内部的热分解产生物进入气相参与燃烧过程。对于本身分子结构没有含氧的基团的塑料，如 PP、PE 等塑料，磷系阻燃剂对它们的阻燃效果就差。但是如果同时使用 $Al(OH)_3$ 和 $Mg(OH)_2$ 就可产生协同效应，得到良好的阻燃效果[140]。

其主要优点是：可在许多材料中应用，效率较高，适用于透明塑料、不饱和聚酯、软质 PVC 薄膜及电缆线包皮，ABS 等工程塑料以及电脑外壳；对光稳定性或光稳定剂作用的影响较小；加工中腐蚀性很小；燃烧中腐蚀性很小；有阻碍复燃的作用；极少或不增加阻燃材料的质量[140, 144]。

由于 OPE 主要以添加方式而非化学键合方式加入到材料中，这增加了 OPE 类物质进入周围环境的概率。因此，作为一类新有机污染物，OPE 已经受到了美国以及欧洲诸国的高度关注。目前，OPE 已经是污水中的常见污染物，普遍认为污水处理厂的出水是地表水 OPE 的主要来源。在没有明显污染源的农业地区，地表水中磷酸三甲苯酯（TCrP）的污染主要源于覆盖温室大棚的塑料薄膜。垃圾渗滤液中的 OPE 是地下水甚至海水中 OPE 的主要污染源[152]。

OPE 对生物及人体健康产生影响，动物试验表明，烷基磷酸酯和芳基磷酸酯具有较强的生物效应；人体长期暴露于芳基磷酸酯，出现单核细胞数目下降的症状。OPE 具有生殖发育毒性效应，对受试小鼠表现出强烈的溶血效应（如分解血红细胞），并影响其内分泌、神经系统和生殖功能，而对人类也表现出溶血作用、潜在致癌作用、神经毒性和生殖毒性效应。Abou-Donia 等研究发现，OPE 使乙酰胆碱酯酶（AChE）磷酰化，抑制 AChE 的活性，从而产生毒蕈碱样和烟碱样作用以及中枢神经系统症状[153-155]。

（2）无机阻燃剂

无机阻燃剂主要是把具有本质阻燃性的无机元素以单质或化合物的形式添加到被阻燃的基材中，以物理分散状态与高聚物充分混合，在气相或凝聚相通过化学或物理变化起到阻燃作用[143]。其主要包括氢氧化物、无机磷系化合物、硼酸盐、氧化锑、钼化合物、纳米层状硅酸盐以及无水碳酸镁等。大多数无机阻燃剂属添加型[156]。其中氧化锑、硼酸等单独使用时阻燃效果并不明显，与溴系、磷酸酯及其他有机阻燃剂配合使用明显提高阻燃效果，因此，其也有阻燃协效剂或阻燃助剂之称。无机阻燃剂具有热稳定性好、不挥发、效果持久、价格便宜等特点，添加量大，有害性小，抑制烟气效果显著[143]。目前国外工业发达国家无机阻燃剂消费量远远高于有机阻燃剂。如美国、西欧和日本等工业发达国家及地区无机阻燃剂的消费占总消费量约60%，而我国仅不到10%。因此我国发展无机阻燃剂非常紧迫，而且潜力巨大[157]。

a. 氢氧化铝

氢氧化铝是问世最早的无机阻燃剂之一[156]。氢氧化铝的粒度和用量对材料阻燃性能和物理性能影响较大，当颗粒过粗和填充量过大时，会降低合成材料的物理性能。目前氢氧化铝占全球无机阻燃剂消费量的80%以上，它具有阻燃、消烟、填充三大功能；不产生二次污染，能与多种物质产生协同作用和不挥发、无毒、腐蚀性小、价格低廉等优点。主要缺点是用量大，常为100份以上。氢氧化铝的阻燃作用是其在200～250℃分解出H_2O时的吸热作用。作为重要的无机阻燃剂，它在阻燃剂消费量中一直高居榜首，我国现有多家企业进行生产。其广泛应用于各种塑料、涂料、聚氨酯、弹性体和橡胶制品中[157]。

b. 氢氧化镁

氢氧化镁属于添加型无机阻燃剂，与同类无机阻燃剂相比，具更好的抑烟效果。由于火灾中有80%的人是因烟窒息而亡的，因此当代阻燃剂技术中“抑烟”比“阻燃”更为重要。氢氧化镁能中和燃烧过程中产生的酸性与腐蚀性物质，也是一种环保型绿色阻燃剂。氢氧化镁的热分解温度比氢氧化铝高出约140℃，可以使阻燃材料承受更高的加工温度，利于加快挤塑速度，缩短模塑时间。同时氢氧化镁的粒径较小，对设备磨损小。其多种性能均优于目前大量使用的氢氧化铝，是非常具有发展前景的无机阻燃剂品种，可广泛用于聚丙烯、聚乙烯、聚氯乙烯、高抗冲聚苯乙烯和ABS等塑料、橡胶行业。目前我国氢氧化镁阻燃剂生产能力每年约为1.3万t，有十余家企业生产。由于我国的天然水镁石（氢氧化镁矿）资源丰富，其在阻燃材料上的应用已成为目前的一个热点[156，157]。

c. 无机磷化合物

无机磷系阻燃剂主要包括红磷、磷酸盐和聚磷酸铵。红磷是一种性能优良的阻燃剂，具有高效、抑烟、低毒的阻燃效果，但是其在实际应用中易吸潮、氧化，并放出剧毒气体，粉尘易爆炸，而且呈深红色，在与树脂混炼、模塑等加工操作过程中存在着火危险，且与树脂相容性差，不易分散均匀，导致基材物理性能下降，因此其使用受到很大限制。为了解决上述弊端，对红磷进行表面处理是红磷作为阻燃剂研究最主要的方向。其中微胶囊化红磷是表面处理最有效的手法，美国、德国、日本、瑞士、英国等国家均有多种型号微胶囊红磷产品推向国际市场，用于各种合成材料领域中。国内也进行大量研究，如湘潭大学研究者分别用氢氧化铝、蜜胺树脂、聚乙烯醇三种不同的囊材和不同的合成方法对红磷进行微胶囊化处理，目前该校科技产业公司化工厂已建成每年 500 吨高效微胶囊红磷阻燃剂生产线，该产品对聚烯烃、聚酰胺、不饱和树脂、酚醛树脂、环氧树脂、聚氨酯、ABS、HIPS 等均具有阻燃效果，可以应用于电线电缆、电线套管及橡胶制品的阻燃等[157]。

d. 硼酸盐

硼酸盐系列产品也是一种常用的无机阻燃剂，有偏硼酸铵、五硼酸铵、偏硼酸钠、氟硼酸铵、偏硼酸钡、硼酸锌。目前主要使用的是硼酸锌。硼酸锌最早由美国硼砂和化学品公司开发，商品名为 Fire Brake ZB，因此简称 FB 阻燃剂。它能够明显提高制品的耐燃性，还能替代有毒的氧化锑应用于多种合成材料中，也可作为涂料的耐火添加剂和木材、纺织材料的耐火添加剂等。由于硼酸盐阻燃剂的性能良好、安全无毒、价格低廉、原料易得，而且在一些领域具有无法替代的优越性，因此其发展前景看好。我国的硼资源丰富，应该加快硼酸盐阻燃剂的合成与开发[157]。

e. 氧化锑

氧化锑是最重要的无机阻燃剂之一，单独使用时阻燃作用很小，但是与卤系阻燃剂并用时可以大大提高卤系阻燃剂的效能，因此它是几乎所有卤系阻燃剂中不可缺少的协效剂。尽管近年来阻燃剂无卤化呼声很高，但是由于一时找不到理想的替代品，卤系阻燃剂仍将占据阻燃剂领域主导地位相当长时间，因此氧化锑仍有一定发展空间。目前国外对其进行改性和包裹处理，美国、英国、瑞士等国相继开发出氧化锑阻燃母粒，广泛应用于各种塑料、合成纤维、纺织品等领域。但是由于氧化锑有毒性，因此国外一直在进行代替研究，目前能部分替代三氧化二锑的助阻燃剂有硼酸锌、硫化锌、锡酸锌、锫化合物和钼化合物等。其中国外开发出的一些含锡的无机化合物，对溴和氯阻燃剂具有良好的协同作用，其阻燃效率与氧化锑相当，可以完全取代氧化锑在各个领域中的应用，而且毒性很低[157]。

f. 钼化合物

钼类化合物是迄今为止人们发现的最好的抑烟剂，因此钼类化合物开发与应用成为目前阻燃剂领域的一个研究热点。通常使用的是三氧化钼和钼酸铵。美国开发出一系列不含铵的钼酸盐抑烟剂，它能耐 200℃以上的加工温度。国外研究表明，将钼化合物与锌化合物混合用于 PVC 制品中，可以使 PVC 在电线电缆阻燃包裹层的应用上与含氟聚合物竞争。另外，钼化合物与一些其他阻燃剂有协同效应，可以复配使用，目前钼类化合物作为阻燃剂的研究在我国尚在起步阶段[157]。

g. 纳米层状硅酸盐

美国康奈尔大学的 Giannelis 等首先用熔融插层法制备了聚合物/层状硅酸盐（PLS）纳米复合材料，研究了其阻燃特性，指出该材料具有燃烧自熄特征。从此，该材料的阻燃性和燃烧自熄特征引起了人们的极大关注，被国外学者认为是一种新型的、革命性的阻燃材料。与传统阻燃材料相比，PLS 纳米复合材料中添加少量纳米分散的黏土（3%～5%）便能大幅度提高高分子材料的阻燃性。此外，人们还发现 PLS 纳米复合材料在提高材料阻燃性能的同时，不仅不会损害材料的机械和加工性能，甚至还会改善其某些性能；燃烧过程中也不会产生有毒气体，并具有用量少、成本低、阻燃效能高、发烟量少和环保等优点，因此是一种“绿色环保”的新型阻燃材料，成为高分子阻燃材料的研究热点，被誉为新一代的潜在阻燃高分子材料[156]。

h. 无水碳酸镁

无水碳酸镁阻燃剂除了具有单位质量吸热量更大的特点外，它释放的是具有灭火作用的二氧化碳气体。使用无水碳酸镁作阻燃剂，如同聚合物基体材料携带了一个二氧化碳灭火器，释放出的二氧化碳在燃烧基材四周形成了一个“二氧化碳气膜”，隔离了助燃空气。从这一特性来讲，无水碳酸镁阻燃剂适用于电绝缘性能要求更高的场合，如电线电缆等。目前市场上简称的所谓碳酸镁产品，除了天然的菱镁矿碳酸镁以外全部都是水合碱式碳酸镁。在现有的国内外水合碱式碳酸镁生产工艺中，只有北京科技大学开发的技术才可以制得单一物相组成的无水碳酸镁[156]。Morgan 等[158]将菱镁矿、碱式碳酸镁和碱式碳酸镁/碳钙镁石添加到乙烯-乙酸乙烯共聚物（EVA）和乙烯-丙烯酸乙酯共聚物（EEA）中，其阻燃性能得到了很大的提高。王伟等利用硬脂酸对碱式碳酸镁进行表面改性，结果表明，碱式碳酸镁经过表面改性后，由亲水性变成了亲油性，且当加入的碱式碳酸镁份数为 150 份时，阻燃复合材料的拉伸强度为 13.1MPa，氧指数为 31.6%[159]。

3.2 典型废弃电子信息产品回收污染案例

美国收集的废弃电子信息产品 50%～80%未经任何处理就被装进集装箱运到了印度、中国和巴基斯坦等发展中国家。与此同时，一些工业发达的欧洲国家及日本也将大量的废弃电子信息产品向发展中国家转移。据统计，全世界每年产生超过 5 亿 t 的电子垃圾，这些垃圾 80%被运到亚洲，而其中又有 90%进入中国。虽然中国政府认定进口废弃电子信息产品为非法行为，但是废弃电子信息产品的交易仍在继续。据悉，废弃电子信息产品市场已经从广东蔓延到湖南、浙江、上海、天津、福建、山东等地区。中国进口的废弃电子信息产品增长速度高达 100%，1990 年进口量为 99 万 t，进口额为 2.6 亿美元，占当年进口总额的 0.49%；到 2000 年增加到 1750 万 t[160]。西方发达国家的废弃电子信息产品主要有以下 3 类处理方法：①循环利用：即直接进行二手使用，或者更换设备上的某些元件恢复其使用功能，该方法最为环保；②填埋或焚烧：这是现在一种较为普遍的固体废物处理方式，一般集中由规范的垃圾填埋场或焚烧厂进行处置；③出口转移至欠发达国家，这是目前最为主要的“处理”方式。2002 年 2 月 25 日，美国西海岸的两个环保组织巴塞尔行动网络（Basel Action Network，BAN）和硅谷防止有毒物质联盟（Silicon Valley Toxics Coalition，SVTC）发表了其联合撰写的长篇报告《输出危害：流向亚洲的高科技垃圾》。数据显示，美国西部“回收”的电子零件中，估计有 50%～80%最后运到了中国、印度、巴基斯坦等亚洲国家，并在当地造成难以逆转的环境生态灾难[161，162]。

与此同时，中国国内废弃电子信息产品的数量也在迅速增多。据国家统计局统计，目前中国电视机的社会保有量达 3.5 亿台、冰箱 1.3 亿台、洗衣机 1.7 亿台。这些电器大多数是 20 世纪 80 年代中后期进入家庭的，按照 10～15 年的使用寿命，从 2003 年起，中国每年将至少有 500 万台电视机、400 万台冰箱、600 万台洗衣机要报废。此外，近年来中国电脑、手机的消费量激增。由于技术发展很快，电脑平均寿命在不断缩短，目前更新换代周期约为 2 年，这样每年也将有 500 万台电脑被淘汰。1991 年中国手机用户才 100 万户，到 2001 年超过 1 亿户，到 2003 年 3 月则达到 2.5 亿户，2008 年达到 5 亿户。以平均每部手机使用 3 年（美国为一年半）计算，中国每年报废的手机将有 7000 万部之多，加上手机附件和电池，产生的电子垃圾在 40 万吨左右[160]。

相对比来说，我国的废弃电子信息产品处理方式则十分简单、粗放。从事该行业的一般是小规模家庭作坊式业主，在进行拆解前这些作坊主会按照不同分类进行收购，如电脑 CPU 和主板、硒鼓、墨盒、电器线路板、集成块、电池、电线电缆、电器外壳等。他们所采用的技术、方法和设备都极为简陋，处理方法主要有三种：

a. 人工和机选

步骤如下：①由工人使用小刀、钳子、螺丝刀等工具，对易于拆解的电子垃圾进行初步拆解，如将电池铅板、电机中的铜线等直接剔选或剥离出来，通过人工拆卸方法将废旧电器中含有毒物质的器件取出，然后将电器外壳、电缆外皮等以塑料、橡胶为原材料的电子垃圾通过机械进行多级破碎、磨碎，最后制成小颗粒塑胶片或粉末；②通过磁力分选将铁和铝分离挑选出来；③通过风力吹选出塑料、橡胶等轻质量物质；④这些物质纯度较高的产品无需进行下一步处理，最终按照类别分类出售给下一级终端处理厂。

b. 化学湿法提炼

该方法主要用于提炼电脑 CPU、印刷线路板中含有的少量贵重金属（如金、银、铂等），也是重金属提纯方法。这些拆解作坊主要采用浓硫酸、浓硝酸或富含氧化剂和络合剂的提取剂进行浸泡，同时伴随着加热过程，期间产生的大量废液、废渣均直接排入环境中。为了更好地提高重金属的回收率，在进行提炼前一般会通过机械分离方式或者浇上柴油、汽油进行焚烧以去除有机物。

c 焚烧法

焚烧法是最常用的一种电子垃圾分离方法，其目的主要是去除电子垃圾中的塑胶或涂料包裹层等有机物质，该方法简单粗暴且回收率高，一般在露天进行，焚烧过程产生并向环境中排放大量的挥发性有机物和重金属污染物质，造成了严重污染[163]。

电子信息产品从废弃到回收处理过程中产生的各种污染物，通过皮肤吸收、污染的水和大气、农业和工业产品等直接或间接途径对人类健康造成风险，如图 3.7 所示，可见废弃电子信息产品将对整个人类生存环境产生影响，而底端回收技术则是造成环境污染的原因之一。目前，中国很多地方都存在废弃电子信息产品的拆解场和集散地，如广东贵屿镇和浙江台州，而且其中大多数都在用 19 世纪的技术来处理 21 世纪的废物。由于处理手段极为原始，只能通过焚烧、破碎、倾倒、浓酸提取贵重金属、废液直接排放等方法处理，造成了极其严重的生态恶果。河岸沉积物的抽样化验显示，对生物体有严重危害的重金属钡的质量浓度 10 倍于土壤污染危险临界值，锡为 152 倍、铬为 1338 倍、铅为危险污染标准的 212 倍，而水中的污染物超过饮用水标准数千倍[160]。

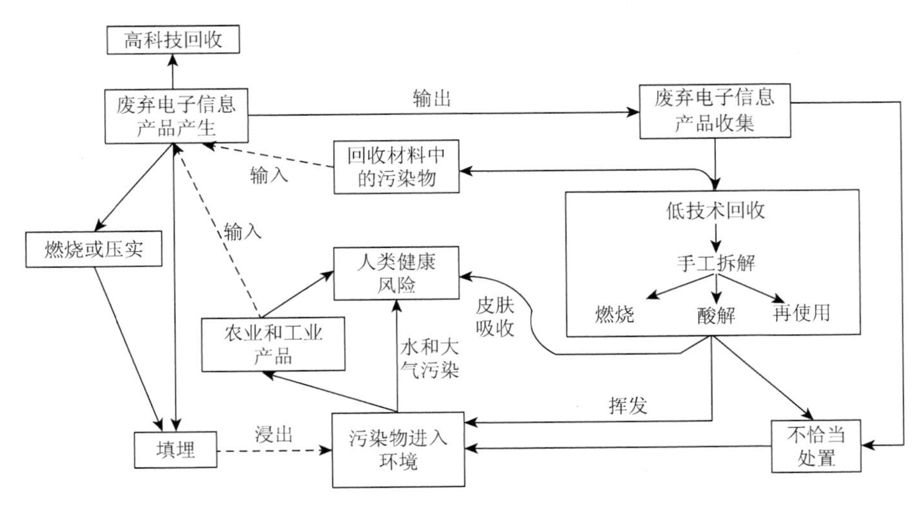

图 3.7 废弃电子信息产品从产生到回收处理威胁人类健康的途径[164]

3.2.1 国内案例

（1）贵屿

《输出危害：流向亚洲的高科技垃圾》报告中对废弃电子信息产品拆解去广东

贵屿镇进行了详细介绍，从而引发人们对废弃电子信息产品处理的关注。

贵屿是全国乃至世界上最大的废弃电子信息产品拆解处理集散地，也是有毒电子信息产品对环境造成不可逆转的污染影响最明显的受害地之一，曾以“全国最大的废旧电子器件拆解基地”而闻名海内外。贵屿位于广东省东南部汕头市潮阳区（23°327′N，116°342′E），比邻揭阳普宁。占地面积 52.4 平方千米，15 万常住人口。汕头市潮阳区政府的一份统计资料显示，贵屿镇从事专业拆解的企业 300 余家，手工拆解作坊 3000 多家，有的拆解大户高峰期日拆解量高达 200t。贵屿大约有 6 万人（包括外来务工人员）从事电子拆解，接近贵屿总人口的一半，而每年的电子拆解量是 155 万 t，工业产值达到 8 亿元人民币。在 20 世纪 80 年代末期和 90 年代初，贵屿开始涉及旧五金电器的拆解生意，并且由于获利丰厚，整个行业规模逐渐扩大。大面积的土地开始抛荒，贵屿镇区 80%的家庭参与到这个行业中来，并以此迅速积累财富[165]。

在贵屿，电子废物来源主要分为国内和国外两部分。当前最主要的来源就是来自于欧美等发达工业国的进口电子垃圾。一般来说，这些垃圾主要走海运到香港，再通过小船搬运、海关瞒报夹带等各种途径进入内地，在南海、广州和深圳等地初步分离后直接转运到贵屿。虽然广东各地的政府监管力度不断加强，但在高额利润的刺激之下，电子垃圾依然通过各种途径进入贵屿。欧美大多数营利性的回收企业和机构往往扮演的是废物贸易商的角色，他们从本国的消费者那里收集废物时拿一次钱，卖给亚洲的中间商时又会拿一次钱[166]。

由于知识的缺乏和追逐利润的私欲，贵屿的家庭作坊采取最直接和最简单的方式对废弃电子信息产品进行拆解，每年要吞吐掉上百万吨的电子垃圾，导致电子信息产品的大量有毒物质得以肆意地污染环境，尤其是对于大气、土壤和地下水的污染。贵屿的上空迷漫着乌云，焚烧的烟灰遮天蔽日，气味刺鼻，令人作呕。每条河流成了寸草不生的污水沟；被重离子污染的地下水早已不能饮用。家庭作坊式的处理模式发展的规模越来越大。与此同时，国外的电子垃圾通过深圳、广州和南海的转运点，大量进入贵屿，使本地人民获益一时，而贻害当代及后代子孙。贵屿的电子垃圾污染在 21 世纪初引起了媒体的注意，从此，贵屿由不为人所知到引起世界性的关注[165, 167]。

a. 水污染

无论是对环境还是对人，电子垃圾拆解业的繁荣都不可避免地对他们造成了严重的损害。电子垃圾拆解需要很高的投入来控制对当地的污染，但是以作坊生产为主的贵屿根本不可能配备昂贵的设备。为了节省成本，这些作坊采用最原始的方式进行生产，并用最简单的遗弃方式处理已经没有回收价值的废品，对当地环境造成严重污染。

首当其冲的是贵屿镇大大小小的河流。已经没有回收价值的废品，如大量难降解的塑料外壳、显示器等堆积在河沟、堤岸中，因此落后的拆解回收工艺不可避免地引起了严重的河流污染。处理后的许多垃圾和用来处理电子垃圾的酸液也被随意地倾倒在河流和河涌中，使得这些地表水体水质受到严重污染和恶化，这些水体颜色几乎变成墨绿色或者黑色。水质浑浊不堪，丧失了任何使用功能，但在缺水的贵屿仍会被用于浇灌等农业生产。许多污染物通过渗透进一步污染土壤和浅层地下水。早在二十世纪九十年代中期，贵屿附近的地下水已经完全不能饮用，当地居民那时候就已经面临需要买水的窘境，饮用水不得不从附近的城镇运来。但由于购买水毕竟需要成本，因此不少居民还是会使用看似清洁的地下水来洗涤生活用品和用具，有时甚至清洗餐具，造成有毒污染物可能通过间接方式进入人体。时至今日，当地人因为饮水而引发的健康问题非常多，其中最常见的就是肾结石，其发病率在贵屿位居榜首[168]。

郭岩[169]采集了贵屿、练江下游和海门湾三个地方的地表水及其底质、地下水的样品进行有毒污染物调研。其中贵屿作为废弃电子信息产品污染典型调查区，练江下游作为废弃电子信息产品延伸污染和农业有机农药污染双重影响的调查区，海门湾作为入海河口和近岸海水调查区（图 3.8）。

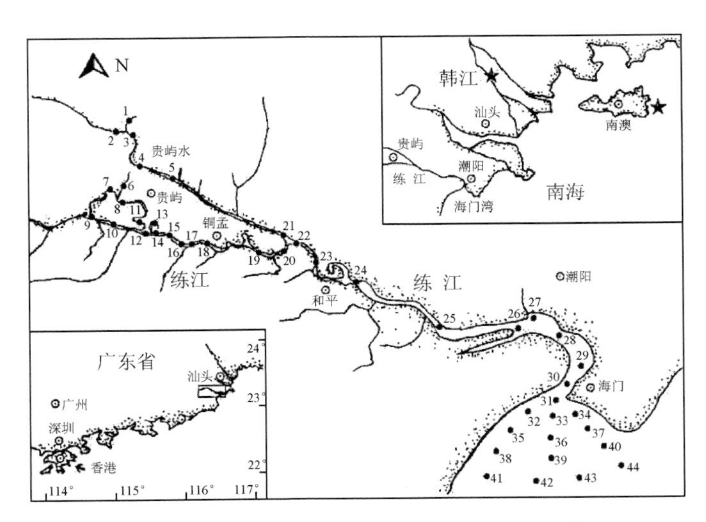

图 3.8 地表水、海水及底质采样点分布[169]

结果表明，贵屿地表水与对照区地表水的重金属存在显著性差异，贵屿境内地表水各重金属含量均高于对照区背景参考值（表 3.10），其中 Cu 对比增幅最高，实测值是其对照值的 2.4～131 倍，平均为 50.9±45.1 倍，依次 Ni 为 1.0～55.2 倍，平均 19.0±17.6 倍，Cd 为 2.0～35.7 倍，平均 14.6±10.2 倍，Pb 为 4.5～19.7 倍，平均 9.2±5.5 倍，Hg 为 1.0～9.6 倍，平均 47±2.9 倍，As 最低，实测值也达对照值的 1.0～6.5 倍，平均 4.0±1.4 倍。Pb 在贵屿境内普遍较高，出贵屿后沿练江向海门湾呈逐步递减的趋势，其他重金属在贵屿从入境河段到出境河段也呈上升趋势，出贵屿后也沿练江向海门湾呈逐步递减的趋势，但 Cd 在练江下游含量普遍较高。贵屿地下水中的 Cu、Pb、Ni、Cd、Hg、As 含量的平均值分别是 WHO 标准值的 0.022、0.49、3.65、11.0、0.742 和 0.025 倍。Cd 和 Ni 的对比倍数最大，其余则低于 WHO 的相应标准值。虽然地表水在离开贵屿进入练江下游后重金属含量出现逐渐降低的趋势，但在长时间的污染压力下，重金属污染物实际上已从贵屿向其下游和近岸海域逐步扩散，并造成练江下游和海门湾大部分水体与底质呈现出个别重金属污染的现象。

表 3.10　贵屿水体、地下水及地表水底质中重金属含量[169]

区域	元素	范围	平均值±标准偏差	对照区背景值
水体（mg/L）	Cu	0.023～1.27	0.494±0.438	0.010
	Pb	0.006～0.061	0.029±0.017	0.003
	Ni	nd～1.38	0.475±0.440	0.025
	Cd	0.0006～0.0107	0.0044±0.0031	0.0003
	Hg×10^{-3}	nd～0.240	0.118±0.073	0.025
	As	nd～0.026	0.016±0.006	0.004
地下水（mg/L）	Cu	0.010～0.069	0.045±0.016	0.012
	Pb	0.001～0.075	0.049±0.026	0.001
	Ni	nd～0.111	0.073±0.027	nd（0.025）
	Cd	0.001～0.067	0.033±0.0023	0.375×10^{-3}
	Mn	0.130～0.720	0.371±0.121	0.260
	Hg	nd	nd	nd
	As	0.018～0.032	0.025±0.002	0.027
地表水底质（mg/kg）	Cu	73.0～9962	1839.3±2381.6	23.2
	Pb	29.0～274	183.7±79.8	25.6
	Ni	24.0～3059	446.3±775.4	15.0
	Cd	0.451～2.38	1.01±0.488	0.31
	Hg	0.331～0.980	0.638±0.155	0.077
	As	6.38～19.6	11.5±3.21	7.01

注：nd 为未检出，计算时取 1/2 检出限。

Wang 等[170]发现贵屿下游的河水中 Pb 含量高达 0.4mg/L，高出当地饮用水标准（0.05mg/L）的 8 倍，铁含量是背景样品的 22 倍，底质中铜含量达到 2670mg/kg。

除重金属外，其他污染物也会随着处理或未处理的废弃电子信息产品腐蚀浸出，进入水生态系统。Luo 等[171, 172]采集贵屿水域沉积物发现，其中 PBDE 的浓度高达 16000ng/g，高于香港、珠江三角洲和其他地区，而且练江和南阳河里的鱼类体内 PBDE 含量高达 766ng/g，比其他地区的高出 2～4 个数量级。Man 等[173]发现贵屿的河鱼中除鲶鱼外的鱼类均检测到双对氯苯基三氯乙烷（DDT），其含量为 3.48～48.3ng/g，56%的鱼类 DDT 含量超过美国国家环境保护局规定的可食用鱼类 DDT 含量规定标准（14.4ng/g）。Xing 等[174]对贵屿河流中 7 种鱼类的多氯联苯（PCB）含量进行了检测，结果发现鱼类样品中含有的 PCB 在 1.95～58.43ng/g 之间，至少高出我国其他地域鱼类一个数量级。

Guo 等[175]的调查结果显示，沿练江从贵屿到入海口海门湾，河水中重金属含量呈降低趋势，其中贵屿段表层水中的 Cu 含量是对照组的 2.4～131 倍，Ni、Cd、Pb、Hg 和 As 含量也显著高于对照组；水中重金属含量雨季高于旱季；贵屿段沉积物中 Cu 的含量是对照组的 3.2～429 倍，练江沉积物中 Cu 的含量是对照组的 3～54 倍，海门湾沉积物中 Cu 的含量是对照组的 1.3～2.4 倍，Ni、Hg、Pb、Cd 和 As 含量也显著高于对照，贵屿附近河流底泥中，Cu、Pb、Ni、Cd、Hg 和 As 含量分别为 73.0～9962mg/kg、29.0～274mg/kg、24.0～2059mg/kg、0.451～2.38mg/kg、0.331～0.980mg/kg 和 6.38～19.6mg/kg，其中 Cd 和 Cu 污染相当严重。

b. 大气污染

贵屿镇地处低洼之地，周边都是丘陵地区，烘烤线路板、焚烧垃圾和塑料回收生产等产生的大量有害气体和悬浮物，很难通过大气的自然流动而散去。因此，在整个贵屿地区，空气质量差。由大气污染所引发的肾结石、呼吸道疾病、皮肤病和消化道疾病等成为贵屿居民常发病，且患病率呈显著上升趋势[166]。由于抵抗力较弱，年幼的儿童是呼吸道疾病最大受害人群，据当地有关部门统计，超过 80%的儿童都患有不同程度的呼吸道疾病，而汕头大学医学院对当地人员所做的一些健康调查显示，外来工中 88%患有皮肤病、神经系统、呼吸系统或消化系统疾病[169]。

工人基本上是露天作业，缺乏有效的防护措施。例如，为回收线路板上的晶片、电容等零器件，烧板工将集成线路板置于煤炉上烘烤，待线路板受热软化后，即将上面的各种晶片、电容等取下来分类，该处理过程会产生大量刺激性气体；在塑料回收分拣工序中，工人常需要点燃塑料，靠嗅觉来辨别塑料的种类。已知锡、铅、铍、镉、汞和溴化物、二噁英等可以通过呼吸道直接进入人体。铅、汞等金属早期可以引起神经衰弱症候，如头晕、头痛、失眠、记忆力下降；长期接触铬酸或者三氧化二砷粉尘可发生鼻炎。此外，电子废弃物中有不少容易致皮肤过敏的重金属，包括镍、砷化物、铬、铜、汞等，这些可能引发皮肤疾病、慢性呼吸系统疾病和眼部症状（如发痒、结膜充血等）[176]。

Xing 等[174]测得贵屿户外焚烧点大气中 PCB 的平均浓度达到 414.8ng/m^3，而当地非焚烧点也可检测到 PCB 污染，然而含量要低很多，居民区的大气 PCB 含量为 4.7ng/m^3，水库附近大气中 PCB 含量为 1.1ng/m^3。研究表明，电子废弃物在拆解过程中不但对当地环境造成了严重的污染，还能通过大气传输对周边乡镇甚至更远的区域产生影响。经对比发现，贵屿户外焚烧点 PCB 含量远远高于英国伯明翰市（0.23ng/m^3）、美国密尔沃基市（1.9ng/m^3）以及中国台湾台南市（3.48～7.83ng/m^3）、广州市（0.16～2.72ng/m^3）。

Chen 等[177]研究贵屿大气发现，11 种 PBDE 平均浓度在白天时高达 11742pg/m^3，夜间可达 4830pg/m^3。Deng 等[178, 179]发现贵屿大气中 PBDE 浓度最高可达 16575pg/m^3，是香港地区同类样品的 300 倍，该地区总悬浮微粒（TSP）和 $PM_{2.5}$ 分别为 124μg/m^3 和 62.1μg/m^3。Li 等[180]发现贵屿大气中氯代二苯并二噁英/呋喃（PCDD/Fs）含量为 64.9～2365pg/m^3，毒性当量为 0.909～48.9pg W-TEQ/m^3，是目前报道中大气含有该物质的最高浓度值；当地大气中多溴二苯并二噁英/呋喃（PBDD/Fs）含量为 8.124～61pg/m^3，毒性当量为 1.6～2104pg I-TEQ/m^3。

Leung 等[181]研究指出，拆解作坊的粉尘中重金属含量为：Pb 含量 110000mg/kg，Cu 含量 8360mg/kg，Zn 含量 4420mg/kg，Ni 含量 1500mg/kg；毗邻道路的粉尘中重金属含量为：Pb 含量 22600mg/kg，Cu 含量 6170mg/kg，Zn 含量 2370mg/kg，Ni 含量 304mg/kg，其中道路粉尘中的 Pb 和 Cu 含量分别是 8km 外非电子垃圾拆解地区的 330 倍和 106 倍，是 30km 外地区的 371 倍和 155 倍。

Wong 等[182]研究发现，大气中 22 种 PBDE 同系物的质量浓度为 16.8ng/m^3，比其他研究数据高出 100 倍，其中具有剧毒的 PBDE 占 94.6%；大气中 TSP 含量为 40.0～347ng/m^3，而 $PM_{2.5}$ 为 22.7～263ng/m^3，$PM_{2.5}$ 中有 70.6%的多环芳香烃（PAH）；贵屿大气中 PCDD/Fs 含量为 6521fg/m^3，是广州大气中的 1.5 倍，香港的 3.1 倍；大气中的重金属含量是其他亚洲城市的 4～33 倍，其中 Cr 含量为 1161ng/m^3，Zn 含量为 1038ng/m^3，Cu 含量为 483ng/m^3，Pb 含量为 444ng/m^3，Mn 含量为 60.6ng/m^3，As 含量为 10.2ng/m^3。

c. 土壤污染

Wong 等[182]研究发现，贵屿土壤中的 PBDE 以十溴联苯醚为主，农田中 BDE-209 的含量是瑞典南部土壤背景值的 79～3973 倍；土壤中 PCDD/Fs 毒性当量在 1.15～9265pg I-TEQ/g；土壤中检测的 16 种 PAH 含量范围在 44.8～3206μg/kg，49 个采样点的 PAH 平均含量为 582μg/kg，远高于中国南方其他城市；土壤中 36 种 PCB 浓度范围在 3.34μg/kg～458mg/kg。在调查的焚烧场地附近、农田和水库等的土壤样品中，PAH、PCB 和 PBDE 含量从大到小的顺序为焚烧场地＞焚烧场地附近＞农田＞水库，表明电子垃圾的焚烧是这些污染物质的重要排放源；焚烧场土壤中重金属 Cd，Cr，Cu，Ni，Pb 和 Zn 的浓度远高于其他区域。

Luo 等[183]检测到贵屿露天焚烧场中燃烧残留样品中的 PBDE 含量为 2379～6238ng/g，焚烧场近邻土壤样品中 PBDE 含量为 247.4～1422.3ng/g。

林文杰等[184]对贵屿镇电子垃圾回收重点村北林村中附近土壤的 Cd、Cr、Cu、Pb 和 Zn 含量进行调查，发现电子垃圾回收场附近的农田土壤 Cd、Cr、Cu、Pb、Zn 中，除了 Zn 之外均超过《土壤环境质量标准》二类土壤环境质量标准，污染最严重的是 Cu、Cd，其次为 Pb；底泥及农田土壤重金属迁移性依次为 Cd＞Cr＞Pb＞Zn＞Cu。底泥和土壤重金属生物有效高，表明重金属迁移性较大，对当地环境存在极大风险性。

Leung 等[185]在酸洗回收金属所在地的土壤中发现 PBDE 含量高达 4250ng/g。Liu 等[186]研究发现，贵屿土壤中 PBDE 含量最高可达 789ng/g（干重），电子垃圾拆解地中的 PCB 和 PCDD/Fs 的毒性当量远远高于附近区域，这三种有机物对当地环境造成了严重危害。

表 3.11 为部分电子垃圾回收处理场地及周边环境表层土壤的重金属污染情况。电子垃圾回收处理作坊土壤中的重金属含量远高于国家 GB 15618—1995《土壤环境质量标准》中的一级标准。在所分析的环境样品中，Pb、Cd、Zn 和 Cu 的含量最高，其中印刷线路板回收作坊尘土中 Pb 的含量超过国家《土壤环境质量标准》一级标准 3142 倍，露天焚烧场地土壤中的 Pb 含量超过了引起甘肃徽县儿童血铅超标事件的土壤最大 Pb 含量（187mg/kg）。Cd、Zn、Ni、Cu 和 Cr 的最高含量均超过一级土壤标准 27 倍。重金属在电子垃圾回收作坊表土中富集。

表 3.11　电子垃圾回收场地及周边土壤/尘土重金属污染（mg/kg）[187]

采样点	Pb	Cd	Hg	Ni	Zn	Cu	Cr	Mn
贵屿某废弃酸洗作坊	150	1.21	0.21	480	330	4800	2600	300
贵屿某焚烧场地 1	480	10.02	0.19	1100	3500	12700	320	500
贵屿某焚烧场地 2	3947	24.2	—	403.6	2922	7814	307	—
贵屿某拆解作坊	104	17	—	155	258	496	28.6	—
贵屿某印刷线路板回收作坊	110000	—	—	1500	4420	8360	—	—
贵屿某回收场地周边	57.7	0.2	0.1	12.6	75.3	36.8	26.3	340
《土壤环境质量标准》（一级）	35	0.2	0.15	40	100	35	90	—
《土壤环境质量标准》（二级）	250	0.3	0.3	40	200	50	250	—

d. 人类健康

电子垃圾拆解、回收地区的人群存在两种污染暴露方式，即直接参与拆解、回收工作人员的职业暴露和当地居民的环境暴露。污染物质通过人体呼吸、皮肤接触、摄食等多种途径进入人体，从而危害人体健康，因此电子垃圾拆解、回收地区的人群健康受到了越来越多的关注[187]。Leung 等[188]研究发现，重金属与持久性有机污染物（POP）等包裹于悬浮颗粒 $PM_{2.5}$ 中，通过人体呼吸直接进入人体肺部，进而被血液吸收。重金属会对人体神经系统产生危害，导致智力发育迟滞、肾脏受损，甚至死亡。而 POP 会在人体内蓄积，引起内分泌失调，扰乱生殖，诱发癌症等。Huo 等[189]的研究表明，居住在贵屿的居民皮肤感染、头晕头痛、慢性胃炎、十二指肠溃疡等疾病发生率比较高，这些都与电子垃圾拆解、回收活动有关。

电子垃圾拆解、回收产生的污染物质会对当地儿童的生长、发育产生影响。Huo 等[189]对贵屿和陈店 226 名 6 岁以下儿童血铅情况进行对比研究，结果表明，贵屿 165 名儿童血铅含量为 4.40～32.67μg/dL，平均为 15.3μg/dL；陈店 61 名儿童血铅含量为 4.09～23.10μg/dL，平均为 9.94μg/dL。统计学分析显示，贵屿儿童血铅含量显著高于陈店儿童。其中贵屿有 81.8%的儿童血铅超标（＞10μg/dL），陈店血铅超标儿童占 37.7%。此外，研究发现，随儿童年龄增长，血铅含量明显增加。

Zheng 等[190]对贵屿和陈店 278 名 8 岁以下儿童血铅的对比研究表明，两地儿童血铅含量平均值分别为（13.17±5.98）μg/dL 和（10.04±4.85）μg/dL，超过 10μg/dL 的分别占 70.8%和 38.7%；儿童血镉含量平均值分别为（1.58±1.20）μg/L 和（0.97±0.70）μg/L，血镉含量大于 2μg/L 的儿童分别占 20.1%和 7.3%；贵屿儿童的血铅和血镉含量明显高于陈店儿童。

Li 等[191]研究了贵屿镇和汕头潮南区新生儿脐带血（UCB）铬水平。2006 年和 2007 年贵屿新生儿脐带血铬几何均值分别为 303.38μg/L 和 99.90μg/L，中值为 93.89μg/L 和 70.60μg/L，而对照组潮南新生儿脐带血铬均值分别为 19.95μg/L 和 32.48μg/L，中值分别为 18.10μg/L 和 24.00μg/L。贵屿脐带血铬水平远远超过目前认为的相对安全界限（0.2μg/L）。试验表明，贵屿新生儿脐带血淋巴细胞 DNA 损伤与脐带血铬含量存在相关关系。如果环境污染导致母体血铬含量偏高，势必会导致胎儿铬过量，可能影响胎儿的正常发育[192]。

Wu 等[193]通过对贵屿和潮南新生儿脐带血中的 PCB 含量研究发现，两地新生儿脐带血中 PCB 含量分别为 338.56ng/g 和 140.16ng/g，结果表明长期暴露在高含量 PCB 环境中会影响婴儿的健康。

Guo 等[194]对贵屿和濠江两地 842 名 11 岁以下儿童血铅水平进行了研究，结果发现贵屿儿童血铅含量（7.06μg/dL）明显高于濠江地区的儿童（5.89μg/dL）；贵屿儿童 24.80%血铅超过 10μg/dL，而濠江有 12.84%儿童超过 10μg/dL。

Liu 等[195]研究了贵屿和陈店铅暴露对儿童性格的影响。贵屿儿童的血铅含量显著高于陈店。虽然贵屿和陈店儿童的性格类型在统计学上没有显著差异，但贵屿儿童在活动水平、趋避性等方面的得分更高，即贵屿儿童在行为上更容易产生冲动、对新鲜事物刺激反应退缩、产生学习障碍等。也有研究表明，婴幼儿的血铅含量会影响他们的身高、体重等。

很多从事电子垃圾回收的外来民工来贵屿后都感染上了呼吸道疾病、皮肤病、肾结石甚至血液病，其中肾结石已成为当地最普遍的疾病之一，人群健康状况堪忧[168]。丘波等[176]对贵屿镇 226 名回收拆解业工人及 172 名非回收拆解人员进行健康调查。统计结果表明，电子废弃物回收拆解从业人员某些常见的症状和体征体现出一定的工种差异。烧板组以头痛、头晕、失眠、记忆力下降、乏力、恶心、皮疹、结膜充血多见；塑料处理组人员中，以头晕、头痛、恶心、皮疹、结膜充血等多见；其他工种组的工人只有记忆力下降、鼻塞，与对照组比较，差异有统计学意义，见表 3.12。研究表明，从事电子废弃物回收拆解业人员的神经衰弱症状、鼻塞、恶心、结膜充血和皮肤症状等的发生率显著高于对照组，不同工种工人的主要症状和体征也有一定差异。烧板工人神经衰弱症候群的发生率更高，塑料处理组的皮肤疾病发生率较高，这可能与工作过程中通过不同途径接触到不同有害物质有关。

表 3.12　从事电子废弃物回收拆解业工人主要症状和体征发生率（%）[176]

组别	人数	头痛、头晕	失眠	记忆力下降	咳嗽、咳痰	鼻塞	咽痛	恶心	呕吐	泌尿结石	皮疹	结膜充血	乏力
对照组	172	27.9	3.5	0.6	22.1	0.6	2.9	2.9	1.7	4.1	5.2	0.6	1.2
拆解业组	226	47.7	9.7	5.3	19.5	5.3	4	11.1	2.7	4.9	15.0	4.8	4.4
烧板组	83	61.4	18.1	9.6	19.3	3.6	6	15.7	4.8	8.4	16.9	4.8	6.0
塑料处理组	80	41.3	5	2.5	26.3	3.8	3.8	13.3	1.3	5	16.3	5.0	2.5
其他工种组	63	39.7	4.8	4.8	14.3	7.9	7.9	4.8	1.6	0	9.5	0	3.2

（2）台州

浙江省台州地区位于浙江中部沿海区域，属中亚热带季风气候，年平均气温在 16.6～17.5℃，年平均降水量 1632mm。该地区从 20 世纪 70 年代末就开始拆解以废旧变压器、电机、线路板为主的国内废旧物资，活动主要集中在峰江一带。90 年代初期，台州固废拆解业开始境外废物的再回收，进口废物从 1996 年的 10 万 t 逐年上升到 2008 年的 178 万 t，已成为进口电子垃圾大规模拆解处理的集散地，同时也是国内目前最大的固废金属拆解加工基地。经过多年的发展，电子废弃物的拆解已在当地形成产业链，固体废物拆解产业直接从业人员 5 万人，相关人员超过 15 万人。固废拆解已经成为台州经济的重要组成部分，2008 年共拆解各类废旧金属 250 万 t，回收利用铜 30 万 t，铝 36 万 t，废铁废钢超过 110 万 t，可利用矽钢片和不锈钢 24 万 t，占其国民生产总值的 7%左右，而在主要拆解区峰江街道，该比例估计在 50%以上[196]。目前，台州每年废弃电子拆解能力达 220 万 t[197]。

台州拆解企业基于经济利益的驱动，主要以家庭作坊式存在。2002 年 5 月，中央电视台对台州地区温岭市拆解电子废物的状况进行了报道后，当地政府也非常重视此事，组织相关部门组成监察大队，对非法拆解企业进行了清理整顿，而且还下令禁止废电脑、废电视机的拆解作业。温岭市人民政府为此颁发了《温岭市人民政府关于重申禁止拆解废电脑、废电视机等电子废物的通知》和《温岭市固体废物回收与拆解整治方案》，取消了个体提炼加工厂，由环保、工商等部门指定了专门的提炼加工厂，所有个体经营者必须到指定的加工企业去提炼，否则，将给予严厉的经济处罚。但是，今天依旧看到了这个家庭拆解行业在台州温岭的盛行[198, 199]。

台州的废弃电子信息产品主要分为两大类别：一类是大量的废旧五金，即一些大的台资/外资公司从国家环境保护总局获得批文，合法进口的废旧五金。主要包括：各种废旧五金、废电机、废碎料、废电线、电缆、变压器等。另外一类是大量的国家限制进口类的电子废物，主要是一些大的台资/外资公司在进口时夹带国家限制进口类的电子废物。包括：废旧电脑、线路板、冰箱、空调、打印机、复印机等电子废物及废弃铅酸蓄电池、镍铬电池、多氯联苯电容器等电子类危险废物。

台州电子废物的来源，主要是日本和国内。这些废旧电器种类繁多，电脑、电话机、摄像机、打印机、硬盘、软驱，大到机箱、显示器。有的物件已明显损坏，但有的看上去还很完整、很新，甚至还带有包装。其中大多数是日本、美国名牌和标志的电子废物，从当地贸易商的口中，也可以证实这些电子废物都是国外运来的。在对浙江台州电子废物的来源调查中，也发现了大量来自国内的电子垃圾。

在台州温岭市等地区的家庭式作坊和工厂作坊中，绝大多数都是使用锤子、凿子、螺丝刀或手工来机械拆卸。科技含量最高的拆卸设备是电钻。且许多作坊的直接拆卸目的是迅速分离最初的废料。切割处理钢锭、电机：使用焊切来切割大的钢锭时产生大量有毒烟体。废旧变压器的拆解：用焊切技术切割分开整个变压器，提取回收钢和变压器的油，整个过程没有防护措施。线路板：熔化焊接及电脑晶片的去除。拆除过的线路板：露天燃烧已去除晶片的线路板来收集最后的金属。提炼铝锭、铜锭的过程：露天高温加工焚烧铝废料，并提取铝锭。晶片及其他含有金的元件：在简陋的工棚中提取金。电脑及电脑辅助设备如打印机、键盘的塑料部分：粉碎和低温熔化，作为低质量塑料再次利用。电线：露天燃烧来回收铜。包在橡胶或塑料里的各种电脑元件，如钢轴：露天燃烧来回收钢和其他金属。二级钢和铜及贵金属的冶炼：从废物包括有机物中再生钢或铜[198]。

a. 水污染

Man等[173]发现台州的泥鳅和白蟹中均检测到DDT含量分别高达(112±1.81)ng/g、(70.1±1.81）ng/g，高于欧盟规定的人类消耗DDT最大允许量（50ng/g），该地区40%的鱼类DDT含量超过美国国家环境保护局规定的可食用鱼类DDT含量规定标准（14.4ng/g）。

b. 大气污染

李英明等[200]在台州的研究表明，电子废物集中处理区大气中PCDD/Fs、PCB和PBDE的浓度分别为2.91～50.6pg/m³、4.23～11.35ng/m³和92～3086pg/m³，其中PCDD/Fs和PCB毒性当量分别为0.20～3.45pg I-TEQ/m³、0.050～0.859pg TEQ/m³，这三类环境污染物的浓度均高于其他报道的一般城市地区大气中的污染水平。

Han等[201]研究了台州废弃电子信息产品处理区的大气中有机物污染，结果表明大气中13种PBDE在夏季含量为506pg/m³，冬季含量为1662pg/m³，是夏季时的3倍，是对照城市大气含量的7倍，但低于贵屿大气中PBDE的含量。大气中主要的PBDE单体为BDE209，而BDE47，BDE99及BDE183含量也相对较高。

Li等[202]对台州农村和商业中心的大气进行采样，分析了大气中PCDD/Fs，PCB和PBDE的含量，结果表明，台州地区大气中∑PCDD/Fs含量为2.91～50.6pg/m³，毒性当量为0.20～3.45pg I-TEQ/m³，∑PCB的含量为4.23～11.35ng/m³，毒性当量为0.050～0.859pg TEQ/m³，∑PBDE的浓度为92～3086pg/m³，结果显示，这三类污染物的浓度明显高于其他城市。

Gu等[203]对台州采集的$PM_{2.5}$样品中可溶有机物进行分析，并根据分子特征来判断造成污染的主要排放源。结果表明，PAH和酞酸酯等有机污染物的浓度是其他对照城市的2倍，高浓度四联苯表明塑料和聚合物的燃烧是PAH的主要排放源。

孟庆昱等[204]在2000年分析了台州污染区大气气相及颗粒物中PCB含量，测得气相中PCB总浓度为191～641ng/m³，颗粒物中可检出的PCB总浓度为0.191～0.373μg/g，对同类物分布的研究表明，无论气态还是大气颗粒物中低氯代的PCB同类物都是其主要成分。

c. 土壤污染

张微[205]研究发现，台州区域的土壤样品中均受到PCB不同程度的污染，其中，废弃拆解区的污染状况最为严重。作物覆盖区土壤中总PCB的含量范围为191.82～1203.60ng/g，平均值为571.91ng/g；废弃拆解区样品中，总PCB的含量为22304.76～35924.37ng/g，平均值达30628.19ng/g；小作坊区总PCB为871.08～

1407.12ng/g，平均值为 1043.61ng/g。所有采样点的 PCB 含量都超过了瑞典土壤严重污染的标准值（60ng/g）。

Shen 等[206]利用生物检测方法对台州废弃电子电器拆解地区土壤中PCDD/Fs、PCB、PAH 毒性当量进行研究。结果表明，土壤提取物能引起明显的芳烃反应，即拆解工厂附近的农田均受到了持久性有毒氯代烃的污染；PCB 占毒性当量的 87.2%～98.2%，PCDD/Fs 占毒性当量的 1.7%～11.6%，PAH 几乎可以忽略；暴力拆解电器设备、露天焚烧电线和印刷线路板是二噁英类化合物的主要释放源。

马静[207]研究了台州拆解地区土壤中持久性有毒卤代烃的分布特征。实验结果表明，PCDD/Fs 在电子垃圾拆解地各环境介质中 100%检出，∑PCDD/Fs 最高平均值出现在拆解车间地面灰尘中（最高达到 111000pg/g dw）。拆解地土壤中浓度约为化工和农业对照点土壤浓度的 12 倍和 200 倍。PCDD/Fs 同系物/同族体指纹图谱与文献报道的 PCDD/Fs 释放源指纹图谱相似。且土壤中浓度超过了欧美等国家和地区规定的土壤中 PCDD/Fs 最大允许阈值，存在一定的环境污染风险。PBDD/Fs 仅在电子垃圾拆解地各环境介质中检出，对照点未检出；其污染特征与氯代二噁英相似，但大部分样品中 PBDD/Fs 的毒性当量高于相应的 PCDD/Fs 的毒性当量。由此表明，废弃电子电器的不当拆解已成为氯代及溴代二噁英的主要释放源，且溴代二噁英被认为是在电子垃圾不当拆解过程中产生的新的特征性持久性有机污染物。对废弃电子电器拆解地 3 环以上氯代多环芳烃（ClPAH）的首次研究发现，拆解地各环境介质中 ClPAH100%检出，拆解地土壤中浓度高出农业背景对照点土壤浓度约 178 倍，传统化工区土壤中 ClAPH 浓度处于和电子垃圾拆解地各环境介质中相当的浓度。部分样品中 ClPAH 的毒性当量要大于相应的 PCDD/Fs 和 PBDD/Fs 毒性当量。由此表明，废弃电子电器拆解地和传统化工区一样是 ClPAH 的主要释放源，且区域污染特征明显。

Shen 等[208]研究发现，台州地区的土壤中 PCDD/Fs、PCB 和 PAH 的浓度分别高达 100ng/g、330ng/g 和 20000ng/g。

潘虹梅[209]研究了台州电子废弃物拆解业对周边土壤环境的影响，发现拆解业周围的土壤受到了 Cu、Zn、Pb、As、Cr、Mn、Ni 等重金属元素的污染，与国家标准土壤背景值均值相比较，结果表明下谷岙村土壤受 Cu、Pb 污染最为严重，Cu 含量高出国家标准近 4 倍，Pb 含量高出国家标准近 2 倍；Zn、As、Cr、Mn、Ni 的含量均位于国家标准范围之内。与浙江省土壤背景值相比，除了 As、Cr 以外，其余重金属元素的含量都大于浙江省土壤背景值均值，反映该村土壤中 Cu、Zn、Pb、Mn、Ni 五种元素的含量都呈现增加趋势。

张中华等[210]研究了台州地区表层土壤中酞酸酯（PAE）的污染程度。距台州某电子废物拆解区 100m 内，6 种 PAE 的总含量为 9.11～59.58mg/kg，离拆解点 1000m 处 PAE 总含量为 2.63～17.55mg/kg，对照区表土则低于检出限(7.15mg/kg)，可见电子废物拆解区土壤受到了严重的 PAE 污染，其中邻苯二甲酸二（2-乙基己基）酯（DEHP）和邻苯二甲酸二丁酯（DBP）是电子废物拆解区土壤中主要的 PAE 污染物。

大气中的 PBDE 可以随着干、湿沉降进入地表，与土壤颗粒结合，滞留在环境中。在广东贵屿以及浙江台州的电子垃圾污染区，土壤中 PBDE 的浓度分别高达 4250ng/g 和 25478.84ng/g，电子垃圾拆解已经对该地区造成了严重的 PBDE 污染[211]。

土壤中有害物质可通过植物根系的吸收进入植物体内。Fu 等[212]检测了台州地区的大米样品，发现大米中 Pb、Cd 的含量均超过 0.2mg/kg，超过我国食品最大允许含量的 2～4 倍。Liang 等[213]在台州地区鸡肉中检测到了 PBDE，其含量高达 18ng/g。Qin 等[214]同样在台州地区的鸡肉中检测到 PBDE，其含量为 15.2～3138.1ng/g，鸡蛋中 PBDE 含量为 563.5ng/g。

d. 人类健康

王红梅等[215-217]对台州某镇电子废弃物拆解场地人群肾功能主要指标、血清胆碱酯酶和血清 5′-核苷酸酶的变化进行了研究，结果显示职业暴露人群与非职业暴露人群的血清尿素氮含量分别为（5.19±2.48）mmol/L 和（5.47±1.51）mmol/L，均明显高于正常对照区人群（4.95±1.72）mmol/L 的水平；职业暴露人群和非职业暴露人群的血清尿酸浓度分别为（289.19±79.93）μmol/L 和（288.40±82.77）μmol/L，均明显高于正常对照组的（277.29±84.09）μmol/L；职业暴露者体内的血清钾、钠值均比对照组低；职业拆解人群的血清胆碱酯酶水平［（9359.07±1738.03）mmol/L］明显高于暴露区的非职业暴露者［（8677.39±1785.89）mmol/L］与正常对照区人群［（8812.66±2078.11）mmol/L］的水平，血清其他指标分析结果显示，职业暴露人群血清钾、钠值均比正常对照区人群低；职业拆解人群［（3.08±1.13）μ/L］和非职业暴露人群［（3.07±1.13）μ/L］的 5′-核苷酸酶水平明显低于正常对照区人群［（3.34±1.19）μ/L］的水平。分析显示，电子废弃物拆解对职业暴露者的肾功能有一定的影响。

台州居民的头发样本中 PBB、PBDE、PCB 含量分别高达 58ng/g，30ng/g，182ng/g[218]。马静[207]发现超过 90%的拆解工人头发中有 PBDE 和 PCDD/Fs 检出，且 PBDE 和 PCDD/Fs 的浓度高出普通居民头发中浓度 4 倍和 18 倍，工人头发与植物叶片中 PBDE 和 PCDD/Fs 的指纹图谱分别相吻合，从而表明头发中的 PBDE 和 PCDD/Fs 主要来自外源污染。

Chan 等[219]对台州哺乳期妇女进行了观测，并与临安同类人群做对比分析，母乳、胎盘、头发样品中 PCDD/Fs 的含量毒性当量分别为（21.02±13.8）pg $WHO\text{-}TEQ_{1998}$/g 脂肪、（131.15±15.67）pg $WHO\text{-}TEQ_{1998}$/g 脂肪、（33.82±17.74）pg $WHO\text{-}TEQ_{1998}$/g 脂肪；临安同类人群的样品中 PCDD/Fs 的含量毒性当量分别为（9.35±7.39）pg $WHO\text{-}TEQ_{1998}$/g 脂肪、（11.91±7.05）pg $WHO\text{-}TEQ_{1998}$/g 脂肪、

（5.59±4.36）pg WHO-TEQ$_{1998}$/g 脂肪，明显低于台州废弃电子信息产品拆解区样品。由此可估算台州废弃电子信息产品拆解地区的婴儿在 6 个月内通过母乳每日 PCDD/Fs 摄入量［（102.98±67.65）pg TEQ/（kg body wt·day）］是临安地区婴儿［（45.83±36.22）pg TEQ/kg body wt·day］的 2 倍，两个地区婴儿 PCDD/Fs 摄入量均是 WHO 每日最大容许摄入量（1～4pg TEQ/kg body wt·day）的 25 倍和 11 倍，表明废弃电子电器的粗放回收对当地环境和人体健康已经造成了极大的威胁。

赵亚娴[211]在台州地区男性精液和血液样品中发现 PBDE 含量，结果在所有的精液和血液样品中都检测到 PBDE 的存在，并且精液和血液中的同类物都以 BDE 209 为主。该研究首次在男性精液中检测出 PBDE，数据显示 PBDE 像其他一些 POP 一样能够进入人体精液，因此由精液中较高浓度的 PBDE 污染负荷可知，该地区男性生殖健康值得关注。同时，台州新生儿脐带血和胎盘配对样品中 PBDE 同类物均以 BDE209 为主，这与本地以 BDE209 为主的 PBDE 污染背景一致。

3.2.2 国外案例——印度

自从 19 世纪 90 年代后，印度就成为了世界上另一个电子垃圾回收中心。UNEP 2010 年的报告[45]认为，2007 年废弃电脑、手机、电视、冰箱的数量分别为 5.63 万 t、0.17 万 t、27.5 万 t、10.13 万 t；到 2020 年，印度废弃电脑数量将是 2007 年的 5 倍，废弃手机数量是 2007 年的 18 倍，废弃电视数量是 1.5～2 倍，废弃冰箱量是 2～3 倍。中央污染控制委员会（Central Pollution Control Board）调查显示，印度每年都有 14.6 万 t 的电子垃圾。GTZ（Deutsche Gesellschaft fur Technische Zusammenarbeit）估算了 2007 年印度一共处理的电子垃圾量达到 33 万 t，到了 2009 年，这一数据增长到 42 万 t[220]。Dwivedy 等[221]预估 2007～2011 年间印度废弃电子信息产品数量约 250 万台，其中包括电脑、电视、冰箱和洗衣机，废弃电脑数量约占总数量的 30%。Wath 等[222]预测印度每年产生废弃电子信息产品约 14.62 万 t，至 2012 年将超过 80 万 t。这个数据只包括国家生产的设备，不包括电子垃圾各种合法、不合法的进口量。

印度在 1992 年通过了《巴塞尔公约》，印度政府禁止了所有的电子垃圾，包括二手的电子信息产品。GTZ 调查显示，在 2007 年仍然有 5000t 电子垃圾被非法进口到印度。这种非法的进口活动是基于印度法律的漏洞。在印度，以捐献给教育机构为由进口二手电子信息产品（包括电脑）是合法的，通过这种途径进口电子信息产品没有关税。事实上，很少的二手电子信息产品会被捐献给教育机构，大部分会被卖到二手市场。

很大数量的二手电脑主板从中国转运到印度，一些作为二手货在二手市场被卖掉，还有一些在德里的满都里工业处理地区被回收拆解。在印度，从中国非法进口有两种主要途径。一种是通过中国到印度的德里、孟买、加尔各答和金奈的船水运。另一种是通过中国到印度德里的途经尼泊尔的加德满都的火车和卡车陆运。第一种途径充分通过捐赠机制，第二种就完全是走私。GTZ 调查表明，2007 年约有 5 万 t 的电子垃圾运到印度[220]。

强制迁移只能使非法的回收活动迁移到其他地方，并不能完全消除。当政府面对不生效的强制禁令的时候，与其进行这样的禁令，不如改变政策，鼓励正确的回收处理方法。印度政府对合理的回收处理工厂发放了执照。有 12 家回收处理工厂申请了执照，但只有 6 家工厂成功申请到，其中 4 家在金奈，两家在班加罗尔，而德里、孟买、浦那都没有符合条件发放执照的工厂。

班加罗尔在印度南部卡纳塔克邦，是印度重要城市之一，也是印度的“硅谷”，而且正规和非正规回收电子废弃物活动在当地非常活跃。表 3.13 给出印度两个地区大气中的微量元素浓度。班加罗尔回收厂去大气中 Zn 含量最高，Cu、Sn 和 Mo 次之。金奈市区大气中微量元素含量依次为 Zn、Mo、Pb 和 Mn。大气中没有检测到 Hg，这是由于大多数的 Hg 在大气中以气态基本形式存在[223]。

表 3.13 印度班加罗尔和金奈地区大气中微量元素浓度（ng/m^3）[223]

地点	V	Cr	Mn	Co	Cu	Zn	Mo	Ag
班加罗尔回收厂	3.9	18	59.6	1.2	111	191	81.6	0.99
金奈市区	4.2	14	31.6	0.45	8.98	221	99.3	3.9
最大容许量[224]		0.16	51	0.69				
地点	Cd	In	Sn	Sb	Hg	Tl	Pb	Bi
班加罗尔回收厂	1.48	1.28	91.6	13	<0.05	0.080	88.9	0.971
金奈市区	6.84	0.004	4.73	2.0	<0.05	0.004	73.1	0.004
最大容许量[224]	1.1							

印度班加罗尔的贫民窟和电子废弃物回收厂以及金奈市区人群头发中微量元素含量，见表 3.14，Zn 含量最高，Cu、Pb 和 Mn 其次，而 Tl 含量非常低。不同地域人群头发中微量元素含量也不同。贫民窟和电子废物回收厂的人群头发中 Cu、Sb 和 Bi 的含量都比金奈市区人群中的含量高。这说明人们在回收拆解地中的日常回收活动会使人体暴露于这些元素。WHO 报告显示，头发中的 Hg 会对成年男子和怀孕的女子的神经造成损害。

表 3.14　印度班加罗尔和金奈地区人群头发中微量元素浓度（$\mu g/m^3$）[223]

样本地区	V	Cr	Mn	Co	Cu	Zn	Mo	Ag
班加罗尔贫民窟	0.045	0.29	1.16	0.091	23.0	141	0.041	2.1
班加罗尔回收厂	0.051	0.40	1.86	0.054	22.8	141	0.069	0.15
金奈市区	0.068	0.42	2.11	0.11	7.77	116	0.032	0.18
佩伦古迪废物处理厂（印度）	0.85	0.67	32.1	1.5	50.8	327	0.113	2.4
样本地区	Cd	In	Sn	Sb	Hg	Tl	Pb	Bi
班加罗尔贫民窟	0.443	0.006	0.561	0.16	0.40	<0.001	9.07	0.012
班加罗尔回收厂	0.052	0.015	1.03	0.23	0.10	0.004	16.1	0.015
金奈市区	0.079	0.002	0.393	0.02	0.19	<0.001	2.61	0.004
佩伦古迪废物处理厂（印度）	0.784	<0.001	0.364	0.11	0.23	0.002	28.1	0.006

第 4 章　废弃电子信息产品及材料中重金属浸出特性及评价

4.1　废弃电子信息材料中重金属浸出评价方法介绍

浸出（leaching）是指可溶性的组分溶解或扩散后，从固相进入液相的过程。当填埋或堆放的固体废弃物与液体（如雨水、地表水、废弃物中所含的水分）接触时，固相中的组分就会溶解到液相中形成浸出液，如图 4.1 所示。浸出的有害物质迁移转化，污染环境，这种危害特性称为浸出毒性（leaching toxicity）[225]。浸出毒性是表征固体废物对环境影响的重要特征之一。

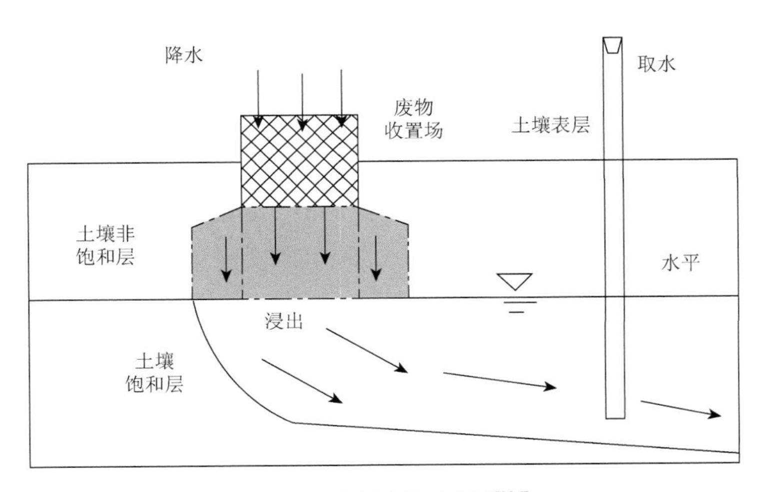

图 4.1　浸出过程示意图[226]

浸出毒性实验是对固体废物中有害成分在环境中与水接触而浸出或渗滤过程的实验室或野外模拟，其基本过程是将废物材料与某种溶液（作为浸取剂）混合，通过分析检测确定浸出液中的组分以及对环境的释放行为。制定浸出实验的目的主要有以下三个方面：①以相关环境标准为依据，作为危险废物鉴别的标准方法，为环境管理服务；②评估危险废物的环境影响，为废物的陆地处置提供技术支持；③研究废物中各种有害组分在废物与环境介质之间的短期或长期的迁移转化规律[227]。

为了评估废弃物中的有毒物质对环境的潜在浸出特性，各个国家、地区相关机构或组织制定了毒性检测标准。事实上，世界各主要发达国家的危险废物鉴别均有明确的保护目标。例如，美国的鉴别标准是针对危险废物与生活垃圾共同处置产生的污染特性制定的；日本的鉴别保护标准是分别针对废物投海和进入管理型填埋场制定的，主要保护目标是海洋和普通填埋场地下水。这些浸出方法制定的目的和依据不同，造成各浸出方法的浸取条件存在明显的差异，相应的结果也略有不同。

4.1.1　国外毒性浸出标准

（1）美国

a. EPA 评价方法

为了执行资源保护和再生法（Resource Conservation and Recovery Act，RCRA）对危险废物和固体废物的管理，美国国家环境保护局（Environmental Protection Agency，EPA）针对危险废弃物与生活垃圾处置产生污染制定的鉴别标准，制定了毒性特性浸出程序（Toxicity Characteristic Leaching Procedure，TCLP），1986 年正式推出并开始实行，1990 年 6 月 29 日正式批准纳入联邦法规[228]。此外，针对酸雨环境专门提出了合成沉降浸出过程（Synthetic Precipitation Leaching Procedure，SPLP）。多级提取程序（Multiple Extraction Procedure，MEP）和加利福尼亚州的废物萃取测试（Waste Extraction Test，WET）同样用于测试有毒废弃物状态。这些方法虽然各不相同，但其共同特点是都表征了在恶劣环境下废弃物的浸出。

TCLP 法是美国《固体废弃物试验分析评价手册》中的标准方法之一，也是使用最多的方法之一，同时又是联邦法规 40CFR261（鉴别有毒有害废弃物）和 40CFR268（固体废弃物是否可以陆地处置）的附件之一，时至今日，TCLP 法仍是美国 EPA 唯一法定的实验测试程序[228]。TCLP 模拟的是无衬填埋场在降水时废物的浸出，其基本假设是有 95%的市政垃圾和 5%的工业废物合并处理。TCLP 可用于评估市政固体废物（MSW）填埋场中污染物的可浸出性，模拟最劣状况下潜在的危险废物与市政固体废物合并处理的初始浸出情况，确定某种危险废物是否可以满足土地处置的限定要求，或确定某种废物是否可以在含有有机废物的无衬填埋场合并处置。

该方法提取剂有两种，一种是 pH 为 2.88±0.05 的冰醋酸溶液，专门用于提取碱性较强的固体废弃物；另一种是 pH 为 4.93±0.05 的冰醋酸和氢氧化钠缓冲溶液，是最常用的提取剂。实验要求颗粒物粒径小于 9.5mm，也有文献[229]采用针对大尺寸和小尺寸的废弃电子对 TCLP 方法进行了修正。毒性浸出方法 TCLP 方法研发的目的是确定液体、固体和城市垃圾中 40 项毒性指标（TC）的迁移性，指标中包含了无机物和有机物。该方法是模拟市政废弃物填埋地的恶劣浸出条件[230]。如果 TCLP 提取液中含有的任何一种 TC 成分的含量等于或大于 40CFR261 中规定的浓度限值，则该废物含有此种 TC 成分并且是危险废物。

目前，仍有学者质疑 TCLP 法评价填埋条件下污染物浸出的合理性。实际环境影响固体废弃物有害成分浸出的因素太复杂，真实环境下的渗滤液和实验室浸出溶液之间的化学环境是不同的，因此，实验室的 TCLP 法和实际填埋坑中的浸出情况有一定的差别。Jang 等[230]将城市固体废物填埋场的渗滤液作为浸出溶液时，发现 Pb 元素的浸出量低于使用 TCLP 法时的浸出量。Spalvins 等[231]发现，在模拟真实环境时 Pb 的浸出量远远低于 TCLP 法时 Pb 的浸出量。影响固体废弃物有害成分浸出的因素太复杂，然而，出于安全、可靠、保险系数大，以及老式的混合垃圾填埋坑还将存在很长一段时间等因素的考虑，美国目前仍然把 TCLP 作为法定的实验室浸出程序[228]。

合成沉降浸出过程（SPLP）是一种摇动提取方法，由美国国家环境保护局于 1988 年提出，其目的是模拟受酸沉降污染的土壤对地下水的影响，并评估金属渗入地下水和地表水的可能性。实验应用的环境范围包括：无机废物在简单填埋场的处置、废物堆积、再循环废物（如灰渣或堆肥）的土地利用[226]。

SPLP 与 TCLP 的实验方法基本相同，但采用的浸提液不同。由于采用模拟酸沉降的浸提剂，该方法用于评价降雨造成的金属浸出。SPLP 采用质量比为 60∶40 的硫酸与硝酸配成的弱酸溶液，形成无缓冲能力的浸出体系。SPLP 用于评估密西西比河东岸土壤的浸出能力时，浸提剂是 pH 为 4.20±0.05 的硫酸和硝酸水溶液，该程序也可用于对废物和废水的提取；用于评估密西西比河西岸土壤的浸出能力时，浸提剂是 pH 为 5.00±0.05 的硫酸和硝酸水溶液；当用于确定挥发性有机物或氰化物浸出时，以试剂水为浸提剂。实验要求的样品粒径小于 9.5mm[226]。

然而，也有学者认为 TCLP 和 SPLP 方法都存在缺陷。Li 等[232]认为，两种方法一方面是 18h 的浸出时间不够充分，不足以使金属充分浸出；另一方面，有些零部件由于物理和机械性能不能粉碎至 9.5mm 以下，这将影响浸出结果的评价。在没有提出更合理的浸出方法前，TCLP 和 SPLP 方法仍然是常用的检测手段之一。

多级提取程序（MEP）采用人工合成酸雨作提取剂，进行连续提取，模拟酸雨多次冲蚀垃圾填埋场后固体废弃物的长期浸出状况，以模拟长期浸提效果，几十年甚至几百年，保护目标是地下水源[228, 233]。多次提取的目的是测出在实际填埋场中废物向环境中可浸出危险组分的最高浓度。MEP 实验也用于废物的长期浸出性测试，其提取过程长达 7 天。ME 使用于测试液态、固态等废物试样[233]。

加利福尼亚州制定的废物萃取测试（WET）模拟填埋场环境[234]，这一点和TCLP法相同。WET法采用柠檬酸和氢氧化钠作提取剂，该提取程序提取效率极高，比TCLP高出10～100倍。但由于它破坏了固体废弃物的几何形状，过滤极其困难[228]。

美国浸出毒性检测方法汇总见表4.1。

表4.1　浸出方法对比[229, 230, 235, 236]

浸出方法	TCLP	SPLP	MEP	WET
浸提剂成分	1#. 冰醋酸+氢氧化钠（非碱性） 2#. 冰醋酸（碱性）	硫酸+硝酸	第一级用乙酸溶液，以后各级用硝酸和硫酸提取	柠檬酸+氢氧化钠
浸提剂pH	1#. 4.93±0.05 2#. 2.88±0.05	4.20±0.05 5.00±0.05		5.00±0.05
液固比	20∶1	20∶1	20∶1	10∶1
最大粒径	9.5mm	9.5mm	9.5mm	1.0～2.0mm
浸提时间	（18±2）h	（18±2）h	（18±2）×10h	48h
提取次数	1	1	10	1
应用要素	40CFR261中毒性指标	无机和有机组分	无机和有机组分	

b. ASTM标准方法

美国材料与测试协会（American Society for Testing and Materials，ASTM）是全球公认的自愿协商统一标准的领导者，具有130多个专业领域的试验方法、规范、规程、指南、分类和术语标准的全文信息，涉及材料、电子、土木、纺织、建筑、电机、化学、地质、航天等领域。至今已有12000条ASTM标准用于提高产品质量、安全性，以及促进市场贸易。《联邦条例法典》（Code of Federal Regulations，CFR）中引用ASTM关于环境的标准达118次。在ASTM的网站上，关于固体废物材料浸出方法的标准有9个，主要方法见表4.2。

表4.2　ASTM的主要浸出方法

方法	浸提剂	液固比	最大粒径	提取次数	提取时间	应用要素
ASTMD3987-12（2012）《用水振动提取固体废物的标准方法》	试剂水	20∶1	＞10mm	1	(18±0.25)h	不适用于有机物质和挥发性物质
ASTMD4793-09（2009）《用水连续分批提取废物标准方法》	试剂水	20∶1	＞10mm	10	(18±0.25)h	无机组分
ASTMD4874-95（2014）《固体材料在提取柱中浸出的标准方法》	试剂水	无要求	不超过提取柱内径的1/10	—	—	低浓度的半挥发性和非挥发性有机物，无机物

续表

方法	浸提剂	液固比	最大粒径	提取次数	提取时间	应用要素
ASTMD5744-13（2013）《用湿度室进行固体材料实验室侵蚀的标准方法》	试剂水	0.5：1 或 1：1	150μm	每周浸出	1h	无机物
ASTMD6234-13（2013）《合成酸雨浸出程序振荡提取矿山废物的标准方法》	试剂水，或硫酸+硝酸	20：1	9.5mm	1	(18±0.25)h	无机物

ASTM 方法 D-3987，用水振动提取固体废物的标准方法得到的固体废物浸出液，可用于评估在特定实验条件下废物中无机组分的迁移性。最终浸出液的 pH 反映了废物对浸提剂的缓冲作用。该实验的目的并非是得到反映现场浸出状况的有代表性的浸出液，方法不能用于模拟特定场所的浸出状况。方法要求检验有代表性的废物样品，因此不要求减小样品的粒径。方法只针对无机成分的应用进行过验证，而没有对有机成分的应用进行验证[226]。

ASTM 方法 D-4793，用水连续分批提取废物标准方法可获得几批固体废物的浸出液，并用于评估在特定实验条件下废物中无机组分的迁移性。最终浸出液的 pH 反映了废物对浸提剂的缓冲作用结果。与 D-3987 相似，该方法指出实验的目的并非是得到反映现场浸出状况的有代表性的浸出液，方法不能用于模拟特定场所的浸出状况。ASTM 方法 D-4793 是以试剂水为浸提剂的分批实验方法，方法只针对无机成分的应用进行过验证，并且可用于任何固体成分占 5%以上的废物，浸出过程重复进行，最终得到 10 批浸出液[226]。

ASTM 方法 D-5284 是 D-4793 的修订版，是采用酸性浸提剂分批提取固体废物的标准方法，其 pH 要求能够反映废物拟处置地区的酸沉降的酸度，浸提剂采用 60：40 的硫酸和硝酸混合液。该方法只针对无机成分[226]。

ASTM 方法 D-5233，固体废物单批提取标准方法是一种摇动提取方法，与 TCLP 非常相似，两种方法的主要差别是 D-5233 不要求减小样品颗粒的粒径。该方法可以以处理的或未处理的固体废物、污泥或固化的废物样品为浸出对象，以了解其潜在的浸出特性。该方法与 TCLP 对废物处置状况基于相同的假设，即在卫生填埋场中有 95%的市政垃圾与 5%的工业废物合并处理。对此方法实验结果的解释和应用会受到合并处置假设以及方法中所得到的浸出液与实际填埋场浸出液的差异的限制[226]。

ASTM 方法 D-4874，在提取柱中浸出固体废物标准方法，用试剂水在柱中以连续的上流方式提取废物获得浸出液。方法的原版本可用于评估无机成分的浸出性，而于 1996 年颁布的修订版可用于评估半挥发性有机物、非挥发性有机物和无机物的浸出性。提取柱法是一种在动力学方式下的水相浸出方法，操作者可以根据特定的目的选择各种柱的操作条件。浸出液的分析结果仅表明在所选实验条件下废物的浸出特性；同时，实验结果也不能作为填埋处置场的工程设计，或按照浸出特性对废物进行分类的唯一依据[226]。

（2）欧盟

2002 年，欧洲标准化委员会（Comité Européen de Normalisation，CEN）颁布了关于建立填埋场接收废物的标准和程序的法规。废物接收标准详细说明了不同类型的填埋场，包括惰性废物填埋场、非危险性废物填埋场、危险废物填埋场和地下储库（如用地质屏障、洞穴或工程建筑等结构对废物的隔离）。法规规定了填埋场接收废物的基本程序，该程序结合测试要求分为三个过程：基本特性描述、入场达标测试和现场查证[226]。CEN 的主要浸出方法见表 4.3。

表 4.3　CEN 的主要浸出方法[226]

方法	浸提剂	液固比	最大粒径	提取次数	提取时间	应用要素
EN12457-1：2002	去离子水	2L/kg	4mm	1	（24±0.5）h	无机组分
EN12457-2：2002	去离子水	10L/kg	4mm	1	（24±0.5）h	无机组分
EN12457-3：2002	去离子水	2L/kg，8L/kg	4mm	2	（6±0.5）h，（18±0.5）h	无机组分
EN12457-4：2002	去离子水	10L/kg	10mm	1	（24±0.5）h	无机组分
CEN/TS14405：2004	去离子水	累计最高 L/S=10	4mm	7	—	—

基本特性描述实验是获得短期和长期浸出行为的信息，并表征废物材料的特性。影响实验浸出的因素主要有：液固比、浸出液的组成、pH、氧化还原电势、络合能力、废物的老化和物理参数等。入场达标实验用于确定废物是否符合指定的行为或指定的参考值。这类实验集中于基本特征实验确定的主要参数和浸出行为。CEN 推荐方法为 EN12457-1～4。现场查证实验是一种快速检测方法，以确认废物是否与提交进行达标实验的废物一致。现场查证实验不是必要的浸出实验。

EN12457-1～4 属于入场达标实验，主要用于对废物中无机组分的调查。它没有考虑非极性有机物特有的性质，也没有考虑在有机废物降解过程中微生物的影响。

（3）ISO 的标准方法

国际标准化组织（International Organization for Standardization，ISO）与 CEN 签订了技术合作协议（ISO/CEN《维也纳协议》），并于 1991 年 6 月发布，确立了国际标准化组织的首要地位，避免了工作和组织机构建设的重复性，从而提高了标准需要反复磋商的速度，提高并加速标准的维护[237]。ISO 的浸出方法标准是由

ISO 技术委员会负责起草的，应用对象是土壤质量。这些标准目前尚处于草案阶段，见表 4.4。值得指出的是，ISO 认可这些实验的浸出液可用于土壤的生态毒理学实验[226]。

表 4.4　ISO 的主要浸出方法[226]

编号	名称
ISO/CD18772	土壤质量——土壤和土壤材料后续化学和生态毒理学试验的沥滤程序指南
ISO/CD19492	土壤质量——用于土壤和土壤材料的化学和生态毒性测试的浸出程序指导——初始加入酸/碱后 pH 对浸出的影响
ISO/DIS21268-1	土壤质量——用于土壤和土壤材料的化学和生态毒性测试的浸出程序——第 1 部分：液固比为 2L/kg 的批浸出实验
ISO/DIS21268-2	土壤质量——用于土壤和土壤材料的化学和生态毒性测试的浸出程序——第 2 部分：液固比为 10L/kg 的批浸出实验
ISO/DIS21268-3	土壤质量——用于土壤和土壤材料的化学和生态毒性测试的浸出程序——第 3 部分：升流式浸透实验

（4）日本

日本有毒固废浸出毒性的鉴别标准根据废物的最终处置方法，可以分为产业废物填埋处置鉴别标准、产业废物海洋投入处置鉴别标准和特别管理产业废物填埋处置鉴别标准三大类，主要保护目标为海洋和填埋场地下水。鉴别标准中规定了汞、六价铬、有机磷等 33 类重金属和有毒有机物的浸出浓度判定指标，所有的鉴定方法根据处置方式的不同而采用不同的浸取剂进行有害物质的测定。如土地填埋处置的废物检定采用 pH 为 5.8～6.3 的微酸性水溶液浸取，海洋投入处置则采用纯水浸取[238]。

样品粒径小于 5mm，取原样；样品粒径大于 5mm，粉碎后过筛，取 0.5～5mm 的部分进行浸出实验。根据固体废物处置方式的不同，采用不同的浸取液。填埋处置选用由 HCl 调节 pH 为 5.8～6.3 的纯水作为浸取剂；投海处置选用纯水或由 NaOH 调节 pH 为 7.8～8.3 的纯水作为浸取剂[227]。

（5）其他国家和地区

加拿大使用浸出液有害物质检验程序来判断固体废物的危险特性，即《巴塞尔公约》附件Ⅲ危险特性 H13 的暂行准则。评价方法与 TCLP 一致，评价指标确定的方法学与美国 EP 阶段一致，浸出项目来自加拿大《饮用水质量准则》，鉴别标准值=水质标准×稀释衰减系数。其制定背景是考虑到有害物质在未达到取水井位置之前，将会出现一定程度的稀释。稀释衰减系数选取的 100，即固体废物浸出液中的有害成分最大浓度可以是饮用水标准的 100 倍[233]。

哥斯达黎加、澳大利亚、泰国等国家作为《巴塞尔公约》的缔约国，也通过了制备废物的浸出液，然后检测其中的毒性物质成分和含量，来评估危险特性 H13。评价方法基本上与 TCLP 法一致，不同的方面主要体现在评价指标上。

一些国家浸出毒性实验方法和主要参数见表 4.5。

表 4.5 一些国家危险废弃物浸出毒性实验方法和主要参数[227, 238, 239]

国家	液固比	浸取时间	浸提剂	备注
日本	1#.10：1	6h	pH 为 5.8～6.3 的 HCl 溶液	水平振荡法，作为产业废弃物填埋入场鉴别基准（溶出基准），保护目标为地下水，浸出项目 33 种
	2#. 10：1	6h	中性蒸馏水	作为产业废弃物投海处置鉴别基准（溶出基准），保护目标为海洋
法国*	10：1	16h	CO_2 饱和蒸馏水	18～25℃用 CO_2 和空气饱和的蒸馏水（含 Cl^-、SO_4^{2-}、NO_3^-）作浸取剂，pH 为 4.5，电阻为 0.2～0.4MΩ
德国*	10：1	24h	蒸馏水	用水浸取，其他同法国
意大利*	10：1	24h	CO_2 饱和蒸馏水	除浸取剂外，其他同日本
英国*	20：1	5h	蒸馏水	改进的 TCLP
南非	10：1	1h	蒸馏水	类似于德国
韩国	10：1	8h	HCl 调节 pH 为 5.8～6.3 的纯水	
澳大利亚	4：1	48h	蒸馏水	类似于德国
瑞士	—	24h，48h	蒸馏水	以 100mL/min 连续吹入 CO_2，初始 pH 为 4.5，取 24h、48h 浸出浓度的平均值
奥地利*	10：1	—	蒸馏水	用硫酸调至 pH 为 4，提取过程保持此 pH

* 欧盟委员会制定统一的浸出方法之前，各成员国采用的方法。

4.1.2 国内毒性浸出实验

我国于 1996 年颁布了《危险废物鉴别标准 浸出毒性鉴别》（GB 5085.3—1996），但没有明确阐明危险废物鉴别的目的和保护目标，以及阐明与之适应的处置方式，所以实验结果的评价结论缺乏可靠依据。而且该标准中提出的 14 项浸出毒性鉴别指标及其限值针对性不强，与相关的环境质量标准衔接不够，既不能完全控制危险废物对地表水、地下水、土壤等环境介质的污染，也不能有效降低危险废物对人体健康的危害[233]。该标准中提出的控制指标均为无机物，危险废物评价的指标体系不健全，因此危险废物中的有毒有机物仍处于无控制状态，致使各种污染事故屡屡出现。因此，在浸出毒性鉴别中增加有机物指标是加强对危险废物有效管理的重要内容。

在新修订的《危险废物鉴别标准　浸出毒性鉴别》（GB 5085.3—2007）中，在原标准的 14 个浸出毒性指标的基础上，新增了 37 项指标，总项目数达到 51 项，这些项目中包括无机元素及化合物 16 项，有机农药类 10 项，非挥发性化合物 13 项，挥发性化合物 12 项。为了满足新标准的鉴别要求，必须制定新的可用于有机物浸出的标准浸出方法。

《固体废物　浸出毒性浸出方法——硫酸硝酸法》（HJ/T 299—2007）于 2007 年 5 月 1 日起实施，针对不同的浸提物质，可采用两种浸提剂。一种浸提剂是将质量比为 2∶1 的浓硫酸和浓硝酸混合液加入到试剂水（1L 水约 2 滴混合液）中，使 pH 为 3.20±0.05，该值是根据我国酸雨区降水的酸度推算得出的。该浸提剂用于测定样品中重金属和半挥发性有机物的浸出毒性。另一种浸提剂采用试剂水，用于测定氰化物和挥发性有机物的浸出毒性。

《固体废物　浸出毒性浸出方法——醋酸缓冲溶液法》（HJ/T 300—2007）于 2007 年 5 月 1 日起实施，可采用两种浸提剂。浸提剂 1#：加 5.7mL 冰醋酸至 500mL 试剂水中，取 1mol/L 氢氧化钠 64.3mL，稀释至 1L。配制后溶液的 pH 应为 4.93±0.05；该浸提剂适用于非碱性废弃物的浸出。浸提剂 2#：用试剂水稀释 17.25mL 的冰醋酸至 1L。配制后溶液的 pH 应为 2.64±0.05；该浸提剂适用于碱性废弃物的浸出。

一些浸出毒性实验方法和主要参数见表 4.6。

表 4.6　四种浸出方法的实验参数[225，240-242]

国家标准	GB 5086.1—1997	HJ/T 299—2007	HJ/T 300—2007	HJ 557—2009
名称	翻转法	硫酸硝酸法	醋酸缓冲溶液法	水平振荡法
浸取剂成分	去离子水	1#.硫酸+硝酸 2#.试剂水	1#.冰醋酸+氢氧化钠 2#.稀释冰醋酸	水，GB/T 6682，二级
浸取剂 pH	—	1#.3.20±0.05 2#.—	1#.4.93±0.05 2#.2.64±0.05	—
液固比/（L/kg）	10∶1	10∶1	20∶1	10∶1
最大粒径/mm	5	9.5	9.5	3
浸提时间/h	18	18±2	18±2	8
放置时间/min	30	—	—	960
振荡方式	翻转	翻转	翻转	水平
转速/（r/min）	30±2	30±2	30±2	110±10
滤膜/μm	0.45	0.6～0.8	0.6～0.8	0.45

4.2 废弃电子信息产品部件毒性浸出特征

4.2.1 印刷线路板和显示器

表 4.7 总结了废弃电子信息产品中常见的部件，如产品外壳和支撑结构、印刷线路板、显示器和存储器等。众所周知，废弃电子信息产品中包含大量的有毒化学物质，如印刷线路板（PWB）和显示器（如阴极射线管和平板显示器）中含有重金属元素和溴系阻燃剂等。

表 4.7 废弃电子信息产品组成部件[18]

组成部件	零部件或主要构成材料
印刷线路板的保护和支撑结构	原材料包括塑料、钢和铝。塑料封装可能含有阻燃剂
印刷线路板	导电通路刻蚀的铜板和玻璃纤维、环氧树脂组成的绝缘板。其他器件如电容、半导体、电阻和电池。连接材料采用的焊料合金中含有金属 Pb、Sn、Ag、Cu 和 Bi
显示器	阴极射线管显示器由铅玻璃、荫罩、图像枪、偏转铜线圈和印刷线路板（PWB）组成。平板显示器由两块玻璃板或图像显示技术嵌入的偏振介质组成。常见的有液晶显示器（LCD）、等离子体平板显示器（PDP）和发光二极管显示器（LED）
存储设备	半导体（随机存取存储器）、磁盘驱动、光驱
马达、压缩器、变压器、电容器	不同的机械或电子部件，通常由金属和主要结构材料组成，包含有其他物质，如石油（电机）、制冷剂（压缩机）和绝缘流体（变压器、电容器）
发光设施	包括白炽灯、气体放电灯（荧光灯、高强度气体放电、钠蒸气）和 LED。气体放电灯含有汞。灯的附件有印刷线路板（PWB）或镇流器或电容器
电池	常见类型包括小型密封铅酸（SSLA）、镍、镉、锂、金属氢化物和碱性电池
电线电缆	通常是塑料包覆的铜导线

印刷线路板（PWB）是电子工业的重要部件之一。几乎每种电子设备，小到电子手表、计算器，大到电脑、通信电子设备、军用武器系统，只要有集成电路等电子元器件，为使它们之间的电器互连，都要使用印刷线路板（表 4.8），几乎各种电子信息产品中都含有印刷线路板。印刷线路板由铜覆板、绝缘体（或玻璃纤维强化树脂）以及电子电路器件（电阻、电容、电池、存储器和电子焊料）等部件组成。印刷线路板成分十分复杂，金属元素含量高达 28%（其中铜元素 10%～20%，铅元素 1%～5%，镍元素 1%～3%），塑料约占 19%，玻璃和陶瓷约占 49%，阻燃剂约占 4%[243]。

显示器根据工作原理可分为阴极射线管（CRT）、真空荧光显示器（VFD）和平板显示器（FPD），而平板显示器又可分为液晶显示器（LCD）、等离子体平板显示器（PDP）和发光二极管（LED）。世界大部分国家对于废弃阴极射线管显示器含铅玻璃的主要处理方式是填埋。城市固体废物中几乎全部金属铅都来源于电子废物，而其中近三成就来自于废弃阴极射线管显示器玻璃。Spalvins 等[231]采用 TCLP 对废弃阴极射线管显示器含铅玻璃进行浸出毒性试验，结果发现铅浸出浓度远远超过危险废物鉴别标准，因此废弃阴极射线管显示器含铅玻璃应尽量避免填埋方式。

金属元素和塑料不仅常用在保护外壳部件，还是废弃电子信息产品的主要组成部分，见表 4.8。调查研究的数据表明，不同类型废弃电子信息产品中的电池、金属、塑料、印刷线路板、线缆等组成部分比例也各不相同。

表 4.8　废弃电子信息产品的主要材料（%）[18]

废弃电子信息产品	电池	金属	黑色金属	有色金属	外壳塑料	塑料（除外壳塑料）	印刷线路板	线缆	显示器*	其他
手机		8.4				44.4	39.9		4.0	3.3（镁板）
彩电			6.2	0.1		21.7	10.2	2.2	59.6	
CPU 监测		1.2	3.4	0.3	17.5	1.0	11.7	4.1	60.7	
CPU	0.04		66.0	3.9		11.6	16.0	2.6		
平板		0.3（Hg 管）	25.1	9.4	16.8	6.7	9.8	4.1	9.1	18.8（玻璃）
键盘			26.9		38.0	17.2	11.1	6.8		
笔记本电脑	16.7		17.8	10.8		37.0	16.2	1.3		
鼠标			5.0			52.7	10.7	31.6		
打印机			41.4	5.3		45.5	7.1	0.7		
远程监控			0.8			82.6	16.6			
录像机			45.7	9.2		22.9	20.6	1.6		

* 含液晶显示器和阴极射线管显示器。

废弃电子信息产品中，印刷线路板和显示器中不仅含有可回收利用的铜、铁、锌等有色金属和金、银、钯等贵金属，还含有大量铅、六价铬、镉、汞、溴化阻燃剂等有毒有害物质，常用的 24 种废弃电子信息产品的印刷线路板中部分重金属含量见表 4.9。

表 4.9　24 种废弃电子信息产品的印刷线路板部件中重金属含量（mg/kg）[244]

类型	Ba	Be	Cd	Cr	Pb	Sb	Sn
冰箱	82	—	85	27	21000	2700	83000
洗衣机	65	—	—	39	2200	150	9100
空调	320	—	3	11	5800	310	19000
CRT 电视	2400	—	12	57	14000	3200	18000

续表

类型	Ba	Be	Cd	Cr	Pb	Sb	Sn
PDP 电视	3900	—	—	100	100	800	15000
液晶电视	3000	—	—	—	17000	1800	29000
台式电脑	1900	1	9	270	23000	2200	18000
笔记本电脑	5600	32	2	610	9800	1300	16000
录像机	1200	—	9	150	20000	1300	18000
DVD 播放机	4300	—	2	320	12000	1200	22000
立体音响	1400	—	—	5	19000	470	22000
盒式录音机	1400	—	4	140	17000	3000	24000
传真机	4300	—	—	26	19000	670	7400
电话	4700	—	—	3500	19000	1400	34000
打印机	3000	—	—	32	10000	530	16000
手机	19000	21	4	1100	13000	760	35000
数码相机	16000	20	1	2500	17000	1900	39000
摄影机	18000	—	2	300	30000	2000	38000
CD 播放机	8600	—	—	770	12000	1400	50000
碟片机	19000	60	—	4000	9300	1200	48000
游戏机	5100	—	1	800	13000	2900	26000
微波炉	2000	—	—	860	17000	5900	15000
电饭锅	340	—	—	530	5400	2600	29000
电水壶	1800	—	220	850	22000	9700	33000

废弃印刷线路板中的资源回收，引起了研究人员的关注，在资源回收的同时可减少有毒有害物质对环境的污染。已有文献报道废弃印刷线路板回收材料含量，其结果列在表 4.10 中。

表 4.10 废弃印刷线路板回收材料元素平均含量（%）

文献	Au	Ag	Cu	Ni	Fe	Zn	Pb	Al	Sn
Jirang Cui[245]	0.011	0.028	10	0.85	—	1.6	1.2	7.0	—
Leo S. Morf[246]	—	—	17±2.1	1.1±0.2	6.7±2.9	1.9±0.3	1.2±0.2	2.7±1.1	2.7±0.5
Jae-Min Yoo[247]	0.007	0.01	19.19	5.35	3.56	0.73	1.01	7.06	2.03
Yun Xiang[248]	0.001±0.0002	0.02±0.001	23.1±0.2	0.19±0.002	0.81±0.002	1.75±0.06	2.89±0.08	2.6±0.07	0.19±0.08
Sadia Ilyas[249]	0.001±0.0003	0.003±0.0004	8.9±0.03	2.0±0.04	8.0±0.03	8.2±0.03	3.15±0.05	0.75±0.03	0.00065±0.0002
Yang Tao[250]	—	—	25.06	0.0024	0.66	0.04	0.80	—	—
Chi Jung Oh[251]	0.023	0.069	48.9	0.1	0.3	1	1.5	2.6	3.1

注：—表示未检测。

Cui 等[245]在对废弃电视机材料回收时，与废弃电脑和废弃印刷线路板回收材料进行了对比。

Morf 等[246]对瑞士小型废弃电子信息产品进行材料回收研究。其中废弃印刷线路板在经过手工和自动拆解，并切碎，将粒径小于 0.1mm 的样品放入甲苯溶液中，超声波振荡 5min 后，在振动器中振动 2h，静置过夜，重复此过程。最后将溶解后的溶液定容，用高分辨毛细管柱气相色谱——电子捕获检测器进行检测。

Yoo 等[247]采用机械粉碎方法对废弃打印机中的印刷线路进行资源回收，采用盐酸-硝酸溶液对粉碎后的样品进行消解 24h，用原子吸收光谱仪和电感耦合等离子体原子发射光谱仪对消解液中元素成分进行检测。

Xiang 等[248]采用体积比为 3∶1∶1∶1 的硝酸/盐酸/氢氟酸/过氧化氢混合溶液对废弃印刷线路板进行微波消解，消解液通过 0.45μm 的微孔滤膜，去离子水稀释后，用电感耦合等离子体原子发射光谱仪检测元素含量。

Ilyas 等[249]将废弃印刷线路板碎片放入王水中溶解 1h，将溶解液冷却并定容，用原子吸收光谱仪检测溶解的金属离子浓度。

Yang 等[250]采用生物浸出法从废弃印刷线路板回收铜时，样品被粉碎成粒径小于 0.5mm 的碎片，其中铜的平均含量约占 25.06%，铅平均含量约占 0.8%。

Oh 等[251]对废弃的印刷线路板进行选择性浸出贵金属时，在 8000Gs（$1Gs=10^{-4}T$）磁筛选后无磁性元素含量见表 4.10。采用 2mol/L 硫酸和 0.2mol/L 过氧化氢溶液提取印刷线路板中金属元素，铅和锡的浸出量都随时间增加，且锡浸出量远远高于铅的浸出量。

众所周知，铅是一种有毒重金属，电子产品中大多含有铅，其主要来自于铅酸电池、有铅焊料、阴极射线管、铅玻璃等器件，有数据显示每平方米印刷线路板中约有 50g SnPb 焊料，约占印刷线路板质量的 0.7%；阴极射线管中采用铅玻璃来防护 X 射线辐射，彩色阴极射线管中平均含有 1.6～3.2kg 的铅[230]。如果将废弃阴极射线管作为铅元素来源的主要器件，预计十年内约有 45.4 万 t 铅进入环境中[235]。

Jang 等[230]采用 TCLP、WET、SPLP 和 MSW 渗滤液四种方法，分别对废弃电脑印刷线路板（PWB）、电脑和电视中的阴极射线管（CRT）进行铅元素的浸出检测和比较。四种浸出方法检测的铅的浓度如图 4.2 所示，印刷线路板和阴极射线管中，SPLP 法中的铅浓度比其他三种毒性浸出方法的铅浓度低，而阴极射线管部件采用 TCLP 法时测得的铅浓度是最高的，是美国毒性特征（TC）规定中铅的阈限值（5mg/L）的 82 倍，印刷线路板部件采用 TCLP 法时铅浓度是 TC 阈限值的 32 倍。由于 TCLP 法设计目的是模拟居民废物填埋场极端恶劣的浸出条件，因此 TCLP 法和其他三种方法所测铅浓度存在很大的差距。

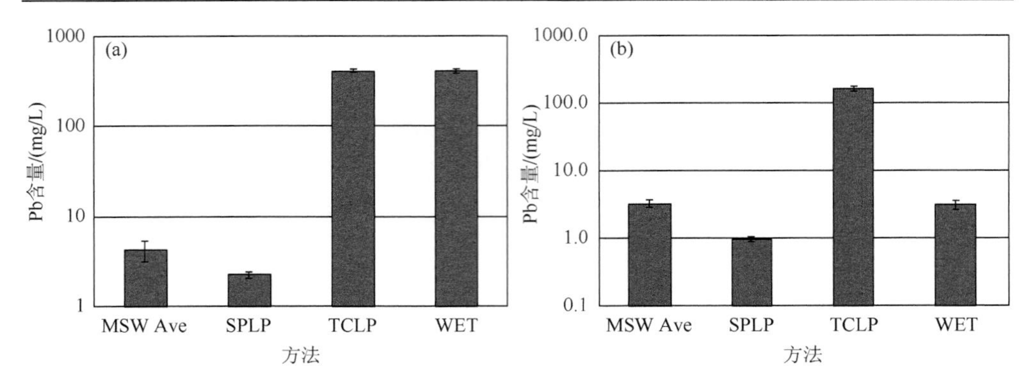

图 4.2　采用 MSW 渗滤液、SPLP、TCLP 和 WET 法浸出后铅浓度对比[230]

（a）CRT；（b）PWB

Townsend 等[252]检测了包含有铅焊料和无铅焊料的印刷线路板的浸出性，采用的是 TCLP 和 SPLP 法。结果表明，TCLP 法检测的 63Sn/37Pb 中的铅含量远远高于 SPLP 法；大多数锡基焊料中锡的浸出量很小，这是由于锡的化合物大多不溶于水。

Musson 等[253]采用 TCLP 法对废弃阴极射线管进行了铅的毒性特征检测。不同种类的阴极射线管中铅浸出量平均为 18.5mg/L，显然，结果高于毒性特征规定的阈限值 5mg/L。样品的种类、粉碎后样品的粒径等都对铅的浸出量有影响。

4.2.2　废弃手机

手机作为信息时代的交流工具之一，在人类生活中的作用日益凸显。随着信息时代技术的飞速发展，手机更新换代的速度越来越快，意味着废弃手机数量迅猛增加。联合国环境规划署 2012 年发布的《化电子垃圾为资源》报告中说，全球每年废弃的手机约有 4 亿部，其中美国每年废弃 1.3 亿部，中国每年废弃近 1 亿部。有数据显示，在美国 2005 年就约有 1.3 亿部手机报废，加上之前报废和储存的废弃手机，累计数量约超过 7 亿部，而这些手机废弃后通常做填埋处理[235]。当废弃手机被填埋后，其中的有毒物质，如砷、镉、铅、镍等，将浸出到土壤和地下水中；当进行焚烧处理时，这些有毒物质将会污染大气层。因此，此类产品也逐渐被研究人员所关注。

Lincoln 等[235]对 7 大品牌的 148 部废弃手机进行了毒性特征检测。采用 TCLP、WET、TTLC 三种浸出方法并进行对比，研究有毒材料的来源和有机化学物质的浸出行为。从表 4.11 可以看出，TCLP 法仅铅含量超出阈限值，WET 法浸出的金属元素都低于阈限值，而 TTLC 法中铜、镍、铅、铬、锑和锌元素是高于阈限值的。TCLP 和 WET 方法中铅浸出量存在较大差别，研究人员分析认为，铁和锌的存在会使铅还原，可溶性铅减少，从而降低了渗滤液中铅的溶解度，但他们没有深入分析元素浸出差异的影响因素。

表 4.11　废弃手机中材料毒性浸出

元素	TCLP/（mg/L）	WET/（mg/L）	TTLC/（mg/kg）	TCLP 阈限值/（mg/L）	WET 阈限值/（mg/L）	TTLC 阈限值/（mg/kg）
Sb	—	2.82	1023		15	500
As	0.62	0.04	36.1	5	5	500
Ba	2.33	5.63	5383	100	100	10000
Be	—	0.002	12.1		0.8	75
Cd	0.004	0.021	2.93	1	1	100
Co	—	1.21	241.3			8000
Cr	0.07	0.167	958	5	6	500
Cu	—	0.027	203000		80	2500
Pb	87.4	1.09	10140	5	5	1000
Hg	0.006	0.005	0.79	0.2	0.2	20
Mo	—	0.005	23.5		350	3500
Ni	—	0.53	9247		20	2000
Se	0.093	0.121	5.9	1	1	100
Ag	0.006	—	65.9	5		500
Tl	—	—	0.11		7	700
Zn	—	52.4	11007		250	5000

Musson 等[229]在采用 TCLP 法对 14 种废弃电子信息产品进行毒性浸出时发现，铁和锌的含量对铅的浸出有明显作用。当样品中铁含量增多时，检测出的铅含量减小，当铁含量大于 20%时，铅含量低于毒性特征的阈限值 5mg/L。由于铁的氧化电势高于铅的氧化电势，随着铁含量的增加，阻碍铅被氧化成可溶性的铅离子，同时也阻碍了铅的浸出，因此渗滤液中铅含量减小。

4.2.3　废弃新型显示器

传统的阴极射线管由于含有大量有毒物质，一些地区和国家对其废弃后的回收和处理有严格的规定，如加利福尼亚州禁止直接填埋废弃阴极射线管类电视。

随着科技的不断发展，阴极射线管正在逐渐被等离子、液晶等技术所代替。然而，当这些产品使用寿命到期后，它们对环境潜在的危害是否有所减少呢？Lim 等[254]选用笔记本电脑、液晶显示器、液晶电视和等离子体电视四种平板显示器进行毒性评估，并与阴极射线管彩色电视相对比。结果显示，平板设备中重金属总量小于阴极射线管电视中重金属含量，值得注意的是，平板显示器中的铜和铅含量低于阴极射线管电视，液晶电视中的铜除外。平板显示器中含有大量多种类重金属，当此类产品废弃后填埋或焚烧处理时，仍然会对人类和生态环境造成威胁，如液晶电视和等离子体电视的生态毒性并没有优于传统阴极射线管电视。当数以百万台平板显示器代替传统阴极射线管显示器时，这些新型产品设计时尤其需要选用无毒或低毒材料，以保证生态环境的可持续发展。

4.2.4　废弃电脑部件

电脑的需求量越来越多，因而被淘汰的电脑数量也与日俱增。现在废弃电脑已经成为废弃电子信息产品中第二大部件。废弃电脑主要由外壳（housing）、主板（motherboard）和框架（frame）组成，其中组成主板的元件种类很多，如中央处理器（central processing unit，CPU）、集成电路（integrated circuit，IC）、硬盘驱动（hard disk drive，HDD）、网卡（network card，NC）、声卡（sound card，SC）等。

Li 等[236]收集了 7 种类型的电脑，从 1980 年 CPU 为 286 的早期电脑到 21 世纪 CPU 为奔腾III的电脑，采用 TCLP 法对其进行毒性检测，其中显示器、键盘、音响、鼠标不在本次毒性检测范围内。结果表明，主板中铅含量最高，其次是集成电路；而 CPU 不同，其铅含量也不同，Inter 486 中铅含量最少，奔腾 II 中铅含量最高。这些铅的主要来源是铅焊料。显然，铅含量超过了 TCLP 阈限值，而银、钡、镉、汞、砷、硒含量低于对应元素的阈限值。因此铅是电脑器件中毒性浸出特征的主要元素。

废弃电脑中的中央处理器（CPU）主要由黑色金属、有色金属、电线、印刷线路板和塑料组成，其平均含量如图 4.3 所示[255]。虽然印刷线路板占 CPU 比重

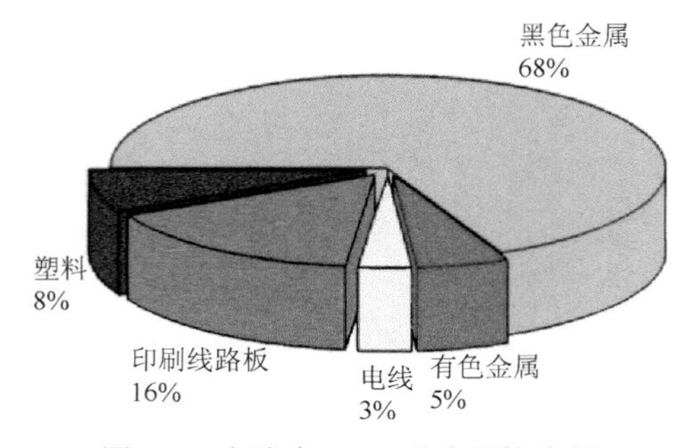

图 4.3　电脑中 CPU 成分平均含量

较小，但当其毒性特征超过阈限值时，必须考虑CPU的浸出毒性。Vann等[255]对废弃电脑中的CPU采用TCLP法进行毒性浸出检测，并分析了渗滤液中铅浓度的影响因素。结果显示，CPU的组成材料不同，其浸出毒性也不同。当CPU材料中黑色金属含量高时，铅的浸出量低于浸出毒性阈限值；当黑色金属含量低时，铅的浸出量高于浸出毒性阈限值。这是由于其中的铁和锌的浸出将对铅的浸出有阻碍作用。

TCLP法对样品粒径大小要求不得超过9.5mm，而有些废弃电子信息产品无法破碎到如此小的粒径，因而对浸出检测结果有影响，因此研究人员提出了针对大粒径样品的修正TCLP法。Vann等[256]即采用修正TCLP法对废弃电脑中的CPU做了进一步的研究。修正后的TCLP法与标准的TCLP法的区别主要在于样品的粒径、转速和样品处理过程不同。粒径大的优势在于可以检测到更多典型样品的浸出毒性，而且可以减少铁和锌的浸出，从而使铅的浸出量增加；转速的差异在于减小铅浸出的统计上的影响。结果表明，当采用修正TCLP法对废弃电脑中CPU检测浸出毒性时，铅浸出量超过了浸出毒性阈限值，当采用标准TCLP法时，铅浸出量低于此阈限值。

4.2.5 废弃电视机板

由于废弃的电视机板中含有可回收的贱金属和贵金属成分较少，并没有引起人们的注意。但是根据废弃电子信息产品管理方法的发展，废弃电视机板应该进行相应管理，而不是简单的填埋了事。Bas等[257]采用TCLP、SPLP和EN12457-2三种浸出方法对电视机板进行毒性浸出测试。结果显示，TCLP法的8种金属元素浓度低于TCLP阈限值，由此可将电视机板归为无毒废弃物，但TCLP法没有考虑8种金属元素以外的重金属，如铜，所以TCLP法不足以全面评估电视机板的浸出毒性。SPLP法表明铜和铝的浸出毒性很高，EN12457-2法中铜的浸出量是有毒废弃物填埋阈限值的2.3倍。后两种毒性浸出方法测试表明，需要对废弃电视机板采用合适的处理方式回收或去除有毒成分，而非直接填埋。

4.2.6 废弃塑料

手机是由印刷线路板、液晶显示器和塑料壳等器件组成。而塑料壳占手机总质量的15%～55%，塑料聚合物中通常会添加一些重金属元素，如铅、镉、铬、汞、溴、锑、锡等，作为着色、填料、紫外保护剂和阻燃剂等。这些添加的材料通常不与塑料分子形成化学键，相反，它们在塑料聚合物中悬浮。Nnorom等[234]采用硫酸和硝酸（1∶1，体积比）作为酸性消解溶液，对尼日利亚国内15个品牌的 60 部废弃手机的塑料部分在 120℃下进行消解，采用原子吸收光谱分析了铅、镉、镍和银四种金属元素的浸出，其结果见表 4.12，其中铅含量低于总阈限浓度值（total threshold limit concentration，TTLC），8%样品中镉浓度超过 TTLC 限值。根据实验结果作者建议，如果对废弃手机回收机制加以完善的话，塑料壳中铅、镉、镍和银元素对环境危害较小。但尼日利亚等发展中国家开放式焚烧回收技术仍然会对生态环境造成严重的污染。

表 4.12　废弃电子信息产品塑料制品中重金属平均含量（mg/kg）

文献	Ag	Cu	Ni	Cd	Zn	Pb	Cr	Hg
Nnorom 等[234]	403±1888	—	432±1905	69.9±145	—	58.3±50.4	—	—
Stenvall 等[258]	—	70		73	400	200		—
Santos 等[259]	—	—	—	10.21±0.89	—	12.94±0.42	42.38±1.38	12.22±0.57
Morf 等[246]	—	380±430	200±86	78±28	280±130	230±120	150±210	1.2±0.51
Dimitrakakis 等[261]	—	570	480	38	360	34	100	5.3

Stenvall 等[258]将废弃电子信息产品的塑料样品分别放入 1mol/L、3mol/L 硝酸和 1mol/L 柠檬酸中，室温下浸出 20h 后，电感耦合等离子体发射光谱仪（ICP-OES）检测浸出溶液中金属元素，其结果见表 4.12。从塑料中金属元素浸出数据看，没有一种金属的含量超过 RoHS 指令中的阈限值。

Santos 等[259]主要关注了手机和电脑中塑料的金属元素含量。用硫酸-硝酸-过氧化氢溶液对塑料样品进行消解，采用电感耦合等离子体质谱仪对消解液中金属元素进行检测（表 4.12）。

小型废弃电子信息产品约占城市固体废物种类的 0.4%～1.5%，数量较为庞大，对环境的影响不可忽视。Dimitrakakis 等[260, 261]关注了此类废弃物中塑料的重金属含量，采用硝酸和过氧化氢溶液对塑料样品进行微波消解，检测铅、镉、铬、镍、汞等元素含量（表 4.12）。

综上所述，研究人员采用 TCLP 法对不同的废弃电子信息产品进行毒性特征检测时，其中铅含量如图 4.4 中所示。结果表明，检测样品中所有废弃的彩色阴极射线管显示器、印刷线路板和鼠标中铅含量均高于毒性特征的阈限值（5mg/L），其他种类废弃电子信息产品中铅含量均有高于阈限值的结果，仅黑白电视中铅含量低于仪器检出限，未测出。

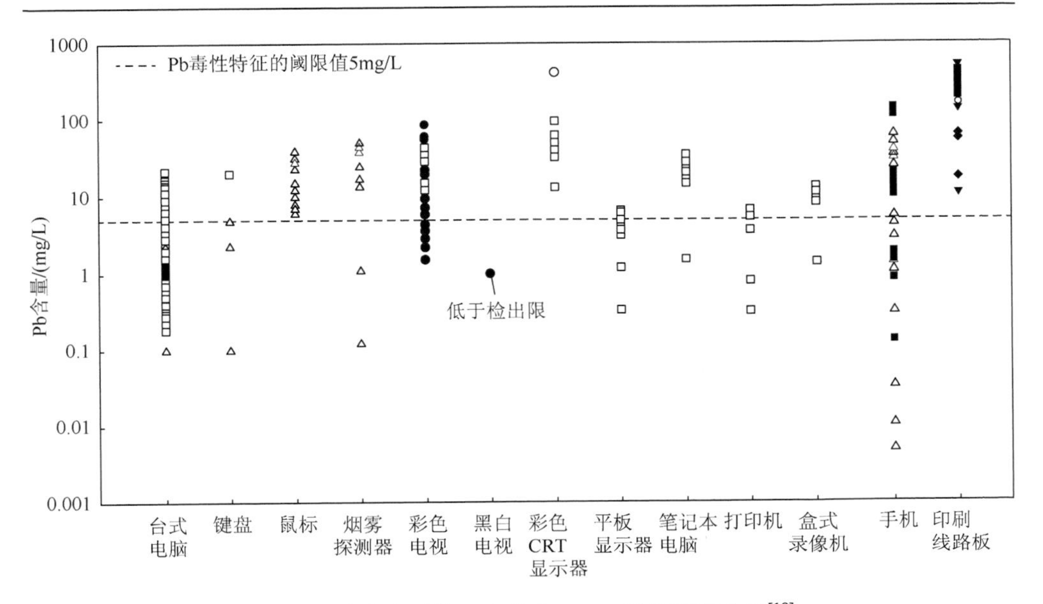

图 4.4　废弃电子信息产品中 TCLP 法检测铅含量[18]

4.3　典型模拟溶液中重金属浸出行为

根据前两节可知，尽管美国 EPA 法和国家标准中可利用特定溶液下的快速浸出来获取不同部件材料中有毒元素浸出特性差异，然而难以评价实际土壤、水及大气环境下废弃电子器件的浸出行为；ASTM 方法中利用试剂水和硫酸作为提取液、提取柱作为实验环境可模拟土壤环境中的重金属浸出，但往往浸出周期较长、可选试剂范围窄，对受废水、回收处理液排放等极端环境影响的金属浸出难以获得有效评估。对于废弃电子信息零部件中的重金属而言，大多数重金属元素浸出的原因为，环境溶液中发生腐蚀而产生的金属离子溶出，因此典型模拟溶液中重金属浸出行为的评价及研究，对浸出机制的理解提供直观支持，进而受到关注。

对模拟典型溶液中重金属浸出的研究，最早开始于自来水管中锡铅的浸出。该研究主要考虑二十世纪六七十年代开始大量使用的铜合金作为自来水管，铜合金的连接主要使用锡铅钎焊，由此焊料中铅元素是否发生溶解浸出，其浸出能否对饮用水质量产生影响，成为研究者关注的焦点。九十年代，Subramanian 等[262]报道了质量比为 50/50 的 Sn/Pb 合金及其与铜水管形成电偶的浸出特性，发现有大量锡、铅、锌浸出到高纯水、自来水和井水中，且在锡铅焊料表面发现有锡和铅的氧化物。Brennen 等[263]关注了锡铅焊料和无铅焊料分别在蒸馏水、自来水和井水中因腐蚀而产生的重金属元素浸出行为。研究人员将质量比分别为 50/50、95/5、96/4 的 Sn/Pb、Sn/Sb 和 Sn/Ag 的焊料熔融在铜片上，在室温下将样品置于静态水中，分别浸泡 0.5h、1h、4h、5h、8h、20h、72h 和 168h。结果表明，铅的浸出量随浸泡时间增加而增加，铅浸出到水中的含量可超过美国安全饮用水中规定的 10μg/L 阈值；铜和锌的浸出量都在安全饮用水标准范围之内；锡在自来水和井水中的浸出量明显高于在蒸馏水中的浸出量。研究人员发现，Sn/Pb 中均有检出锡和铅浸出，而在 Sn/Sb 和 Sn/Ag 中锡的浸出较高。

随着电子行业的快速发展以及 SnPb 合金的大量使用，焊料及印刷线路板中重金属的浸出开始受到关注；随着 WEEE 和 RoHS 指令的实施，无铅焊料在替代 SnPb 焊料过程中，其抗腐蚀特性和浸出特性成为评价电子材料浸出毒性的重要环节。特别是焊料的电化学腐蚀特性，成为分析评价无铅焊料能否对零部件产生重要的腐蚀失效、环境浸出的重要指标。Smith 等[264，265]研究了锡银铜、锡银、锡铜、锡锑、锡铟、锡银铋和锡铋七种无铅焊料在印刷线路板中不同的形态，以及最终处理时对环境的影响。结果表明，锑的浸出量高于常规阈限值，银对环境也有潜在危害。Lee 等[266]研究印刷线路板中共晶锡铅焊料在 0.001% NaCl 溶液中的电子迁移特征。结果表明，共晶锡铅焊料中铅比锡更易导致导电阳极丝（conducting anodic filaments）失效。

在无铅焊料使用和研发过程中，Mohanty 等[267,268]对无铅焊料 Sn-Zn-Ag-Al-Ga 在 3.5%NaCl 溶液中的电化学腐蚀特性进行了研究，并探讨了 Ag、Ga 含量分别对该系无铅焊料在 NaCl 溶液中极化特性的影响。研究表明，Ga 含量的增加，提高了该焊料的钝化能力，形成的锡和锌的氧化层也促进了钝化能力的提高；Ag 含量增加，使腐蚀电流密度降低，腐蚀电位向负值移动。

Jung 等[269]关注了无铅焊料 SnAgCu 在 NaCl 和 Na_2SO_4 溶液中离子特性对电化学迁移寿命的影响。在 NaCl 溶液中形成的钝化膜（SnO_2）比在 Na_2SO_4 溶液中的膜厚，导致无铅焊料 SnAgCu 在 NaCl 溶液中的电化学迁移寿命比在 Na_2SO_4 溶液中的长。

Jung 等[270]对纯锡焊料进行水滴测试时发现，在 NaCl 溶液中形成的钝化膜（SnO_2）热力学比在 Na_2SO_4 溶液中形成的钝化膜（SnO）更稳定，而此结果也直接影响焊料的阳极溶解行为。

Wang 等[271]研究了无铅焊料 SnAgCu 在高温高湿条件下的腐蚀行为。结果表明，SnAgCu 焊料的腐蚀主要与 Sn 的氧化物有关，钝化膜外层是 SnO_2，内层是 SnO；腐蚀层厚度随温度增加而增加。

Mori 等[272]研究了无铅焊料合金在硫酸和硝酸溶液中的腐蚀和重金属浸出行为，结果表明焊料在硫酸溶液中，SnBi 合金中的 Bi 元素对 Sn 元素的优先溶解有较小的促进作用；在硝酸溶液中，相比于纯锡合金，SnBi 合金中的 Bi 元素明显加速了 Sn 的浸出。在两种酸溶液中，SnZn 焊料合金按照合金元素成分比例溶解，SnAg 合金中 Sn 元素加速溶解。在 pH 为 4 的硫酸和硝酸溶液中，只有 Zn 和 Pb 元素发生溶解。

Nazeri 等[273]研究 Zn 含量对无铅焊料 SnZn 系在 KOH 溶液中的腐蚀行为的影响。腐蚀参数包括材料、开路电位、电偶腐蚀电流、腐蚀电位、腐蚀电流。结果表明，随着 Zn 含量的增加，腐蚀电位变化不大，而腐蚀电流明显增加；Zn 在测试中优先腐蚀，且腐蚀产物由 SnO_2、SnO 和 ZnO 组成。

除了无铅焊料的电化学腐蚀特性之外，焊料及线路板在模拟土壤环境溶液中的浸出行为，是分析废弃电子产品对环境污染的重要依据。例如，当采用 SPLP 和 EN12457-2 法检测废弃电视机板中的铜浸出时，所测浸出量往往偏高；Bas 等[257]采用硝酸浸提废弃电视基板中的铜时，发现硝酸浓度越高、浸出温度越高，相应地铜浸出量也越高，然而当废弃基板越多时，浸出率反而降低。为了评估无铅焊料对环境的潜在影响，Townsend 等[252]采用 TCLP 法和 SPLP 法对印刷线路板中的有铅焊料和无铅焊料进行浸出对比研究，发现铅的浸出量要高于锡的浸出量，这是由于锡的化合物大多不溶于水，难以随试剂溶液发生迁移。

上述研究人员主要研究了电子焊料在 NaCl、Na_2SO_4、KOH 等典型溶液中的腐蚀特征，鲜少关注电子焊料在实际环境中腐蚀而造成的重金属浸出行为以及浸出对环境的影响。对于废弃电子信息产品中的电子焊料来说，由于电子垃圾的处理、填埋场地土壤和水环境的差异，以及回收方式的差异，这些环境中溶液介质的差异将导致电子焊料中重金属浸出特性的不同。

著者课题组系统研究了电子焊料合金在不同介质溶液中由腐蚀而导致重金属浸出的特性。该方向的研究对电子焊料产品在填埋后重金属元素浸出规律有较为清晰的认识，从而对废弃电子信息产品的填埋策略、填埋地修复周期等提供科学的依据。例如，在研究无铅焊料 SnAgCu、SnAg 和 SnCu 合金中重金属元素浸出行为时[274]，实验结果表明无铅焊料在腐蚀性环境中的主要浸出元素是锡，而银和铜的浸出量相对较少，如图 4.5 和图 4.6 所示。无铅焊料 SnAgCu、SnZn 和 SnPb

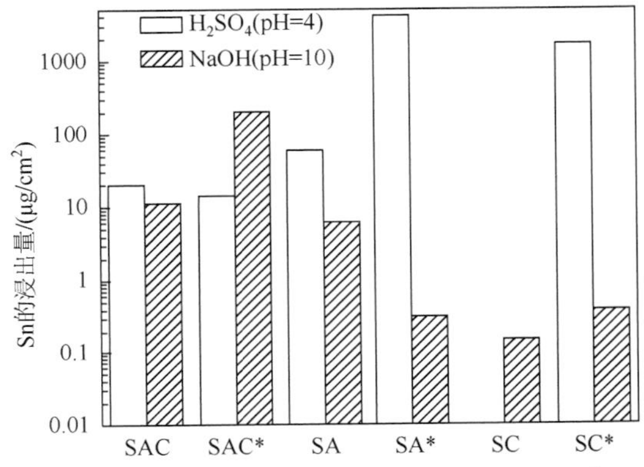

图 4.5　电子焊料合金及其接头在酸性和碱性溶液中 30 天后 Sn 的浸出量[274]

SAC：Sn-3.5Ag-0.5Cu；SA：Sn-3.5Ag；SC：Sn-0.5Cu；*表示在铜板上的钎焊接头试样，下同

合金以及它们与 Cu 的钎焊接头在典型酸性、碱性和盐溶液中重金属元素的浸出中[275]，无铅焊料在典型腐蚀环境中主要浸出元素是锡（图 4.7），且在酸性环境中，焊料合金中 Sn 的浸出量随时间逐渐增多（图 4.8）；在碱和盐溶液中不同合金浸出略有差异；SnPb 合金发生重金属浸出行为时，尽管锡和铅元素均发生浸出，但铅元素浸出相对较少，这与文献[252]TCLP 法报道结果不同，其原因在于 TCLP 所用试剂为强酸性且通过旋转加速金属元素浸出，其浸出环境与实际溶液介质环境差异较大。实验结果和分析表明，焊料在溶液中的电化学腐蚀是发生重金属元素浸出的主要原因[276]，且电化学腐蚀过程中表面产物类型、形貌和接头构成等因素直接影响腐蚀特性，进而改变浸出特性。

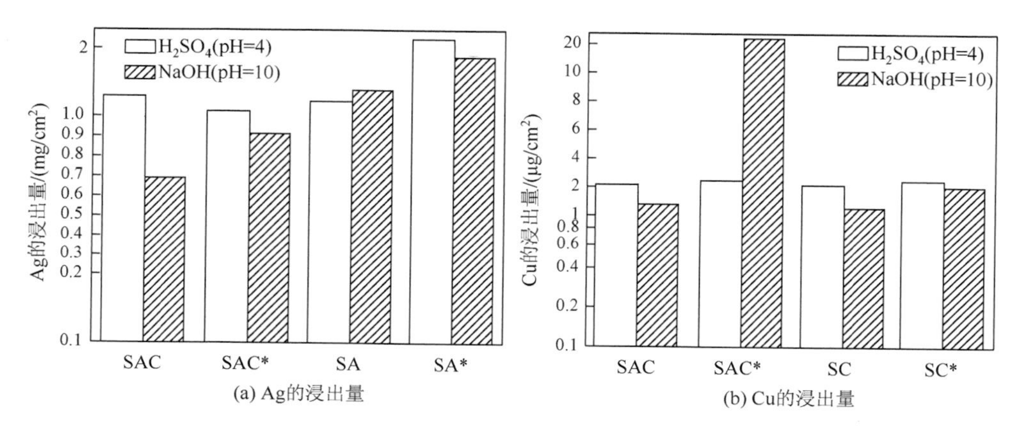

(a) Ag的浸出量　(b) Cu的浸出量

图 4.6　电子焊料合金及其接头在酸性和碱性溶液中 30 天后 Ag 和 Cu 的浸出量[274]

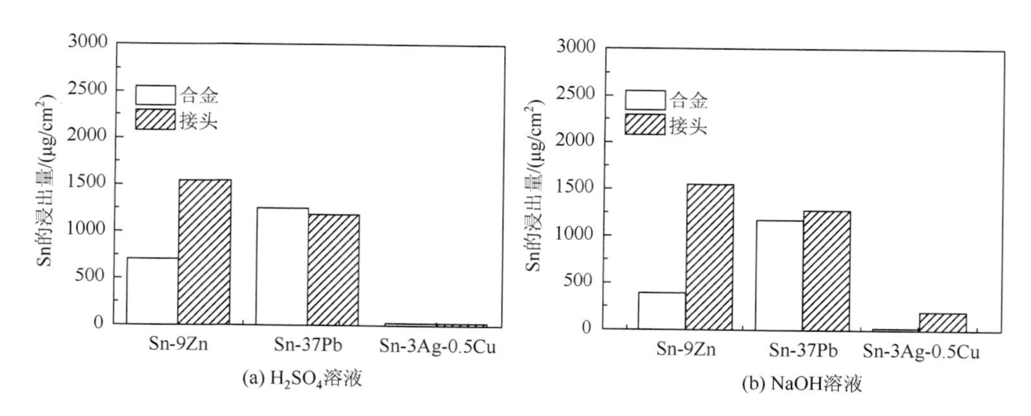

(a) H_2SO_4溶液　(b) NaOH溶液

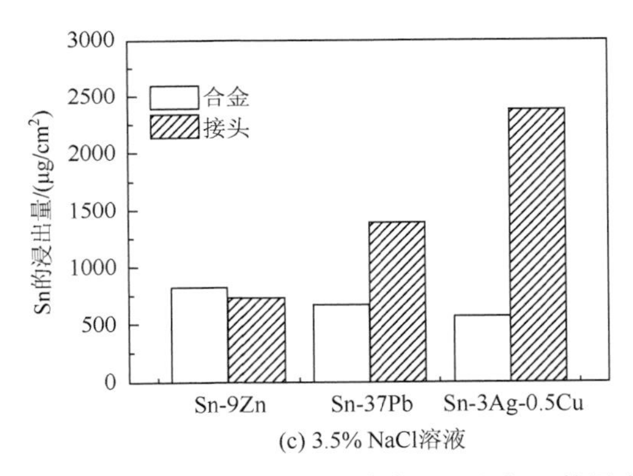

(c) 3.5% NaCl溶液

图 4.7 电子焊料合金及接头在典型溶液中 30 天后 Sn 的浸出量[275]

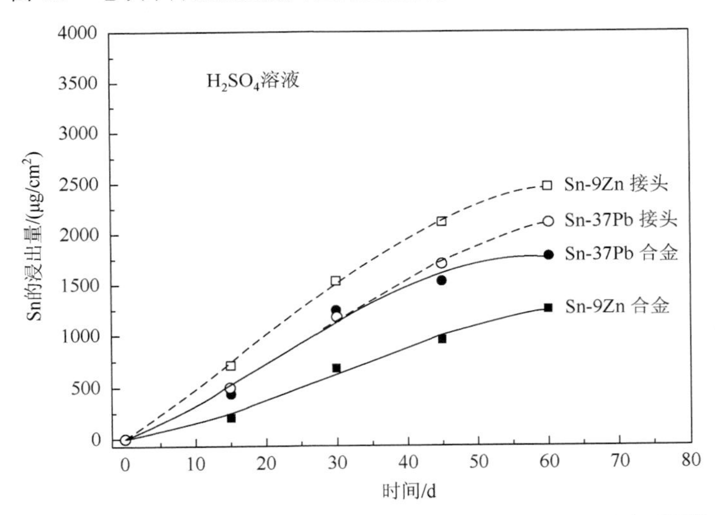

图 4.8 电子焊料合金及其接头在硫酸溶液中 Sn 的浸出动力学[275]

除了溶液酸碱性和腐蚀产物之外，溶液中其他离子和溶液构成同样影响重金属元素浸出。例如，无铅焊料 SnAgCu 及焊接接头在典型溶液（NaCl、H_2SO_4、NaOH 和 HNO_3 溶液）中的浸出行为研究表明[277]，Cl^-可促进焊料中 Sn 的浸出量，而 OH^-对焊接接头中 Sn 的浸出量影响最明显。本课题组研究比较了 SnZn、SnAgCu 两种焊料合金及它们与 Cu 的钎焊接头，同时与传统的 SnPb 焊料合金及接头进行对比，分析它们在不同 pH 的酸、碱和中性模拟溶液中重金属 Sn 元素浸出 30 天的规律[278]。结果表明，SnAgCu 接头在盐溶液中 Sn 的浸出量是最高的，对环境的污染最为严重，而在酸和碱溶液中浸出量最少，对环境的污染较轻；SnZn 和 SnPb 焊料合金和接头均有 Sn 浸出，对环境均会造成一定程度的污染。

以上研究只考虑了单一 pH 情况下的浸出行为，没有考虑电子焊料随着废弃电子信息产品被填埋处理后的腐蚀和浸出特征。由 3.2 节可知，目前废弃电子信息产品的主要处理方式仍是填埋。我国幅员辽阔，土壤类型可分为酸性、中性和碱性土壤，其 pH 在 3.6～10.5 之间[87]，值得注意的是，在分析土壤环境中浸出特性时，由于土壤组成较为复杂，实验室通常根据土壤的理化性质配置土壤溶液研究材料的腐蚀性。模拟土壤溶液中的离子浓度和实验条件具有易于实现、参数测量精确、实验结果重现性较好等优点。鉴于土壤中 Cl^-、CO_3^{2-} 和 SO_4^{2-} 等可溶性阴离子对焊料合金的腐蚀浸出影响较大，本课题组以 NaCl、Na_2SO_4、Na_2CO_3 的混合盐溶液模拟近海盐碱地及土壤溶液环境，观察焊料 SnAgCu、SnCu 在其中的腐蚀及浸出行为[279]，结合电化学测试分析[280-282]，揭示了无铅焊料在盐溶液中的浸出机制。图 4.9 展示了 SnCu 焊料中 Sn 的浸出速率与自腐蚀电流密度之间的关系，从图中可以发现，Sn 的浸出速率高的溶液对应的 SnCu 焊料在该溶液中的自腐蚀电流密度也大。即利用浸出方法得到的 Sn 的浸出速率，与利用极化曲线方法得到的自腐蚀电流密度具有一致性，也就是较高的浸出速率对应较高的自腐蚀电流密度。

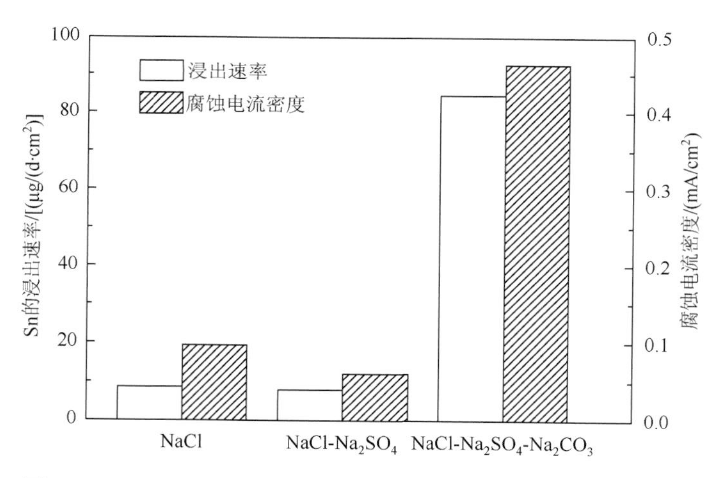

图 4.9　SnCu 焊料中 Sn 的浸出速率和自腐蚀电流密度的关系[282]

第 5 章　废弃电子信息材料腐蚀及重金属元素迁移

根据前几章内容可知，废弃电子信息材料的环境污染有两类，即重金属元素污染和微量有机毒性物质释放，其中又以重金属污染最为显著。从废弃电子信息材料在回收和填埋等过程的环境来看，主要为大气、水和土壤等环境，这些环境与金属腐蚀直接相关，所产生的重金属元素污染主要有以下方式：在回收和填埋过程中，因酸液排放或雨水侵蚀导致金属腐蚀所产生的土壤和水环境重金属污染；以及手工作业和垃圾焚烧过程中产生的重金属粉尘[283-288]。其中，因低水平回收技术的酸性废液排放导致的土壤环境中的快速腐蚀以及酸雨侵蚀导致的金属腐蚀，成为贵屿、台州等典型废弃电子回收地域重金属污染的主要来源。因此，大气腐蚀和土壤腐蚀是废弃电子信息材料中金属腐蚀的基本形态。本章介绍了废弃电子信息材料中的金属在大气和土壤环境中的腐蚀以及重金属元素迁移特性。

从腐蚀研究的角度看，废弃电子信息材料的腐蚀特性、形态产物及产物是重点；环境工作者关注的是重金属元素的分布迁移特性以及与土壤、水等环境的结合方式，本章着重介绍废弃电子信息材料中金属大气腐蚀和土壤环境的基本原理和产物形态，并介绍金属腐蚀产物及重金属迁移特性，最后介绍能够同时评价金属腐蚀和重金属元素迁移的部分研究工作。

5.1　废弃电子信息材料中金属腐蚀基本原理

5.1.1　大气环境腐蚀基本原理

（1）在大气环境中腐蚀的基本电化学过程

金属腐蚀是指金属与周围环境（介质）之间发生化学或电化学作用而产生的破坏或变质现象。金属腐蚀问题遍及国民经济和国防建设的各个领域。从日常生活到工农业生产，凡是使用材料的地方都存在腐蚀问题。腐蚀造成的危害极大，不仅带来巨大的经济损失，而且在环境及资源和能源方面产生损耗。

从热力学角度看，自然界中大多数金属元素（除 Au、Pt 等贵金属之外）均以化合态存在，最典型的特征是以冶炼金属的原材料——矿石形式存在。大部分金属是通过外界对化合态提供能量（热能或电能）还原而成，如矿石冶炼钢铁、电解铝等，因此在热力学上金属是一个不稳定体系。在一定的外界环境条件下，金属可自发转变为化合态，生成相应的氧化物、硫化物和相应的盐等腐蚀产物，使体系趋于稳定状态。因此，从热力学的角度看金属发生腐蚀是一个自发的过程。

金属在大气和土壤等多数环境中的腐蚀，均以电化学腐蚀为主，其电化学腐蚀过程涉及两种基本的电极反应，一种是金属失电子形成高价态离子或化合物的阳极氧化反应，另一种是阴极得电子的还原反应。两种电极反应同时发生，且阴阳极之间得失电子数相等，在电解质溶液中构成短路的原电池，金属腐蚀时原电池所产生的电能全部以热能方式耗散掉。常见的两种电极反应如下[289]：

金属 M 的阳极反应：

$$M+mH_2O \longrightarrow M^{n+}\cdot mH_2O+ne^- \quad (5.1)$$

阴极反应：

如果该反应是氧的还原反应，该反应称为氧的去极化反应或吸氧反应，其形式如下：

$$O_2+2H_2O+4e^- \longrightarrow 4OH^- \quad (5.2)$$

如果该反应是氢的还原反应，该反应称为氢的去极化反应或析氢反应，其形式如下：

$$2H^++2e^- \longrightarrow H_2 \quad (5.3)$$

从原电池的角度看，金属腐蚀时阴阳极的电极电位高低是从热力学角度判断腐蚀倾向的重要指标之一。金属阳极反应的电极电位越负，阴极电极电位越高，阴阳极电极间的电位差越大，腐蚀倾向越大。对于大气环境中的金属而言，在金属表面的物理吸附作用、表面可溶性物质的化学凝聚作用，以及固体颗粒与金属之间构成的毛细管凝聚作用下，表面能够形成极薄的水膜，由此形成电化学腐蚀的电解质条件。在大气腐蚀初期，金属表面一旦形成连续电解液薄层，电化学腐蚀过程就开始了。由于在薄液膜条件下氧化的扩散较为容易，且式（5.2）吸氧反应的电极电位比式（5.3）析氢的电极电位高，因此，即使是电位较负的金属，如镁及其合金，在大气腐蚀条件下阴极为氧去极化反应为主，阳极反应为式（5.1）的金属阳极反应。

废弃电子信息材料中常见的金属为 Sn 及其合金、Cu 及其合金、Al 合金等，以电子互连中常用的 Sn 基合金为例，Sn 的阳极反应为[290]：

$$Sn \longrightarrow Sn^{2+}+2e^- \quad (5.4)$$

该反应在 298K 的标准阳极氧化电位为–0.136V（SHE），所形成的产物为二价锡离子（Sn^{2+}），由于阴极反应为吸氧反应，因此总的反应方程式为：

$$2Sn+O_2+2H_2O \longrightarrow 2Sn(OH)_2 \quad (5.5)$$

在干湿交替的情况下，氢氧化物会发生脱水反应，形成锡的氧化物：

$$Sn(OH)_2 \longrightarrow SnO_2+H_2O \quad (5.6)$$

从腐蚀速率角度来看，阴阳极反应的速率决定了腐蚀的快慢，速率较慢的反应为整个腐蚀的控制步骤。在薄液膜条件下，阳极过程会受到较大阻碍，阳极钝化以及金属离子水化过程的困难造成阳极极化，当表面液膜变薄，大气腐蚀的阴极过程通常将更容易进行，而阳极过程相反变得困难，腐蚀进程由阳极反应过程控制；如果在雨或湿大气腐蚀环境下，表面液膜较厚，由于吸氧反应为氧的扩散控制作用，其阴极过程大为减弱，此时腐蚀由阴极反应控制。由此可见，金属在大气环境中腐蚀的快慢与大气环境及其湿度有关。

（2）大气腐蚀影响因素

a. 湿度

当金属表面处在比其温度高的空气中，空气中含有的水蒸气将以液体凝结于金属表面上形成水膜，空气湿度越大，表面液膜越容易形成，存在的时间越长，腐蚀速率也相应增加，各种金属都有一个腐蚀速率开始急剧增加的湿度范围，使金属腐蚀速率开始急剧增加的大气相对湿度称为临界相对湿度。铜、锌等金属的临界相对湿度在 50%～70%之间。在空气非常干燥的条件下，金属表面不存在液膜时，金属发生生成氧化物的反应，形成肉眼不可见的极薄的氧化物膜。当达到或超过临界相对湿度时，金属快速腐蚀；当湿度接近100%时，金属表面形成相对较厚的液膜，阴极反应速率略有降低，腐蚀速率略有降低。

b. 温度

温度一方面影响金属表面在临界相对湿度附近液膜的凝结，一方面影响反应速率。在其他条件相同时，平均气温较高，大气腐蚀速率较大，气温剧烈变化大，也能加速腐蚀。

c. 降雨

降雨对室外大气腐蚀有很大影响，雨水沾湿金属表面，冲刷破坏腐蚀产物层，促进腐蚀。在酸雨多发地区，因雨水 pH 低，也促进金属腐蚀。

d. 大气成分

大气中粉尘在金属表面沉降，易于吸附形成水膜，工业废气排出的硫化物、氮化物等促进金属腐蚀，同时自然环境中如海水的氯化钠以及其他固体颗粒等对金属大气腐蚀影响较大。对于电子器件，当表面有盐分和灰尘时，明显促进器件引脚镀层的腐蚀，临界相对湿度从 80%降低至 30%[291]。

5.1.2　土壤环境腐蚀基本原理及影响因素

土壤是由固相（包括矿物质、有机质及活得生物有机体）、液相（土壤水分和溶液）和气相（土壤空气）等组成的多相分散系统。其中，固相占土壤总质量的 90%～95%，占土壤体积的 50%左右；液相占土壤体积的 20%～30%；气相占土壤体积的 20%～30%；土壤中还有数量众多的细菌和微生物，因此土壤是一个复杂的不均匀多相体系。大多数电子信息金属材料在土壤溶液、气体以及微生物作用下发生腐蚀，经腐蚀所释放的金属离子及化合物通过与土壤胶体颗粒作用残留在土壤中时发生重金属污染，与溶液或地下水发生作用时构成水体污染，因此土壤的复杂体系对金属的腐蚀和污染迁移行为带来很大影响。

（1）金属在土壤环境中腐蚀的电化学过程

土壤总是含有一定的水分，土壤溶液中还含有可溶性盐、矿物质，土壤中还有一定的氧，因此金属在土壤中的腐蚀与在电解液中的腐蚀一样，是一种电化学腐蚀。金属在潮湿土壤中的阳极过程与在溶液中电极过程类似，阳极过程没有明显阻碍。当在干燥和透气性好的土壤中时，其阳极过程与金属在大气中的腐蚀类似，钝化或离子水化困难导致了阳极过程减缓，即发生阳极的极化。在长时间腐蚀过程中，由于腐蚀的次生反应所生成的不溶性腐蚀产物的屏蔽作用，可以观察到阳极极化逐渐增大。

大多数金属在弱酸性、中性及碱性土壤中腐蚀时，阴极的还原反应为氧的去极化腐蚀，发生氧的还原反应过程包括两个步骤：氧向阴极的迁移和氧的离子化反应，由于土壤腐蚀的复杂条件，腐蚀过程的控制因素差别也较大。当腐蚀取决于腐蚀微电池或距离不太长的宏观腐蚀时，腐蚀主要为阴极还原反应控制；在疏松、干燥的土壤中，随氧渗透率的增加，腐蚀转变为阳极氧化反应控制，与潮湿大气腐蚀的情况相似；对于长距离宏观电池作用下的腐蚀，土壤的电阻成为主要的控制因素。

在酸性很强的土壤中，阴极反应的析氢还原反应为：

$$2H^{+}+2e^{-} \longrightarrow H_2 \tag{5.7}$$

除此之外，土壤中微生物也可能参与反应并影响腐蚀过程。

实际金属体系在土壤中腐蚀时，由于金属本身腐蚀特性的差异及环境因素的影响，其腐蚀产物存在差异。以电子封装焊料 Sn 基合金在含中性盐溶液土壤中的腐蚀为例[275]，在中性和碱性土壤环境下，锡基焊料按照式（5.4）～式（5.6）腐蚀，在表面可观察到 SnO_2 产物。而在强酸性土壤环境下，焊料均有较强的活性溶解趋势，且阴极反应为析氢反应，表面没有明显的 Sn 的氧化物形成，其详细内容可参见 5.4 节。

（2）土壤环境中腐蚀的影响因素

影响土壤腐蚀的因素较多，主要是环境因素，如土壤电阻率、氧化还原电位、含氧量、含水量、盐分种类和浓度、酸碱度、温度、微生物等，这些影响因素往往又是相互联系的[292]。除了环境因素之外，电子器件中不同材料和部件之间的相互影响也不可忽略。

a. 电阻率

土壤电阻率与土壤的含水量、孔隙度等因素有关。通常认为，电阻率越大，土壤腐蚀越严重。

b. 透气性（孔隙度）

较大的孔隙度有利于氧渗透和水分的保存，而氧和水分都是促进腐蚀发生的因素。源于透气性对土壤腐蚀的影响，不能简单下定论，要视具体情况进行分析。

c. 含水量

含水量对腐蚀的影响较大。图 5.1 表示钢管腐蚀速率与土壤含水量的关系，从图中可以看出，含水量很高时，土壤腐蚀速率减小，主要是因为氧的扩散受阻；随着含水量的减少，吸氧反应变得容易，腐蚀速率增加。但当降到 10%以下时，由于水分含量太少，金属阳极极化和土壤比电阻加大，腐蚀速率急速降低。

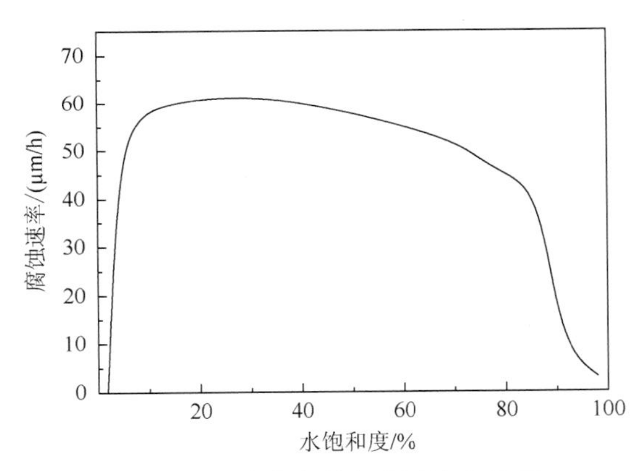

图 5.1　土壤含水量与腐蚀速率关系

随水量的增加，土壤电阻率减小，氧浓差电池作用增加；含水量增加达到最大值并接近饱和时，氧的浓差作用减小。在实际的腐蚀情况下，埋得较浅的管道含水量少，为阴极；而埋得深的管道因土壤湿度较大，成为氧浓差电池的阳极。

d. 含盐量和酸度

土壤中含盐量越大，土壤的电导率越大，土壤的腐蚀性增加。通常土壤中含盐的质量分数约为 $8\times10^{-3}\%\sim1.5\times10^{-1}\%$，含有钠、钙、镁、碳酸根、氯和硫酸根离子。氯离子对腐蚀的影响作用较大，可引起局部腐蚀。

大部分土壤属中性范围，但也有碱性土壤（如盐碱土）及 pH 为 3～6 的酸性土壤（如腐殖土、沼泽土），某些工业废水及电子产品回收处理的废水排放地区，土壤的 pH 会更低。随土壤 pH 的降低，土壤腐蚀速率增加。值得注意的是，当土壤中含有大量有机酸时，土壤的腐蚀性更强；对于含有机酸的土壤，即使土壤 pH 为中性，其腐蚀性仍然很强。因此，检测土壤腐蚀性时，不应单纯检测 pH，而是要测定土壤中酸性物质的含量（总酸度）。

5.2 废弃电子信息材料中金属腐蚀的基本形态及产物

5.2.1 腐蚀基本形态

目前针对废弃电子信息材料中金属腐蚀的直接研究报道较少，其形态根据现有电子信息材料的腐蚀形态总结归纳得出。按其基本腐蚀形态，可将腐蚀分为均匀腐蚀和局部腐蚀两大类。

均匀腐蚀是指发生在金属表面的全部或大部损坏，也称全面腐蚀。腐蚀的结果是材料的质量减少，厚度变薄。如废弃电子信息材料在回收过程中，小作坊的回收技术往往采用低水平的酸液溶出方法，即通过金属在强酸中发生活性腐蚀溶解形成金属离子的过程，然后通过电解还原等处理后得到金属，而在强酸中金属的溶出过程即为均匀腐蚀过程。在模拟大气腐蚀的盐雾腐蚀评价 PCB 板腐蚀研究表明，表面 Sn 的腐蚀即为均匀腐蚀过程[293]。

局部腐蚀指只发生在金属表面狭小区域的破坏。其主要类型包括：

（1）电偶腐蚀

电偶腐蚀指当两种电极电位不同的金属或合金相互接触，并在一定介质发生电化学反应，使电位较负的金属发生加速破坏的现象。电子器件中不同金属之间、或金属与非金属及高分子之间，由于各种材料在土壤环境中的腐蚀电位和腐蚀特性的差异，将构成宏观腐蚀电偶，腐蚀电位较高的材料成为电偶阴极得到保护，腐蚀电位较低的金属成为电偶阳极而被加速腐蚀。

在废弃电子信息材料中，典型的电偶腐蚀为线路板互连中的焊料腐蚀，电子零部件的互连通常以 Sn 基焊料与铜引线发生的冶金界面反应来实现。当互连电路暴露在大气中或土壤中时，发生电化学腐蚀。Sn 的标准腐蚀电位为−0.136V，而铜的标准腐蚀电位为 0.345V（SHE）；接头在腐蚀过程中尽管两者的腐蚀电位与标准电位略有偏差，但 Cu 线路板电位较高，作为阴极，其腐蚀受到抑制；焊料腐蚀电位较低，作为阳极，其腐蚀被加速，使焊料表面腐蚀产物增多，浸出增大[275]，如图 5.2 所示。

Cu/Sn37Pb 偶对在模拟大气环境中的电化学腐蚀的研究表明[294]，由于最初焊料表面形成了保护性的 SnO_2 和 PbO 膜，在模拟湿热的大气中 Cu 先发生腐蚀，随着腐蚀进行，pH 增加，溶解在水中的 CO_2 参与反应，与 Cu 形成保护性腐蚀产物膜，同时使 PbO 破裂，从而导致焊料从阴极转变为阳极，被加速腐蚀。

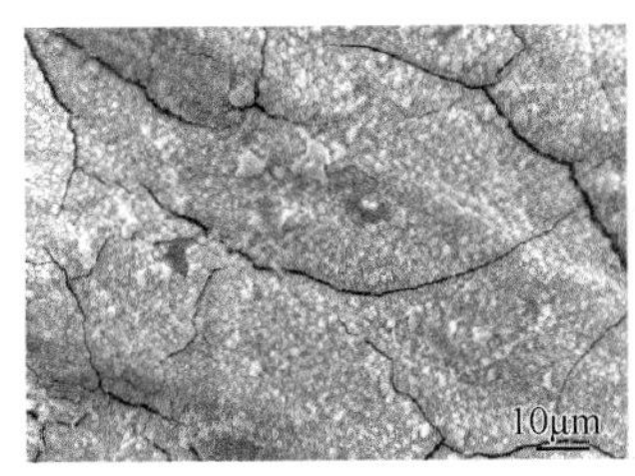

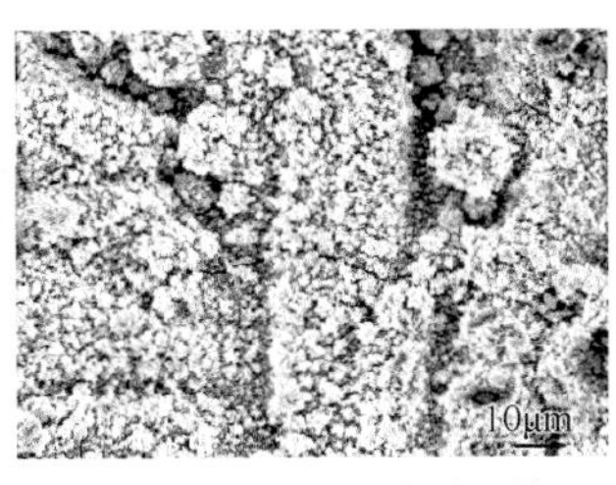

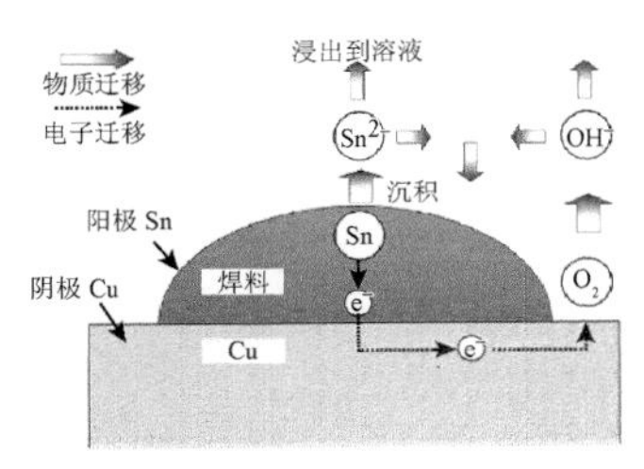

(a) 焊料表面腐蚀形貌　(b) 接头中焊料表面腐蚀形貌　(c) 电偶加速腐蚀和重金属浸出示意图

图 5.2　Sn-3.5Ag-0.5Cu 接头在 pH=4 的 H_2SO_4 溶液中铜对焊料腐蚀的电偶加速作用[275]

除了焊料与 Cu 构成的电偶对之外，线路板不同镀层之间因表面划伤、破裂等导致不同金属镀层置于腐蚀溶液环境中时，也能构成电偶效应。例如，在塑封器件中，当外层镀镍层发生腐蚀或损失而裸露出内层的铜镀层时，因铜的腐蚀电位相对镍的较低，此时构成电偶对，加速铜的腐蚀[295]。在无电镀镍金线路板（PCB-ENIG）中，金和镍构成的电偶对加速镀镍层的腐蚀[293]。

（2）点蚀

小孔腐蚀又称点蚀或坑蚀，是在金属表面上极个别区域产生小而深的孔蚀的现象，一般情况下蚀孔的深度要比其直径大得多。对于废弃电子信息材料中的金属而言，发生点蚀的条件与金属材料及所处的环境直接相关。

在封装外壳镀层的盐雾腐蚀实验表明，外层镀镍层存在孔隙时，孔隙处易诱发点蚀的形成[295，296]。铜发生点蚀与其所处的环境相关，当电解液 pH 较高时，Cu 表面形成保护性的 CuO 膜，在 Cl^-等侵蚀性离子存在环境下 Cu 发生点蚀[297]；pH 较低或在盐浓度较高的海水环境下，表面为疏松的 Cu_2O，不能有效保护基体，进而发生均匀腐蚀[298，299]。

在电子信息材料中经常发生点蚀的金属为铝合金，由于铝合金表面可形成 Al_2O_3 的保护膜，在大气环境和土壤环境中具有钝化特征，因此大气和土壤环境中的均匀腐蚀不明显；在侵蚀性离子作用下，表面保护性氧化膜受到破坏，发生局部点蚀[300-302]。典型的铝合金点蚀形貌如图 5.3 所示。

（3）缝隙腐蚀

缝隙腐蚀是指在电解质中金属与金属或金属与非金属表面之间构成狭窄的缝隙，缝隙内离子移动受阻滞，形成浓差电池，从而产生局部破坏的现象。电子产品中活动接插件多，压接、螺接和弹性接触形式多，微小缝隙多，电子器件与器件之间、线路与线路之间、器件和线路与绝缘体之间的间隙小，接触面易受大气腐蚀，并产生缝隙腐蚀或沟槽腐蚀[303，304]。构成缝隙的金属在电解质环境中腐蚀时，由于缝隙内离子的移动受到了阻滞，缝隙内部和缝隙外部形成浓差电池，使金属在缝隙内部发生加速腐蚀。目前，以手机、电脑为代表的电子信息产品追求小型化和轻量化而发展高密度封装技术，由此电子元器件中不同部件的间隙越来越窄，废弃电子产品中这些部件所构成的缝隙，也成为这些金属在土壤环境中腐蚀的影响因素。

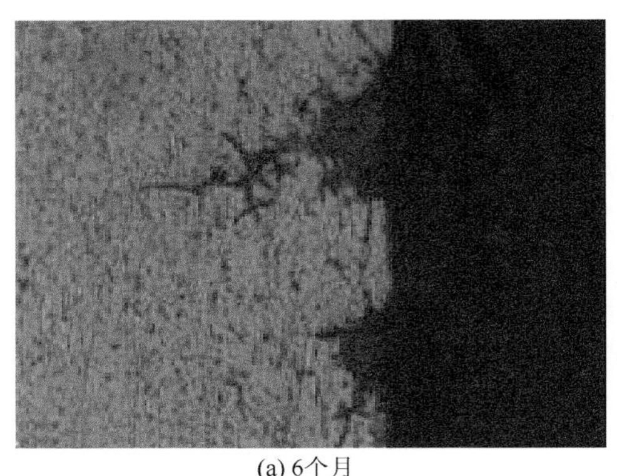

(a) 6个月

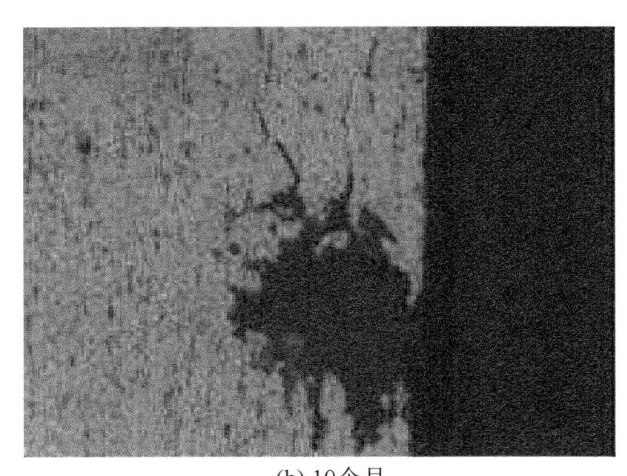

(b) 10个月

图 5.3　铝在红沿河大气中暴露不同周期的横截面形貌[302]

（4）蔓延腐蚀/蠕变腐蚀

电器件中的 Ag 或 Cu 等金属腐蚀时，腐蚀产物及其衍生物在线路板上漫延和迁移，形成蔓延腐蚀或蠕变腐蚀现象，其形成原因，多是在含有 H_2S 等污染物的大气环境中，镀 Ag 或镀 Cu 层发生腐蚀并形成 AgS 或 CuS 的产物[305-307]。

5.2.2　废弃电子信息材料中典型金属的腐蚀产物

电子信息材料中常用的金属材料，包括铜及其合金、锡基合金焊料、镍、金、银、铝合金、镁合金等[9]。从废弃电子信息材料的回收以及环境污染来看，银、金等贵金属在自然环境中较为稳定，不容易腐蚀，也是回收过程中的关注重点，其中大部分得以回收。铜及其合金也是回收中的重要金属，在存放和回收过程中易发生腐蚀；锡基合金焊料、铝合金、镁合金等的耐蚀性也相对较低。本节主要介绍铜合金、焊料、铝合金和镁合金等在大气和土壤环境中的腐蚀产物。

（1）铜及其合金

铜的标准电极电位为 0.342V。铜及其合金具有较高的热稳定性、导电性，低的化学活性和抗大气腐蚀性，使其在有色金属的生产中仅次于铝。但在湿度较高、腐蚀性介质（如 Cl^-、SO_4^{2-}、含氧的水、氧化性酸溶液）中，铜及其合金会发生腐蚀。

大气暴露实验表明[297, 308]，通常情况下铜在大气环境中的腐蚀程度不同，其表面产物的颜色也不同，依次为光亮→橙红色→暗棕色→黑色→蓝绿色，其颜色变化主要是表面氧化生成棕红色 CuO 和 Cu_2O。当大气中存在一定量的硫的氧化物污染时，其产物主要为硫酸铜或碱式硫酸铜，即铜绿：

$$CuO+SO_3 \longrightarrow CuSO_4 \tag{5.8}$$

$$CuSO_4+3CuO+3H_2O \longrightarrow CuSO_4\cdot 3Cu(OH)_2 \tag{5.9}$$

在 SO_2 污染严重的工业大气环境中，铜及其合金生成黑色的硫化物腐蚀产物层 Cu_2S，该物质继续氧化形成 CuS。当金属表面存在液膜时，SO_2 溶解在液膜中，对金属腐蚀并形成硫酸铜或碱式硫酸铜。在有 H_2S 环境的大气中，铜腐蚀形成 CuS，对于在 H_2S 环境中的电子器件，CuS 发生迁移形成蠕变腐蚀。

在海洋大气环境中，氯离子的影响显著，使腐蚀层变为疏松的氯化物 $CuCl_2\cdot 3Cu(OH)_2$：

$$4Cu^{2+}+2Cl^-+6H_2O \longrightarrow CuCl_2\cdot 3Cu(OH)_2+6H^+ \tag{5.10}$$

在土壤或模拟酸雨作用下的土壤环境中，其腐蚀产物主要为 CuO 或 Cu_2O[309, 310]，其产物类型与 pH 有关，当 $pH<3$ 时形成 Cu_2O，腐蚀产物不具有保护性；$pH>6$ 时表面形成 Cu_2O 和 Cu 的混合物。

（2）锡合金及焊料

锡基合金作为电子信息材料中常用的电子互连材料，包括 SnPb、SnZn、SnAgCu 等合金；尽管目前法律法规已经规定用无铅焊料替代 SnPb 焊料，以降低 Pb 元素的危害，但从废弃电子信息产品的回收、填埋的周期来看，废弃电子器件中仍部分存在 SnPb 合金。不同合金焊料中尽管主元素均为 Sn，重金属元素 Sn 的大量富集，对环境污染的风险不可忽略，但是由于合金元素不同，合金元素腐蚀所产生的腐蚀产物特征也不尽相同。

对于锡来说，在焊接后常温下形成 SnO_2 的致密氧化膜，具有一定的保护作用；高温条件下氧化为疏松的 SnO，不具有保护性[311]。在腐蚀环境下，氧化膜发生破裂，表面形成片状或颗粒状氧化物，图 5.4 所示为 Sn-9Zn 焊料分别在 pH=4 的 H_2SO_4、pH=10 的 NaOH 和 3.5% NaCl 溶液中的表面腐蚀形貌[276]。

在酸性条件下其为细小颗粒状的锡氧化物，如图 5.4（a）所示；在碱性条件下生成颗粒状氧化锡和细针状锌的氧化物，如图 5.4（b）所示；相比于弱酸性和弱碱性溶液，其在盐溶液中的腐蚀更为严重，形成大颗粒状锡的氧化物和针状锌的腐蚀产物。

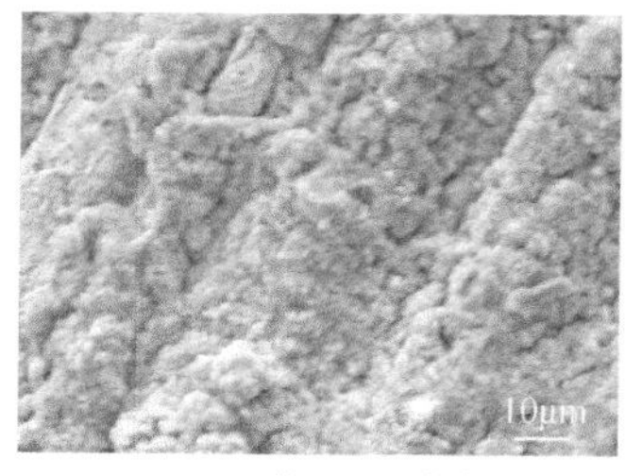

(a) pH=4的H_2SO_4溶液

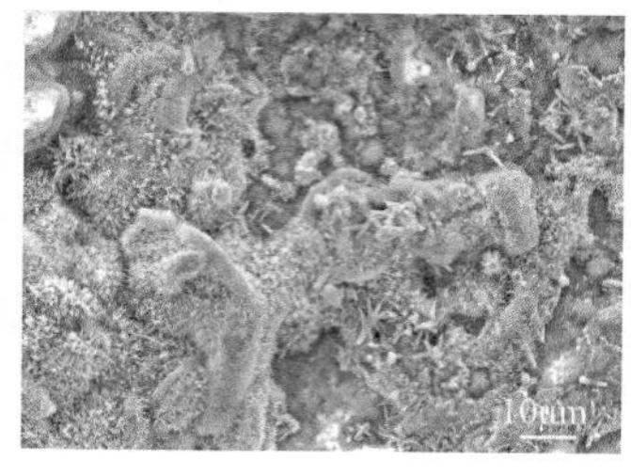

(b) pH=10的NaOH溶液

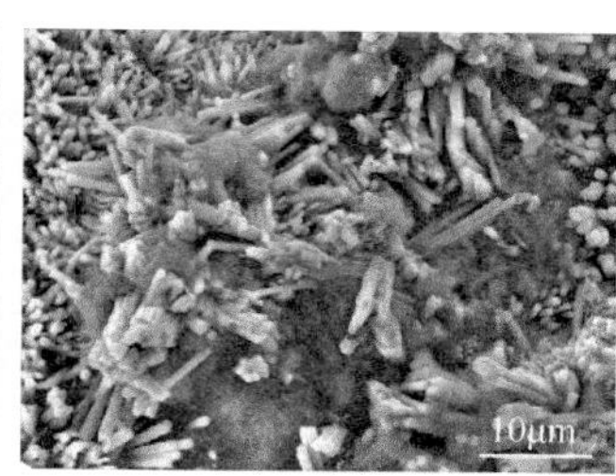

(c) 3.5% NaCl溶液

图 5.4　Sn-9Zn 在不同溶液中浸泡后表面腐蚀产物形貌[276]

图 5.5 为不同锡基合金焊料在盐溶液中腐蚀后的 XRD 图谱，可见不同的焊料腐蚀产物略有不同。Sn-9Zn 焊料腐蚀后为锌的碱式氯化物、氧化物和氧化亚锡，如图 5.5（a）所示；Sn-37Pb 焊料腐蚀后表面是氧化锡和碱式氧化亚锡，如图 5.5（b）所示；Sn-3Ag-0.5Cu 焊料的腐蚀产物为锡的氯化物及氧化物，如图 5.5（c）所示。可见对于大部分焊料合金，锡的腐蚀产物为氧化物和氯化物，这些腐蚀产物为自然环境中毒性有机物的形成提供了部分来源。在腐蚀环境下 Pb 的腐蚀不明显；然而在强酸性条件下 Pb 发生腐蚀和溶出，且腐蚀产物与酸性阴离子的类型密切相关，详情请参见 5.4 节。

（3）铝合金及镁合金

铝合金是电子信息器件中散热部件、紧固件等常用材料。对于铝合金来说，表面自发形成铝氧化物，在大气及土壤环境中对金属腐蚀有钝化保护作用，因此，常见的铝合金的大气环境和土壤环境中的腐蚀为点蚀[308, 312]。通过模拟酸雨条件下的铝合金腐蚀行为研究表明[310]，随 pH 降低，铝合金表面氧化膜逐渐变得不稳定，使点蚀增强；同时，合金中 Cu 和 Fe 等杂质元素在表面的富集也会加速点蚀扩展，Cl^-和 SO_4^{2-} 加速铝合金的腐蚀。

镁合金由于具有轻质、比强度高、减震性好的特点，近年来逐渐应用于手机、笔记本电脑等外壳中，相应地镁合金在大气环境和土壤环境中的腐蚀也开始受到关注。镁合金在大气环境的暴露实验表明，其表面主要由 MgO、$Mg(OH)_2$、$Al(OH)_3$、Al_2O_3 以及 Mg 和 Al 元素的碳酸盐、硫酸盐和氯化物组成[313]。不同城市大气暴露环境下 AZ61 镁合金腐蚀的研究表明[314]，在沿海地区镁合金的腐蚀速率最快，其次是工业城市环境。在模拟酸雨环境中，镁合金主要发生点蚀，pH 下降自腐蚀电位变负，腐蚀速率增加[315, 316]。

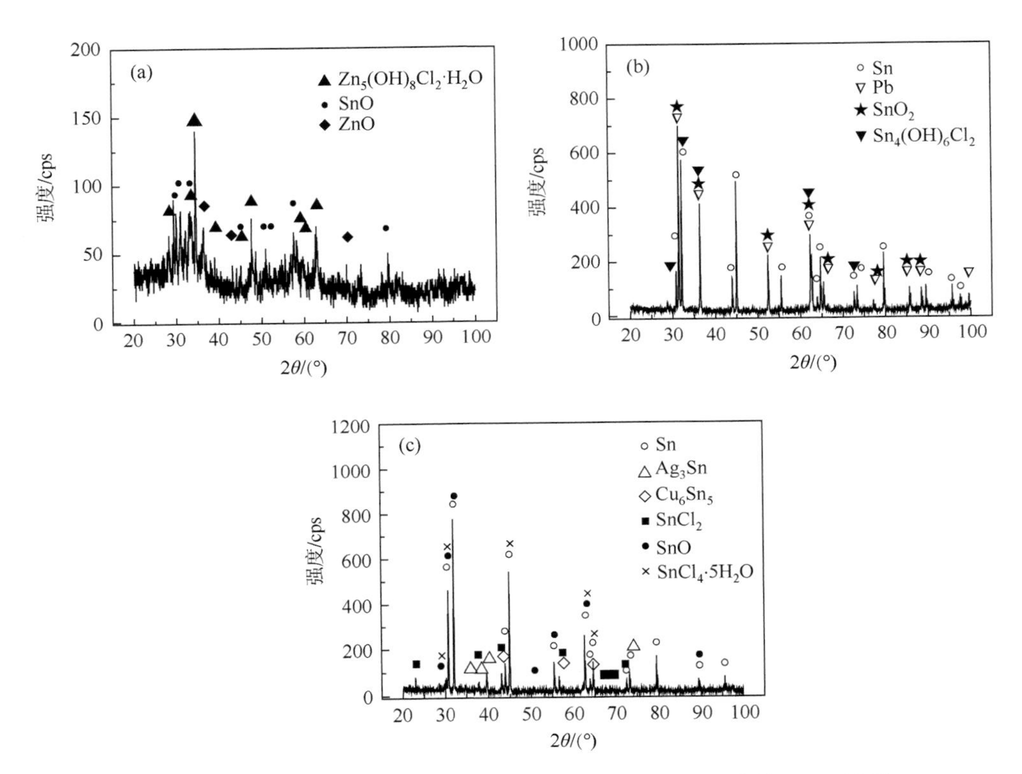

图 5.5　不同焊料在 3.5%NaCl 溶液中浸泡后表面腐蚀产物的 XRD 图谱

(a) Sn-9Zn 焊料；(b) Sn-37Pb 焊料；(c) Sn-3Ag-0.5Cu 焊料

5.3　废弃电子信息材料中金属的腐蚀产物及其在土壤中重金属元素的迁移

5.3.1　土壤组成与理化性质

（1）土壤组成

a. 土壤矿物质

土壤矿物质是土壤的主要组成物质，占土壤固体物质的 90%以上，它来源于岩石的物理风化和化学风化作用，其大小和组成复杂多变，按其成因类型可分为原生矿物质和次生矿物质。

原生矿物质是指岩石只经过物理风化的矿物质，其化学成分和晶体结构未发生大的改变，仍然保持母岩中的原始部分，颗粒粒径一般较大，如土壤中的砂粒和粉粒。次生矿物质主要是由岩石经风化过程和成土过程形成的新的矿物质，其化学组成和晶体结构与风化前的原生矿物质有所不同，是土壤黏粒和无机胶体的重要组成部分，其大多是土壤矿物中最细小的部分，具有胶体性质。土壤中矿物质的常见类型见表 5.1。

表 5.1　不同离子作用下 Sn 和 Pb 元素对环境的主要污染风险

离子	SO_4^{2-}	NO_3^-	Cl^-	SO_4^{2-}-NO_3^-	SO_4^{2-}-Cl^-	NO_3^--Cl^-
Sn	水	土	水	水	水	水
Pb	土	水	水	土	土	水

注：土：主要对土壤产生高污染风险；水：主要对地下水产生高污染风险。

b. 土壤有机体

土壤有机体包括两大类，即土壤有机质和土壤微生物。土壤有机质主要源于土壤中的动植物残留体，包括活的有机体（如植物根系、土壤生物）和有机化合物（组成生物残体的有机化合物、腐殖质的特殊有机化合物）等。

c. 土壤溶液

土壤溶液是土壤水分及其所包含溶质（包括气体）的总称，土壤水分并非纯水，事实上是土壤中各种成分和污染物溶解形成的溶液，即土壤溶液。土壤溶液不仅是作物吸收水的主要来源，也是自然界水循环的一个重要环节，更是金属在土壤中腐蚀以及金属元素迁移的重要载体之一，因此土壤溶液参与了土壤中许多重要的物理、化学和生物过程，深刻地影响着土壤中各种物质与能量的交换，其存在形式如图 5.6 所示。

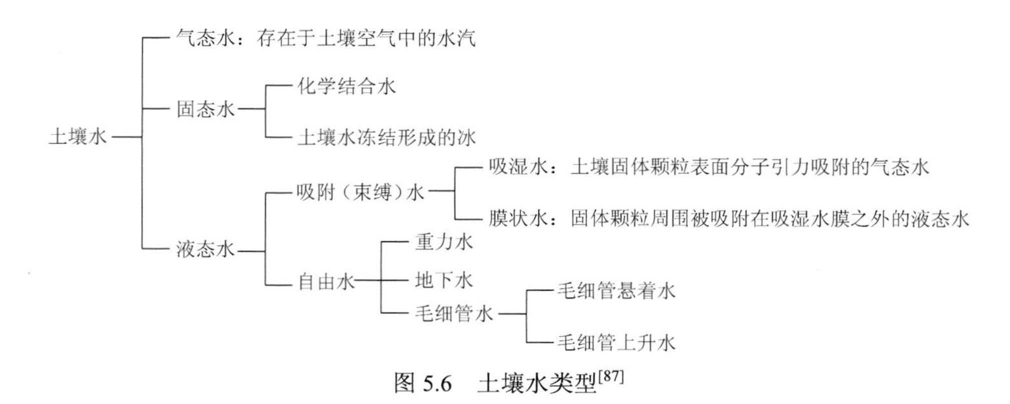

图 5.6　土壤水类型[87]

由于土壤中含有大量矿物质和有机体，因此土壤溶液中的溶质成分也非常复杂，其常见的溶质有：①无机盐类离子：钙、镁、钾、铁、铜等金属阳离子，氨、氢离子，碳酸根类、硝酸根类、磷酸根类阴离子，以及氯离子和硫酸根离子等。②无机胶体和络合物类，铁、铝、硅等的水合氧化物、有机络合物等。③可溶性有机化合物类。④溶解性气体类：如 O_2、CO_2、N_2 等。

d. 土壤气体

土壤气体是指土壤空隙中存在着的各种气体混合物，也称土壤空气，由 O_2、CO_2、N_2 和水汽组成，与空气不同的是：①土壤空气存在于土粒之间，是不连续的。②有更高的湿度。③由于有机物的腐烂和有机质存在，O_2 含量较少，CO_2 浓度显著增加，但二者之和约为总量的 21%（体积分数），该比例与大气情况接近。④少量还原性气体，如 CH_4、H_2S、H_2 等。

土壤空气数量和组成是不断变化的，土壤组成与结构、含水量以及土壤中的各种化学生物反应，均对其产生影响。土壤中氧的浓度与土壤的湿度和结构有密切关系，含氧量在干燥砂土中最高，在潮湿的砂土中次之，而在潮湿密实的黏土中最少。土壤中各种化学和生物化学反应会消耗氧，产生二氧化碳，同时土壤空气通过对流和扩散进行氧和二氧化碳的交换[87]。

（2）土壤基本特性

a. 土壤的物理性质

土壤的物理特性包括土壤的颜色、土壤质地、土壤结构、土壤的相对密度和容量、孔隙度等。这些性质影响土壤的坚实度、通透性、排水蓄水能力等，这些物理特性中与金属腐蚀密切相关的是土壤质地和孔隙率。

土壤是由许多大小不同的土粒按不同的比例组合而成的，这些不同的粒级混合在一起表现出来的土壤粗细状况，称为土壤质地。根据土壤中各种粒级的质量分数，把土壤划分为若干类，我国土壤质地分类方案见表 5.2。

表 5.2　中国土壤质地分类方案表[87]

质地名称		颗粒组成/%		
		砂粒（0.05～1.0mm）	粉粒、粗黏粒（0.001～0.05mm）	细黏粒（＜0.001mm）
砂土	粗砂土	＞70	—	
	细砂粒	60～70	—	
	面砂土	50～60	—	
壤土	粉砂土	≥20	≥20	＜30
	粉土	＜20		
	沙壤土	≥20	＜20	
	壤土	＜20		
	砂黏土	≥50	—	

续表

质地名称		颗粒组成/%		
		砂粒（0.05～1.0mm）	粉粒、粗黏粒（0.001～0.05mm）	细黏粒（<0.001mm）
黏土	粉黏土	—	—	30～50
	壤黏土	—	—	35～40
	黏土	—	—	40～60
	重黏土	—	—	>60

土壤质地在一定程度上反映土壤矿物组成和化学组成，同时对土壤水分、空气、热量运动等均有很大影响，质地不同的土壤表现不同的形状（表 5.3）。

表 5.3 土壤质地与土壤性状[87]

土壤性状	土壤质地		
	砂土	壤土	黏土
比表面积	小	中等	大
紧密性	小	中等	大
孔隙状况	大孔隙多	中等	细孔隙多
通透性	大	中等	小
有效含水量	低	中等	高

土壤中的颗粒是土粒、各种无机物和有机物的胶凝物质颗粒聚集体，在颗粒间形成许多充满空气和水的毛细管微孔或孔隙，使土壤成为腐蚀性电解质。土壤孔隙的多少则以孔隙度来表示。土壤孔隙度和含水性影响土壤的透气性和电导率大小，含氧量影响金属在土壤中的电化学过程。

b. 土壤的化学性质

土壤的化学性质包括土壤的酸碱性、缓冲性、胶体性、离子吸附与交换性、氧化还原性、生物学性和自净性等，其中土壤的酸碱性是影响金属腐蚀的一个重要因素。土壤酸碱性主要表现为土壤溶液的反应，并与土壤的固相组成和吸附性能密切相关，可直接或间接地影响金属腐蚀及污染物在土壤中的迁移转化。

根据土壤 pH 大小将土壤酸碱度划分等级。我国土壤 pH 大多在 4.5～8.5 范围内，由南向北 pH 递增，长江（北纬 33°）以南的土壤多为酸性和强酸性，如华南、西南地区广泛分布的红壤、黄壤，pH 大多在 4.5～5.5 之间；华中、华东地区的红壤，pH 在 5.5～6.5 之间；长江以北的土壤多为中性或碱性，如华北、西北的土壤大多含 $CaCO_3$，pH 一般在 7.5～8.5 之间，少数强碱性土壤的 pH 高达 10.5。

对于酸性土壤，其土壤酸度分为活性酸度和潜性酸度。活性酸度是土壤溶液中氢离子浓度的直接反映，又称有效酸度；酸度的主要来源是土壤中 CO_2 溶于水形成的碳酸、有机物质分解产生的有机酸、土壤中矿物质氧化产生的无机酸，以及农业土壤和工业污染土壤中残留的无机酸，如硝酸、硫酸和磷酸等。土壤潜性酸度的来源是土壤胶体吸附的可交换氢离子和铝离子，这些离子处于吸附状态时不显酸性，但通过离子交换作用进入土壤溶液后可增加土壤的氢离子浓度，因此称为潜性酸度。活性酸度和潜性酸度相互共存，而活性酸度是土壤酸度的根本标志，只有土壤溶液有了氢离子，才能使土壤颗粒上的交换性氢离子不断增加，进而造成土壤潜在酸度的增加。

土壤的碱性主要来自土壤溶液中 CO_3^{2-}、HCO_3^- 的碱金属和碱土金属的盐类，以及胶体颗粒上交换性钠离子等，这些物质水解后呈碱性，其中将碳酸盐碱度和重碳酸盐碱度的总和称为总碱度。

5.3.2　金属在土壤环境腐蚀后的元素迁移与转化

（1）腐蚀后金属在土壤中的典型形态

根据金属土壤腐蚀后的产物特征，腐蚀产物类型包括两类：一类是金属以离子或可溶性化合物形态为主的产物，该类产物在土壤电解质溶液中的溶解度大，当可溶性腐蚀产物在土壤中吸附饱和后，多余的产物可随电解质溶液、径流或地下水等水体运动而发生迁移；另一类是以氧化物、硫化物、水合氯化物等不溶性产物附着在金属表面，由于该类产物以固体化合物形式存在，容易残留在土壤环境中，经过土壤一系列物理化学反应而发生迁移和转化，如图 5.7 所示。

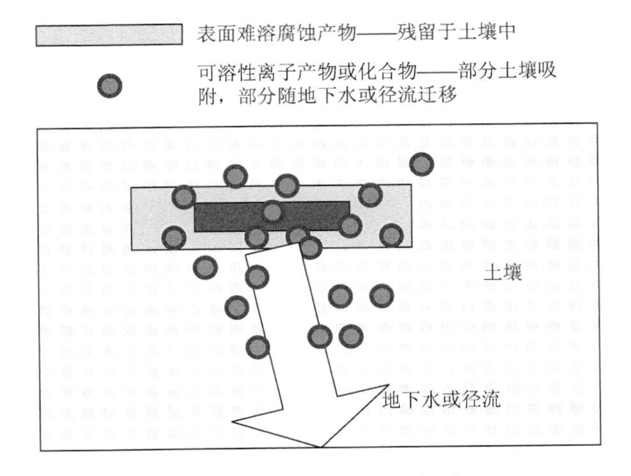

图 5.7　金属腐蚀产物类型

在土壤环境里，金属腐蚀产生的可溶性离子或化合物可直接以水溶态形式直接通过水流迁移转化，同时一小部分与土壤发生离子交换并吸附在黏土、腐殖质及其他成分上并最终结合在土壤颗粒表面，可交换态在总量中的比例较少，少于10%。

当土壤电解质中含有不同的离子时，金属腐蚀所产生的离子与土壤溶液中的离子结合而形成产物层并残留于土壤中，其典型的形态包括：碳酸盐、铁锰氧化物、有机物、硫化物以及残渣等。不同的金属在土壤环境中腐蚀时，以特定的形态残留于土壤：

a. 碳酸盐

金属碳酸盐是指土壤中金属元素在碳酸盐矿物上形成的共沉淀结合态。这种碳酸盐结合态受土壤条件影响，对pH敏感，pH升高，游离态金属形成碳酸盐共沉淀；反之，pH降低，金属重新释放出来进入土壤环境。当pH为5.33时，该形态的金属易被生物利用。

b. 铁锰氧化物

金属铁锰氧化物是指以矿物的外囊物和细粉散颗粒存在，活性的铁锰氧化物比表面积大，通过吸附或者共沉淀阴离子而形成。土壤的pH和氧化还原条件的变化对铁锰氧化物影响重大，pH和氧化还原电位较高时，有利于形成铁锰氧化物。铁锰氧化物结合态反映人文活动对环境的污染，铁锰氧化物具有很大的比表面积，对金属离子的吸附能力很强，土壤水环境一旦形成某种适于其絮凝沉淀的条件，其中的铁锰氧化物便载带金属离子一同沉淀下来，该沉淀中的金属属于较强的离子键结合的化学形态，不易释放。

c. 金属有机结合物

金属有机结合物是指土壤中各种有机物，如动植物残体、腐殖质及矿物颗粒的包裹层等，与土壤中金属离子发生螯合而成。金属有机结合物是水生生物活动及人类排放富含有机物污水的结果。金属有机结合物是以金属离子为中心离子，以有机质活性基团为配位体的结合或是硫离子与金属生成难溶于水的物质。这类金属在氧化条件下，部分有机物分子会发生降解作用，导致部分金属元素溶出，对环境可能会造成一定的影响。

研究表明，在不同土壤环境条件下，包括土壤类型、土地利用方式（水田、旱地、果园、牧场、林地等），以及土壤的pH、氧化还原电位、土壤无机和有机胶体的含量等因素的差异，都能引起土壤中金属腐蚀产物形态的变化，从而影响作物对金属的吸收，并且使危害程度产生差别。例如，金属Cd、Zn和Pb以铁锰氧化物结合态和残渣态为主，Cu以水溶态和有机结合态为主。水溶态、交换态容易被植物吸收，具有很大的迁移性，毒性最大；其次是碳酸盐，该类产物在土壤中稳定性较差，可迁移性较大；有机结合物在氧化环境下容易分解释放。

(2)金属腐蚀产物在土壤中的迁移转化

进入土壤中的金属的归宿将由一系列复杂的化学反应和物理与生物过程决定。不同金属间某些化学反应虽有相似，但并不完全一致。当它们进入土壤后，最初的迁移特性很大程度上取决于金属腐蚀产物的形态。土壤中金属离子的形态和量的不同，直接影响金属在土壤中的迁移、转化和植物效应。土壤中金属元素进行迁移和转化的规律多样，主要是物理迁移、物理化学迁移、生物迁移等。

a. 物理迁移

土壤中金属的物理迁移是指土壤中的金属不改变自身的化学性质和总量而进行的迁移方式。土壤溶液中的金属离子或者其可溶于水的螯合物可以随水体迁移到其他地方，如地面水体、地下水中等。此外，也可能被包裹在土壤颗粒中，或者被吸附在土壤胶体表面，随着土壤中水分流动而被机械地搬运到其他地方。金属在土壤中的迁移速度直接取决于土壤中的水流速度和该金属离子在具体土壤中的阻滞系数，可用公式表示为

$$V_{\mathrm{me}} = V_{\mathrm{w}}\left(\frac{1}{\dfrac{Q_i}{C_i \times w}+1}\right) \tag{5.11}$$

式中：V_{me} 为土壤中金属离子迁移速度（距离/时间）；V_{w} 为土壤水流速度（距离/时间）；Q_i 为该土壤胶体的等温吸附量；C_i 为该土壤平衡溶液浓度；w 为土壤水的质量分数；$\dfrac{1}{\dfrac{Q_i}{C_i \times w}+1}$ 为该金属离子在土壤中迁移时的阻滞系数。上式表明土壤中金属移动的速度随着土壤吸附量的加大而降低，随着土壤溶液浓度和土壤含水量的增加而增加。因此土壤中金属的迁移和富集的速度和数量都必然有规律地受到土壤环境因素的影响。

b. 物理化学迁移

土壤中金属的物理化学迁移主要是指土壤胶体对土壤中金属的吸附。土壤颗粒，特别是有机腐殖质胶体，可吸附土壤中的金属，这在很大程度上决定着土壤金属的分布与富集。通常状况下，胶体吸附可分为非专性吸附和专性吸附。

非专性吸附是指土壤胶体微粒所带电荷与金属离子不同，故会对金属离子产生吸附作用。非专性吸附发生在胶体的扩散层与氧化物的配位壳之间，被水分子层隔离，故其键合很弱，易于解吸或被水洗出，这种交换服从离子交换的一般法则。因为土壤胶体微粒所带电荷性质以及电荷数量各不相同，所以，吸附金属离子的类型以及吸附紧密程度也不相同。对于带负电荷的土壤胶体微粒，对土壤金

属阳离子的吸附顺序具有以下规律：①土壤金属阳离子的价数越高，其对土壤胶体离子的代换能力越强，这是由于价数越高，阳离子的电荷量越高，其电性越强；②等价离子的代换能力随原子序数的增大而增大，等价离子原子序数越大，其半径越大，离子表面电荷密度越小，故离子的水化度越小，水膜越薄，即水化后的有效半径越小，则离子交换能力越小；③金属阳离子的运动速率越大，交换能力越强。而土壤胶体上会吸附哪种金属离子，主要由土壤胶体的性质以及金属离子之间的吸附能力决定。

专性吸附是指胶体表面不一定带有正电荷，或者正电荷已为阴离子所中和，甚至带有负电荷，被吸附的阴离子不是在扩散层，而是进入胶体双层的内层，并交换金属离子氧化物表面的配位阴离子。因此，专性吸附又称为配位体交换。

c. 生物迁移

土壤金属的生物迁移是指土壤中的金属元素被植物吸收后积累于植物体内的过程。而植物死亡后的残体在土壤表面腐败分解后，植物吸收的金属又重新回到土壤环境中。另外，植物在生长过程中可能会被人类和动物食用，这就造成植物中的金属迁移到其他地方。土壤中金属的生物迁移途径如图 5.8 所示。

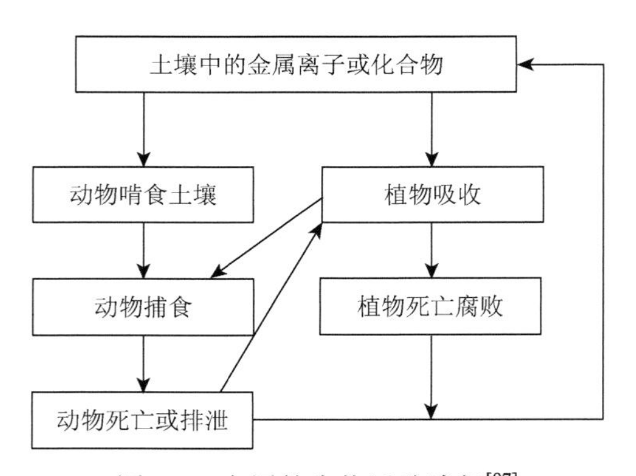

图 5.8　金属的生物迁移途径[87]

一般来说，植物对土壤中金属的吸收是有选择性的，某些形态的金属离子不能被植物吸收，通常可溶性金属离子或离子化合物比较容易被植物吸收，其次被土壤吸附的是可交换态金属离子和络合态金属化合物，而难溶产物一般不易被植物吸收转化。在植物可忍耐的情况下，土壤中的金属含量越高，植物体内金属的含量也将越高，植物籽实中的金属含量也越高。通常被吸附进入土壤的金属离子主要积累在表层，在表层 30cm 以内的含量最高，使耕作层成为金属离子的富集层并被作物吸收。在低 pH 和污泥施用率高的土壤中，有可能迁移到 2～3m 深处的土层中。另外，土壤中金属之间的相互作用也会影响金属在植物体内的积累浓度、总量、积累的部位等。总之，植物对土壤金属的吸收是一个生物化学过程，也是一个动态平衡的过程。

（3）典型金属土壤中腐蚀产物的迁移形式

a. 铅

土壤中铅的来源包括岩石和矿物的风化作用及火山喷发所保留在土壤中的天然铅，以及人类活动引起的土壤中高含量的铅。其中，人类活动对铅的区域性及全球性生物地球化学循环的影响比其他任何一种元素都明显得多。土壤中铅污染来源广泛，主要来自汽车废气和冶炼、制造以及使用铅制品的企业、废弃物回收中含铅物的腐蚀与废水排放、农田污水灌溉、农药和化肥的施用等，很多铅污染和血铅超标事件是含铅废水排放及含铅物大量腐蚀所致。图 5.9 表示了铅在生物地球化学循环中的主要途径。

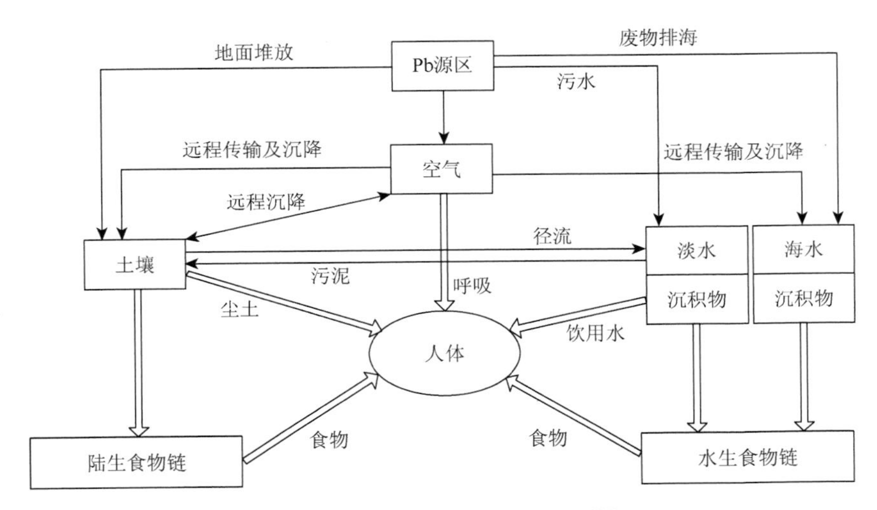

图 5.9　铅的生物地球化学循环[87]

铅的腐蚀产物形态与迁移特性：金属 Pb 的标准电极电位为–0.126V（SHE），在氢标准电极电位以下，属于容易腐蚀的金属。Pb 腐蚀后通常生成二价的铅离子或无机化合物，极少数为四价。土壤铅的化合物溶解度均较低，土壤电解质溶液中的阴离子，如 PO_4^{3-}、CO_3^{2-}、SO_4^{2-}、OH^-等均可与 Pb^{2+}形成溶解度很小的正盐、复盐或碱式盐，使铅在土壤中的迁移能力较弱。然而，在诸如废水等酸性及 Cl^-等简单阴离子环境中，Pb 的腐蚀产物以 Pb^{2+}形式存在，该类腐蚀产物以水溶态形式存在于土壤中，易被植物吸收，进而导致铅中毒事件。

除了无机铅外，土壤中含有少量（最多 4 个）Pb—C 链的有机铅，土壤有机铅以外源铅为主。如土壤有机质—SH、—NH_2 基团能与 Pb^{2+}形成稳定的络合物；土壤黏土矿物对铅的吸附作用，黏土矿物的阳离子交换性能可对铅进行阳离子交换性吸附，

同时 Pb^{2+}也可进入水合氧化物的配位壳，直接通过共价键或者配位键结合于固体表面，对铅离子产生化学吸附作用，被化学吸附的铅很难解吸，植物不易吸收。

沉积在土壤中的外源铅一般在土壤的表层含量最多，随着土壤深度的增加而降低。铅在污染土壤表层的水平分布随污染方式而异，如在公路两侧，由于受汽车尾气的影响，沿公路两侧呈带状分布，铅含量由高到低，而在污水灌溉区，入水口处土壤铅含量最高，随水流方向含量逐渐降低。

b. 铜

土壤中铜的来源：地球中铜的含量为 140mg/kg，地壳中铜的平均值为70mg/kg，土壤中铜的含量为 2～200mg/kg。我国土壤含铜量为 3～300mg/kg，大部分土壤含铜量在 15～60mg/kg，平均为 20mg/kg。自然界中已发现的含铜矿物超过 170 种，由于铜是强烈的亲硫元素，自然界中铜主要以硫化合物和含硫盐矿物存在。铜也能与铁镁硅酸盐矿物起同晶置换作用，最突出的例子是铜替代锰铝榴石中的锰。土壤中铜含量的差异主要是由于分布于各气候带和地理区域的成土母质中铜含量的不同。

不同的人为活动对土壤局部区域铜含量的影响不同。肥料中铜浓度很少超过100mg/kg，施用化肥也会使土壤铜含量略有增加，即便是长期施用，也不会对土壤中铜作出实质性贡献。禽畜粪便和厩肥中含铜，是土壤中铜的另一个来源，在现代化饲养业中，铜常用作复合饲料的添加剂，以改善食物的转化率和促进禽畜生长，继而进入动物及其排泄的粪便中，参与土壤和食物链中铜的循环。另外，城市垃圾也含有一定量的铜，是土壤铜的又一来源。喷施含铜农药，如波尔多液，也能带给土壤铜。除此之外，矿山、冶炼厂等含铜污水排放、污水灌溉、含铜金属在强腐蚀性工业环境中的腐蚀是土壤中大量铜污染的主要来源。

铜的腐蚀产物形态与迁移特性：铜可能是土壤中性状最活跃多变的一种元素。它能与土壤无机、有机组分相互进行化学反应，也可与硫化物、碳酸根和氢氧根以及其他阴离子形成难溶性物质，这些形态的铜化合物几乎可以存在于任何已有的土壤环境中。土壤中铜的形态随土壤的性质不同而变化，如 pH、土壤质地和土壤有机质等，其中 pH 和有机质对其存在形态的影响较大。一般土壤中铜的形态可划分为：水溶态、交换态、专性吸附态、铁锰氧化物结合态、有机质结合态、碳酸盐结合态和残余态铜 7 种。

水溶态铜指存在于土壤溶液中的铜离子和铜的可溶性化合物。在自然界的土壤溶液中，水溶态铜绝大部分以稳定的 Cu^{2+}有机络合物形式存在，很少以 Cu^{2+}的形式存在。铜除了以二价离子的形式存在于溶液外，还可以与 NO_3^-、Cl^-、SO_4^{2-}、PO_4^{3-}、$CH_3CO_2^-$ 等阴离子络合，在碱性土壤中只有 Cl^-和 $CH_3CO_2^-$ 才能与 Cu^{2+}络合，形成 $CuCl^+$、$CuCH_3CO_2^+$ 等一价络合离子。酸性土壤环境溶液中主要的铜离子是有机铜；中性和碱性土壤中为 $CuCO_3$ 和有机铜；强碱性土壤则为 $Cu(OH)_4^{2-}$、$Cu(CO_3)_2^{2-}$。

交换态铜是指吸附于土壤颗粒和胶体，可被其他阳离子交换出来的铜，一般土壤中交换态铜的含量占总铜的1%以下。铜的交换能力取决于具有吸附能力的土壤胶体所带电荷量，而土壤胶体表面电荷强烈地受pH控制。土壤中吸附铜能力最强的是铁锰氧化物、有机质、硫酸盐和碳酸盐，其次是磷酸盐、铝氧化物和黏土矿物。

专性吸附态是由胶体表面与吸附铜离子间通过共价键、配位键而产生的，土壤水合氧化物的羟基化表面、土壤腐殖质胶体中的羧基、酚羟基以及层状硅酸矿物边缘裸露的铝醇、硅烷醇等基团，通过络合（螯合）作用对 Cu^{2+}进行专性吸附，同时释放出固相表面的质子。所吸附的铜离子可渗透进入结构原子的配位壳，通常氧原子或氢氧基以共价键与铜离子键合。专性吸附铜占土壤吸附（交换）态铜含量的60%～90%。

铁锰氧化物结合态铜指与铁锰氧化物表面形成配位化合物或在铁锰氧化物中发生同晶置换而存在于其中的铜，土壤中该形态的铜含量较高，有时可达30%以上。铁锰氧化物结合态铜在数量上几乎与有机态铜同等重要，但是对植物的有效性较低。

有机结合态铜指通过螯合作用与土壤有机质形成稳定性较强的螯合物的铜，有机结合态铜一般占总铜的10%～15%。土壤络合铜的能力和铜的可溶性主要取决于土壤有机质的种类和含量，土壤中各类有机质与 Cu^{2+}络合可形成可溶态和难溶态络合物。铜有强烈的螯合能力，与有机质的络合十分复杂，所形成的物质是非常稳定的，络合的铜难以释放而被作物吸收利用，除非被微生物分解。

碳酸盐结合态铜指与碳酸盐通过吸附或共沉淀结合在一起的铜，另外，Cu^{2+}还可以通过替代作用置换碳酸镁和碳酸亚铁中的 Mg^{2+}和 Fe^{2+}进入碳酸盐。该形态铜主要存在于pH较高的含碳酸盐矿的土壤中，可达20%～30%。

在土壤样品中，上述各种形态铜被连续提取后剩余的铜即为残余态铜。残余态铜通常存在于原生矿物和次生矿物的晶格中，其含量一般在20%～40%，高者可达80%。

c. 锌

土壤中锌的来源：土壤中锌元素来源于各种地壳物质，主要以地理的矿物形式存在，其中只有两种为硫化物，其余皆是氧化物和含氧酸盐，由于 Zn^{2+}与 Fe^{2+}等的半径接近，锌常存在于含Fe、Mg的硅酸盐及氧化物中，从土壤各组分中锌的分布来看，其顺序为黏土＞氧化铁＞有机质＞粉砂＞砂＞交换态。

人类活动对土壤中锌含量有直接影响。工业活动对土壤锌含量影响主要有三类：一是将常用锌或镀锌层作为金属的腐蚀防护材料或合金中的组分，以及锌锰干电池的负极材料；在使用这些材料中的锌发生腐蚀并浸出至土壤中。二是在油漆、机械制造、医药、制革、纺织、造纸以及陶瓷工业中广泛使用锌化合物，以及在电镀锌和锌化合物层过程中使用锌化合物，所产生的工业“三废”是土壤锌的主要来源之一。三是在矿物开采、焙烧硫化矿物、熔锌等过程中产生的废气、粉尘进入大气后，随大气沉降进入土壤水体。

锌的腐蚀产物形态与迁移特性：锌在腐蚀、废水排放等过程中，一般分为水溶态、交换态、碳酸盐结合态、有机质结合态、闭蓄态以及残渣态等。水溶态是土壤中以 Zn^{2+}、$ZnSO_4$ 等形式存在，虽然这部分锌含量极低，但可溶态锌能够被植物直接吸收利用。交换态锌位于黏土矿物或腐殖质等活性土壤组分的交换位置上。而碳酸盐结合态锌是指与碳酸盐结合在一起的锌，在 pH 较高的含碳酸盐矿的土壤中，该形态锌的含量一般占总锌的 4%～16%。有机质结合态锌即通过络合或螯合作用与土壤有机质结合的锌。锌的化学形态复杂，土壤有机质、阳离子交换、黏粒含量、铁铝锰氧化物含量、pH 及其他因素都会影响锌元素在土壤中的分布和迁移转化。腐殖质是固相复合锌元素的一个重要载体，对土壤中锌具有富集作用。土壤中锌的迁移主要取决于 pH，当土壤为酸性时，被黏土吸附的锌易解吸、不溶性氢氧化锌可被酸转化为 Zn^{2+}，容易流失迁移或被植物吸收。在锌迁移过程中，土壤表面锌由于淋溶向下迁移，而生物和植物聚集作用使锌回归至表层。

5.4 电子焊料在土壤环境中的腐蚀与浸出

5.4.1 电子焊料在土壤中腐蚀与重金属元素浸出研究背景

（1）重金属元素在土壤环境中浸出研究及存在问题

根据 5.1～5.3 节可知，金属的腐蚀与重金属元素浸出之间存在密切关系。对于废弃电子信息材料而言，酸雨环境下的腐蚀和工业酸性土壤环境下的腐蚀，是导致重金属元素浸出及环境危害的两类典型腐蚀浸出方式。其中，土壤环境中的重金属元素浸出与迁移是导致环境危害的主要途径。因此，在模拟土壤环境下的重金属元素浸出迁移及环境关系受到研究者的关注。然而，在评价废弃电子信息材料或金属在土壤环境中重金属元素的浸出与危害的研究方法上仍然存在一定争议。

如第 4.1.1 节所述，通常推荐 TCLP 法评价电子信息材料中有毒元素的浸出。然而，研究过程中发现，TCLP 法尽管可以作为评判电子器件中有害元素是否合格的有效方法，但 TCLP 法作为模拟填埋环境下毒性浸出的检测方法，其测试条件过于夸大了实际填埋环境[317]。为了提供较为真实环境下废弃电子信息产品中有毒重金属浸出行为，该研究者[317]将废弃电子信息产品随着城市固体废物一起置入模拟填埋柱中通过模拟当地降雨量数据并收集柱体下部的渗滤液，观察重金属元素浸出特性，结果发现，废弃电子信息产品中铅含量很高，但渗滤液中并没有检测到铅。Spalvins 等[231]将废弃电子信息产品置于模拟填埋环境的柱体中，定期定量淋溶水，定期收集渗滤液并检测，并与不含废弃物的柱体结果对比，实验时间持续 400 余天。结果发现含与不含废弃电子产品的渗滤液中铅的含量相近，且低于毒性特征阈限值 5mg/L。Zheng 等[318]研究了不同 pH 的模拟酸雨溶液对人为污染的土壤中重金属的浸出行为的影响，发现土壤在酸雨作用的影响下，收集的渗滤液中，铜、铅、镉和锌的含量均低于中国地下水质量标准值（Ⅳ类），其中铅和镉的含量低于检出限。然而，大量文献表明通过高速旋转酸性溶液的 TCLP 法能够发现大量的铅元素浸出。

因此，从有害元素及环境污染研究的角度，TCLP 法不能够合理评价土壤环境下有毒物质的浸出；另一方面，在模拟填埋土壤环境中高铅含量的电子信息产品渗滤液中没有发现铅，表明在酸雨作用下地下水中的铅浸出很低；这与文献中有关贵屿、台州等地植物、土壤中重金属元素的扩散迁移报道不一致。那么铅等重金属元素在模拟实验中都到哪里去了？对这些问题环境研究者无法给出合理答案。

（2）土壤环境下金属腐蚀揭示重金属元素浸出的可行性

由于腐蚀是导致重金属元素浸出的主要原因之一。能否从腐蚀研究角度给出相应的答案，成为我们目前感兴趣的课题之一。Liu 等[319-322]关注了模拟酸雨条件下，填埋的固体废物中重金属的地球化学迁移，发现了氧化还原势、模拟酸雨的 pH、土壤有机质等因素对重金属浸出量产生影响。这些前期研究结果暗示出将腐蚀与重金属元素浸出结合起来研究，有望揭示出废弃电子信息材料重金属元素浸出的机理与本质影响因素。

从腐蚀研究角度，土壤环境下腐蚀实验方法可分为两种：室外现场埋设实验和室内模拟实验。土壤室外埋设实验是指在选取的典型土壤环境中，埋设按照《材料土壤腐蚀试验方法》[323]制备的标准样品，然后按一定埋设周期挖掘取出，经过清洗、除锈、干燥、称重等处理，确定样品的腐蚀参数。室外实验因填埋周期长，影响因素多。在与电子信息材料有关的焊料腐蚀方面，Satoh 等[324]对无铅焊料的金属溶解、在土壤中对微生物影响、毒性测试做了初步的研究，结果表明，银、铋、铟、锡等溶解特性与降雨量、季节、土壤特性等因素相关。焊料有关的出土文物表明，土壤的酸碱性、表面形成的 $PbCO_3$ 和 SnO_2 等腐蚀产物直接影响九连墩楚墓出土青铜文物上的铅锡焊料的腐蚀[325, 326]。

为了揭示腐蚀过程中的相关机理，研究者常用模拟土壤环境中溶液成分下的腐蚀评价方法，通过评价主要影响因素作用下金属的耐蚀性、表面产物的影响评价，实现室内模拟试验条件易控、参数测量精确、试验周期短的优点[327]。结合与室外现场埋设试验，达到阐明土壤环境下金属腐蚀特性及机理的目的。该方法在我国“西气东输”管线钢腐蚀评价等多类大型项目中得到应用[328, 329]。然而，室外填埋和模拟溶液实验，仅能揭示金属腐蚀和金属表面腐蚀产物特征，而无法表征溶液及土壤中重金属元素的浸出特性。因此，合理的实验方法设计是建立金属腐蚀与重金属元素浸出关联的关键。

5.4.2　电子焊料在土壤中腐蚀及浸出行为

著者所在课题组针对电子信息材料被填埋后，在土壤环境因材料腐蚀引发重金属浸出行为开展了相关研究，并评估了浸出对环境污染的影响。为了揭示金属腐蚀与重金属元素浸出之间的关系，评估重金属浸出行为对环境污染的风险程度，设计了可检测浸出并观察金属腐蚀的装置，其实验装置示意图如图 5.10 所示[330]，由可放置土壤及溶液环境的浸出实验柱、浸出液渗滤器和渗滤液收集装置组成。基于该实验装置，研究不同 pH、不同离子浓度条件下土壤中的腐蚀浸出实验，由于大量含有 Sn37Pb 焊料的旧式电器仍在服役中，此类电器废弃填埋后，Sn37Pb 焊料在此环境中因腐蚀而使重金属元素浸出的行为仍然应该予以研究。实验材料采用共晶 Sn37Pb 焊料，模拟溶液分别采用 H_2SO_4-HNO_3、H_2SO_4-HCl 和 HNO_3-HCl 三种溶液，定期定量淋溶实验柱，定期收集渗滤液进行重金属含量分析。实验在室温下进行，持续时间为 52 周。

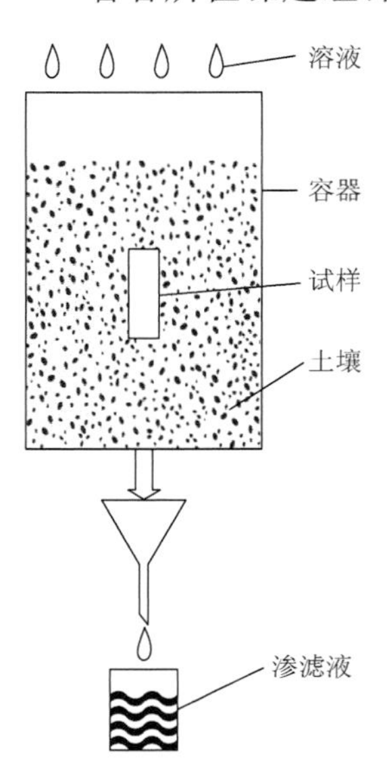

图 5.10　浸出装置示意图

（1）重金属元素浸出动力学

采用电感耦合等离子发射光谱仪（ICP）检测所采集的渗滤液中 Sn 和 Pb 元素的浓度，观察其随时间变化的浸出动力学。图 5.11 是 Sn37Pb 焊料在分别淋溶 H_2SO_4-HNO_3、H_2SO_4-HCl 和 HNO_3-HCl 溶液至 35 周时 Sn 和 Pb 元素浸出量的对比。在含有 SO_4^{2-} 的酸性淋溶液条件下，Sn 元素浸出比 Pb 元素多。但是，在没有 SO_4^{2-} 的 HNO_3-HCl 淋溶液条件下，Pb 元素浸出比 Sn 元素多，如图 5.11（a）所示。根据图 5.11（b）可知，在模拟接头条件下，由于铜基板对焊料电偶腐蚀的加速作用，Sn 和 Pb 元素的浸出量均有明显提高；另外，同样可以发现 SO_4^{2-} 对 Pb 元素浸出的抑制作用[331]。

为了进一步揭示 SO_4^{2-} 在重金属元素浸出中的作用，进一步降低 H_2SO_4 浓度与 HNO_3 浓度，研究不同 H_2SO_4 浓度下重金属元素的浸出，其结果如图 5.12 所示。Sn 元素的浸出表明，在 0.02mol/L H_2SO_4 条件下 Sn 元素浸出最少；在高浓度 H_2SO_4

作用下，Sn 元素浸出高，如图 5.12（a）所示。然而对于 Pb 元素的浸出而言，H_2SO_4 浓度的增大反而使 Pb 元素的浸出降低，如图 5.12（b）所示。

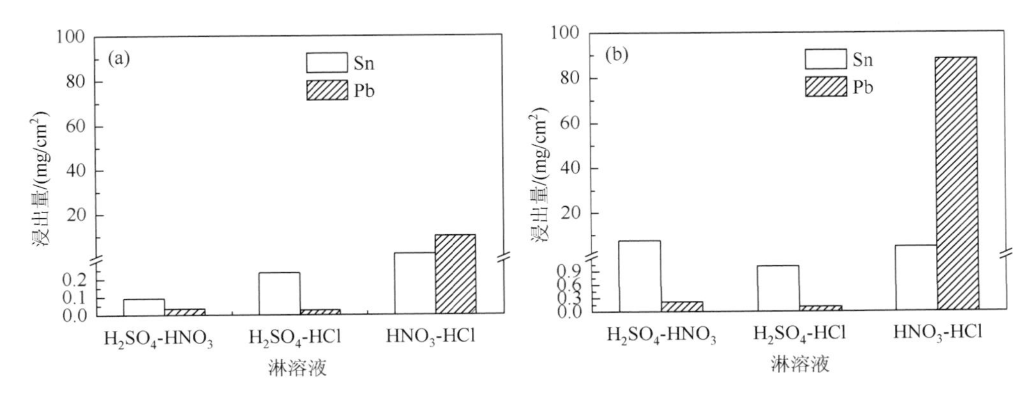

图 5.11　不同溶液淋溶至 35 周时 Sn37Pb 焊料中重金属元素浸出

（a）焊料；（b）Sn37Pb/Cu 模拟接头

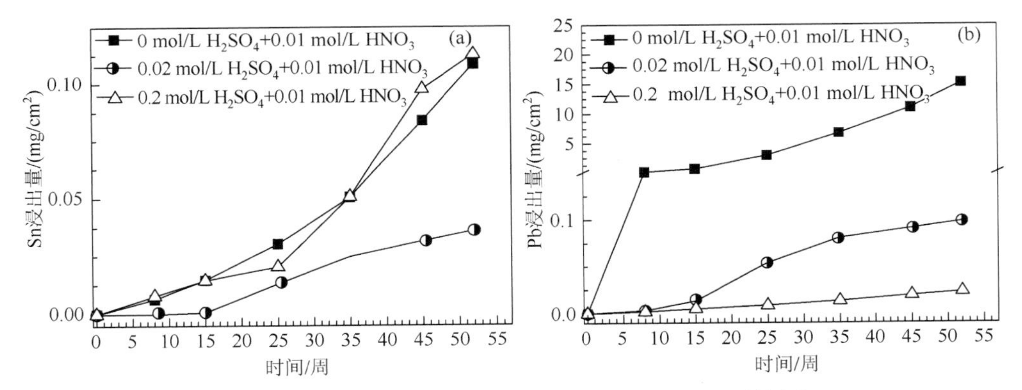

图 5.12　不同 H_2SO_4 浓度下 SnPb 焊料中 Sn 和 Pb 的浸出

（a）Sn 的浸出量；（b）Pb 的浸出量

从金属腐蚀角度而言，一般情况下酸性越强，锡的耐蚀能力越差，意味着浸出可能性越高，然而土壤环境下的浸出结果表明，Sn 元素的浸出并非随硫酸浓度增加而增加，铅元素反而降低；但是较低含量的 Pb 元素浸出仅在含硫酸的溶液中出现，而在 HNO_3-HCl 的溶液中没有发现这种现象。这样的现象是一种普遍现象还是独特的呢？我们开展了 Sn0.75Cu 合金中 Sn 元素的浸出行为分析，并与 Sn37Pb 合金中 Sn 元素的浸出对比，其结果如图 5.13 所示。可见，Sn0.75Cu 焊料的 Sn 元素浸出比 Sn37Pb 中的浸出高；且是相同时间下 Sn37Pb 中 Sn 元素浸出的数倍，表明此时 Sn0.75Cu 中的 Sn 处于快速腐蚀与浸出阶段。然而对于 Sn37Pb 焊料，在 30 周以前的浸出均低于 3mg/cm^2，即使淋溶 52 周后，Sn 合金元素的浸出也低于

15mg/cm²，且三种淋溶液中的金属元素浸出差异较小。该结果表明，一方面，对于目前大量使用的无铅焊料，重金属元素锡的腐蚀浸出远大于锡铅焊料，无铅焊料锡的环境污染风险应当关注。另一方面 Sn37Pb 焊料在酸性溶液中重金属元素浸出具有特殊性，其中，H_2SO_4 溶液中较低 Pb 元素的浸出量表明了其溶解迁移到地下水或渗滤液中的量较低。为了进一步分析 Pb 元素浸出与 H_2SO_4 溶液的关系，对浸出过程中金属表面的腐蚀产物开展了深入分析，详情请见下文（2）、（3）。

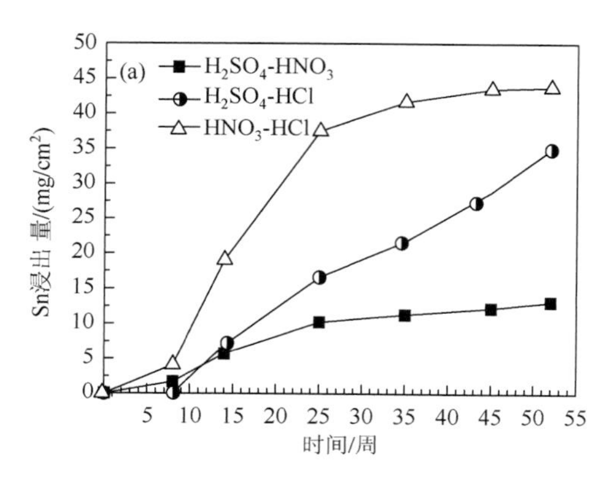

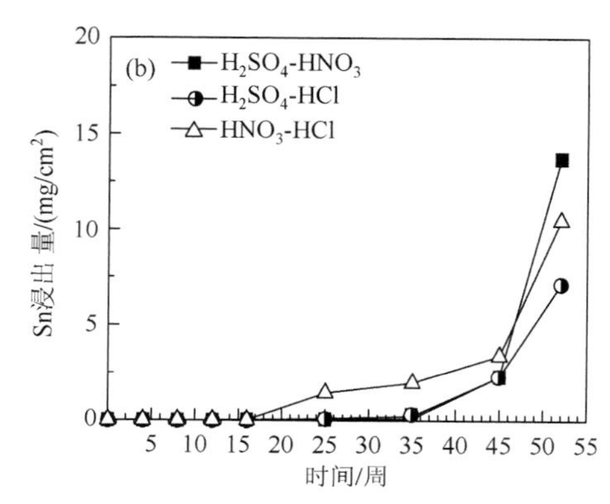

图 5.13　不同焊料在三种溶液中 Sn 元素的浸出

（a）Sn0.75Cu 焊料；（b）Sn37Pb 焊料

（2）腐蚀特征与浸出行为

观察 Sn37Pb 电子焊料在不同淋溶液条件下土壤环境中腐蚀 8 周的腐蚀产物 SEM 微观组织和 XRD 物相分析，结果分别如图 5.14 和图 5.15 所示。可见，在 H_2SO_4-HNO_3 淋溶液条件下，焊料表面形成较厚的由颗粒状组成的腐蚀产物，腐蚀层中还存在较多的微裂纹，如图 5.14（a）和（b）所示；XRD 检测结果发现该产物主要为 $PbSO_4$。在 H_2SO_4-HCl 淋溶液条件下，表面形成疏松多孔的 $PbSO_4$，如图 5.14（c）和（d）所示，XRD 图谱表明其产物同样为 $PbSO_4$。但是在 HNO_3-HCl 淋溶液条件下，表面形成了锡的氧化物，且该氧化物层不致密，有大量裂纹，在局部区域还有剥落的痕迹，如图 5.14（e）和（f）所示，由于该样品腐蚀程度大、表面极为粗糙，XRD 图谱中未见明显的锡氧化物的衍射峰，仅观察到 $PbCl_2$ 的峰。

上述结果表明，在含 H_2SO_4 的酸性淋溶液条件下，Sn37Pb 焊料腐蚀过程中表面形成 $PbSO_4$。由于 $PbSO_4$ 微溶于水，因此在焊料腐蚀过程中 Pb 元素以化合物形式沉积在金属表面，而难以以离子形式进入渗滤液中。该结果揭示了文献中报道的电子焊料中 Pb 元素在渗滤液中浸出极少的原因，在于 $PbSO_4$ 腐蚀产物的形成。而对于 HNO_3-HCl 淋溶液条件下，Pb 元素的浸出量较多。

另一方面，腐蚀产物的微观组织观察表明，$PbSO_4$ 产物层中存在裂纹、疏松等缺陷，这说明，$PbSO_4$ 产物层不能有效阻止金属的腐蚀，因此淋溶过程中 Sn 元素不断浸出。在 HNO_3-HCl 淋溶液条件下，仅形成氧化锡产物层，同时该产物层不致密、易于剥落，因此 Sn 元素浸出最多。

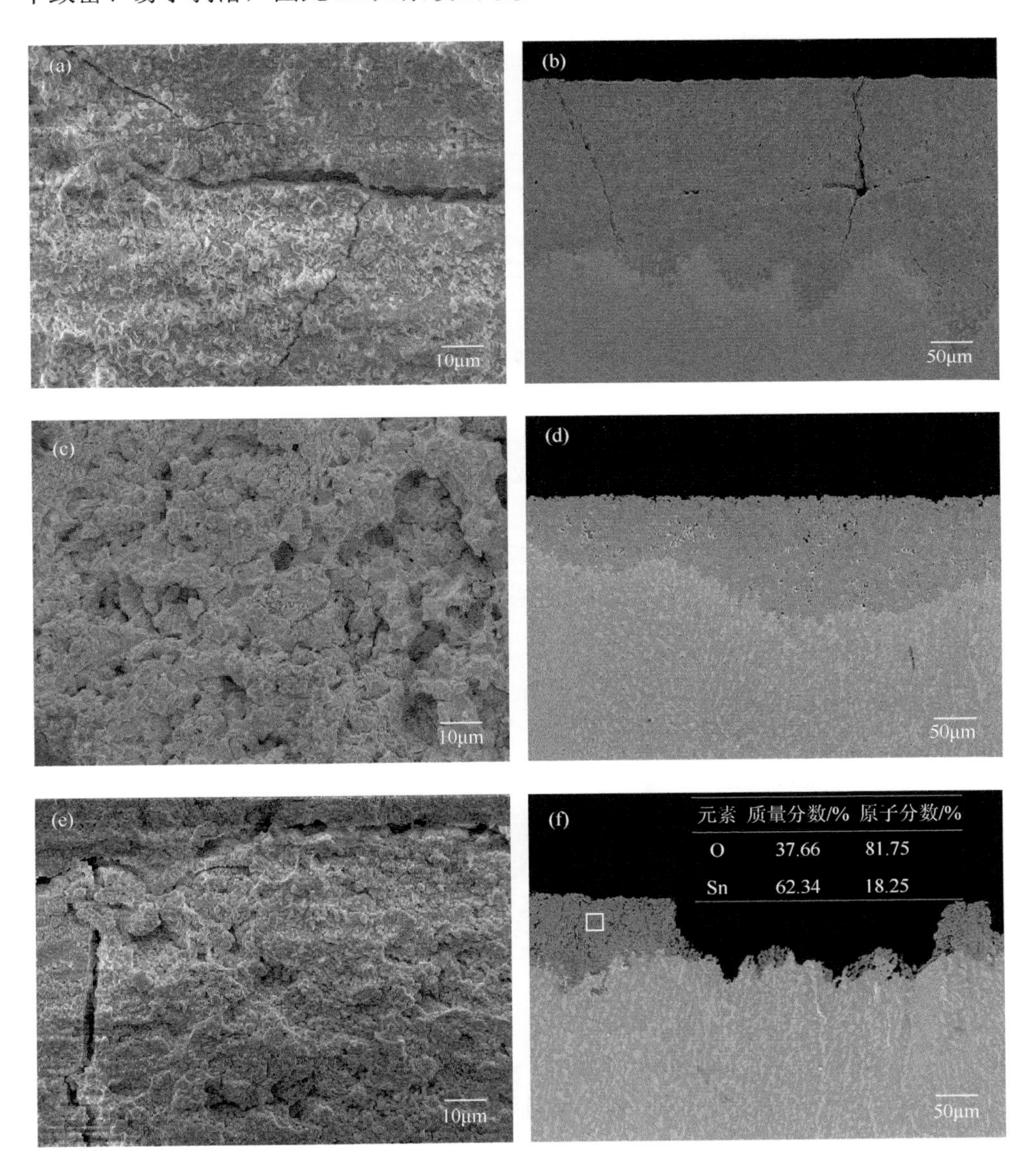

图 5.14　Sn37Pb 样品在不同淋溶液条件下腐蚀产物扫描电镜微观组织图片

（a）H_2SO_4-HNO_3 溶液，表面形貌；（b）H_2SO_4-HNO_3 溶液，横截面；（c）H_2SO_4-HCl 溶液，表面形貌；（d）H_2SO_4-HCl 溶液，横截面；（e）HNO_3-HCl 溶液，表面形貌；（f）HNO_3-HCl 溶液，横截面

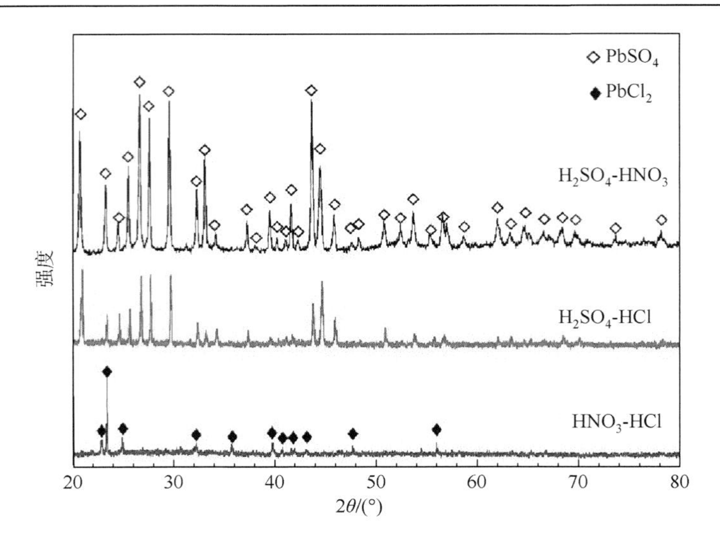

图 5.15　不同淋溶液条件下 Sn37Pb 腐蚀 8 周后的表面腐蚀产物 XRD 图谱

为了进一步确认在含有 H_2SO_4 淋溶液条件下的腐蚀产物，对产物横截面开展了电子探针面扫描分析，其结果如图 5.16 所示。在腐蚀层中，含有 Pb 元素的地方均含有 S 和 O 元素；而含有锡元素的地方却没有 S 元素。结合 XRD 图谱和 SEM

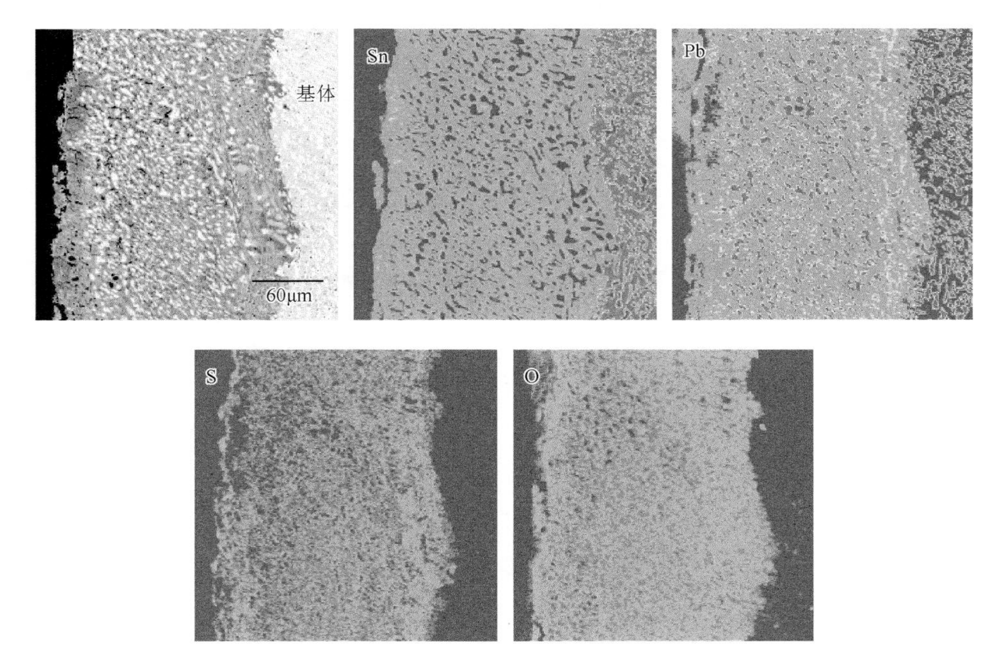

图 5.16　H_2SO_4-HNO_3 淋溶液条件下 Sn37Pb 焊料表面腐蚀产物层横截面的电子探针元素面分析

结果，表明腐蚀产物层主要是 $PbSO_4$，其中还残留一部分的 Sn 或 Sn 的腐蚀产物。由于 $PbSO_4$ 在水中较低的溶解度，其易于在金属表面发生沉积。文献报道表明[317]，SnPb 焊料在土壤填埋过程中仅在固体废物样本中检测到 Pb，而在渗滤液中未能检测到 Pb 元素。本工作结果进一步揭示出，Pb 在固体废物样本中的原因在于表面形成的 $PbSO_4$ 化合物沉淀。在有 H_2SO_4 淋溶液条件下，Pb 元素因易于沉积在金属表面而对土壤环境产生危害；而在不含有 H_2SO_4 淋溶液条件下，Pb 元素易于浸出迁移到渗滤液中，进而对地下水等水体产生危害。可见，不同淋溶液条件下金属的腐蚀特性存在差异，那么 SnPb 合金在这些溶液中的电化学腐蚀特性究竟有何不同，又如何影响其浸出的？为了回答这些问题，著者开展了焊料在淋溶液中的电化学耐蚀性测试，并试图建立电化学特征参数与浸出的关联。

（3）焊料在淋溶液中的电化学腐蚀特性

a. 焊料在淋溶液中的腐蚀电化学特征

为了揭示电子焊料在酸性淋溶土壤中的腐蚀电化学特征，开展了 Sn37Pb 和 Sn0.75Cu 在 H_2SO_4-HNO_3、H_2SO_4-HCl 和 HNO_3-HCl 溶液中的动电位极化测试，其结果如图 5.17 所示。可见，在 H_2SO_4-HNO_3 溶液中，Sn37Pb 焊料出现了 A、B 和 C 三个峰，在−0.32～−0.24V（SCE）之间表现出钝化区域特征；而 Sn0.75Cu 仅为 D 位置的一个活化峰，如图 5.17（a）所示。在 H_2SO_4-HCl 溶液中，Sn37Pb 焊料出现了 E、F 两个峰，而 Sn0.75Cu 仅为 G 位置的一个活化峰，如图 5.17（b）所示。HNO_3-HCl 溶液中两种焊料均呈现一个活化腐蚀峰，如图 5.17（c）所示。

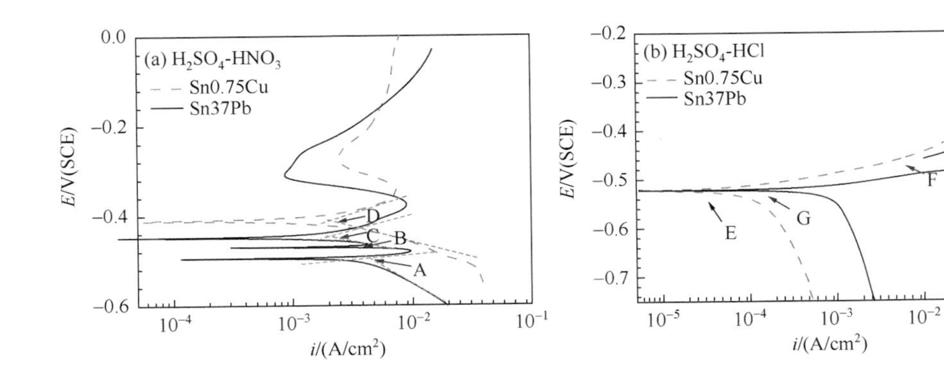

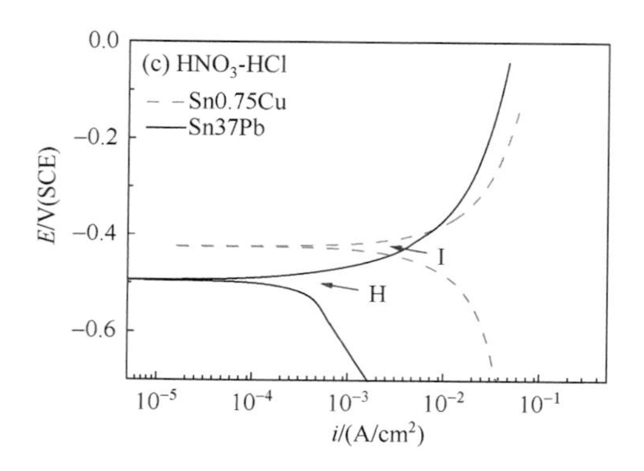

图 5.17　Sn0.75Cu 和 Sn37Pb 焊料在不同溶液中的极化曲线

为了进一步揭示极化过程不同阶段的电化学反应，根据图 5.17 的极化曲线开展了动电位极化至不同阶段后表面腐蚀产物的形貌和 XRD 分析。图 5.18 是 Sn37Pb

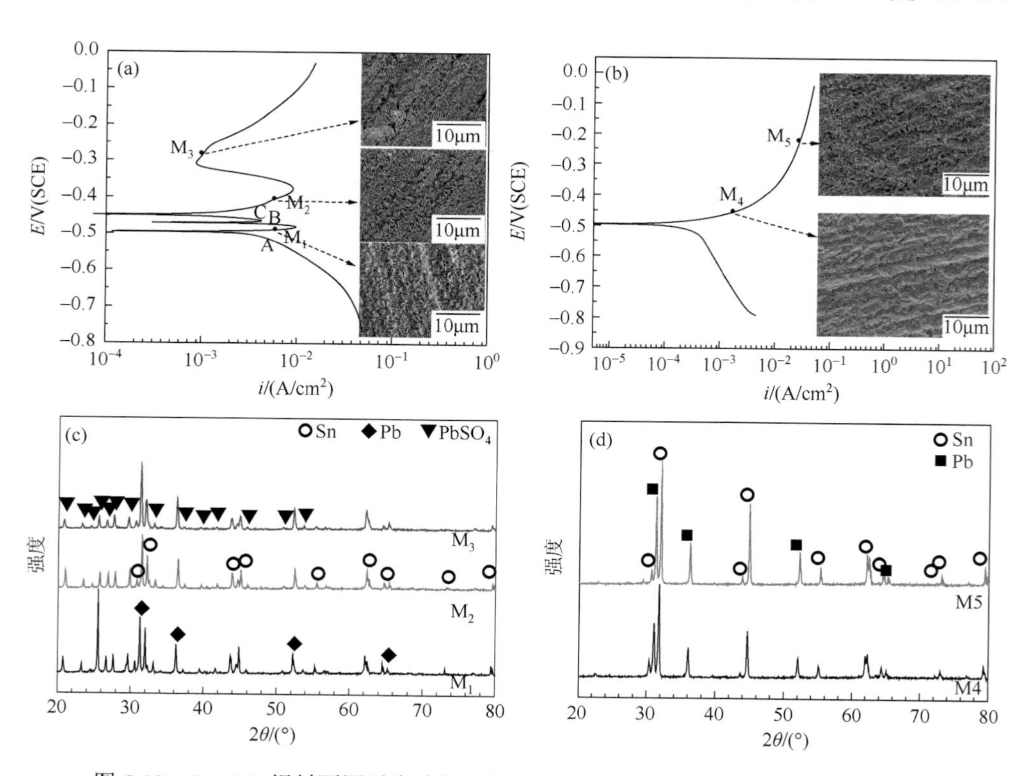

图 5.18　Sn37Pb 焊料不同反应阶段中恒电位极化后的表面产物形貌和 XRD 图谱

（a）H_2SO_4-HNO_3 溶液，表面形貌；（b）HNO_3-HCl 溶液，表面形貌；
（c）H_2SO_4-HNO_3 溶液，XRD 图谱；（d）HNO_3-HCl 溶液，XRD 图谱

在 H_2SO_4-HNO_3 和 HNO_3-HCl 溶液中不同极化阶段的表面形貌及 XRD 图谱。可见，在含有 H_2SO_4 的溶液中，在图 5.17（a）中，Sn37Pb 的活化腐蚀区域 A 附近的 M_1 极化时，表面为稀疏的片状 $PbSO_4$；在活化腐蚀区 C 中的 M_2 位置时，表面腐蚀产物均为增厚的片状和少量块状 $PbSO_4$。在钝化区域中 M_3 处极化后的产物仍然为 $PbSO_4$，如图 5.18（a）和（c）所示。

在不含有 H_2SO_4 的 HNO_3-HCl 溶液中，不论是在活化腐蚀区的 M_4 或远离活化区的 M_5 极化，在表面没有发现 Sn 或 Pb 的腐蚀产物，XRD 图谱中仅为基体的衍射峰，如图 5.18（b）和（d）所示。

从腐蚀电化学角度看，金属腐蚀的电极电位是判断是否具有腐蚀倾向的热力学判据。根据金属腐蚀的标准电极电位可知，与焊料腐蚀过程中可能发生的反应如下：

阳极反应：

$$Pb + SO_4^{2-} - 2e^- \longrightarrow PbSO_4 \quad \text{标准电极电位：}-0.358V \tag{5.12}$$

$$Pb - 2e^- \longrightarrow Pb^{2+} \quad \text{标准电极电位：}-0.126V \tag{5.13}$$

$$Sn - 2e^- \longrightarrow Sn^{2+} \quad \text{标准电极电位：}-0.136V \tag{5.14}$$

$$Sn^{2+} - 2e^- \longrightarrow Sn^{4+} \quad \text{标准电极电位：}0.151V \tag{5.15}$$

阴极反应：

$$H^+ + e^- \longrightarrow H_2 \quad \text{标准电极电位：}0V \tag{5.16}$$

可见，Pb 和 Sn 的腐蚀电位接近，但是当有 SO_4^{2-} 时，Pb 的腐蚀电位明显降低，结合图 5.18 所示的腐蚀产物可知，Sn37Pb 在 A 区域的活性腐蚀阶段发生式（5.12）的电化学反应，由于该材料由富 Pb 相和富 Sn 相组成，在 M_1 附近区域的腐蚀过程中 $PbSO_4$ 首先在富 Pb 相表面形成；当 $PbSO_4$ 覆盖所有富 Pb 相时，在 $PbSO_4$ 沉淀的保护作用下，腐蚀电流密度降低；而此时的电位对于 Sn 来说仍然是稳定不腐蚀的电位区，因此在−0.47V（SCE）附近出现电流密度由阳极电流向阴极电流转化的峰，如图 5.18（a）所示。继续增加电位至 C 区，富 Sn 相按照式（5.14）发生活性腐蚀；Sn 发生活性腐蚀导致新的富 Pb 相与溶液接触并形成 $PbSO_4$。当电位进一步增大，Sn 发生快速腐蚀，同时在表面形成较厚的 $PbSO_4$ 沉积层阻碍了反应进程，所以在 M_3 区域呈现钝化特征。在 HNO_3-HCl 溶液中，由于金属发生活性腐蚀，富 Pb 相和富 Sn 相分别按照式（5.13）和式（5.14）阳极反应进行。

对于 Sn0.75Cu 合金而言，在三种溶液中动电位极化测试后的表面形貌和 XRD 图谱如图 5.19 所示。可见三种溶液环境中表面均没有明显的腐蚀产物的沉积，表明电化学腐蚀过程中主要是 Sn 元素的活性溶解。

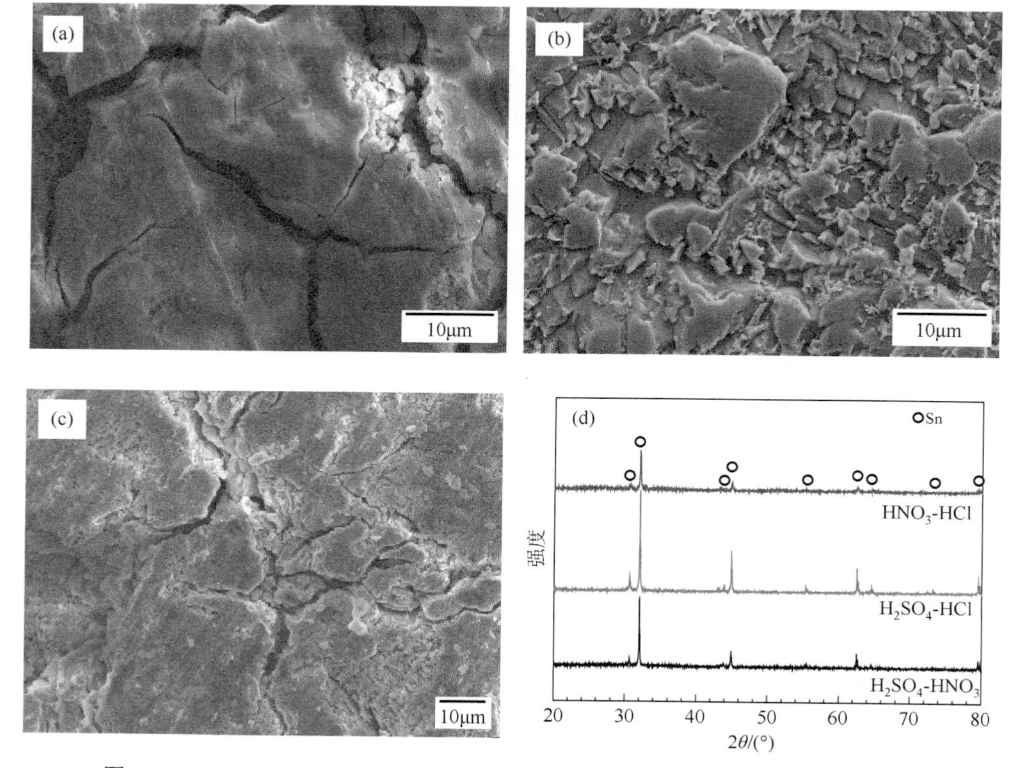

图 5.19 Sn0.75Cu 焊料在三种溶液中动电位极化测试后表面形貌和 XRD 图谱

（a）H_2SO_4-HNO_3 溶液，表面形貌；（b）H_2SO_4-HCl 溶液，表面形貌；（c）HNO_3-HCl 溶液，表面形貌；（d）XRD 图谱

b. 模拟接头中电偶的影响及腐蚀过程中的极化曲线

为了进一步分析模拟接头以及浸出试验过程中焊料的电化学腐蚀特性，开展了铜基板的动电位极化曲线与焊料极化曲线的叠加图分析，以及不同浸出时间条件下的极化曲线分析。图 5.20 是铜和 Sn37Pb 焊料在不同淋溶液中的极化曲线，可见三种淋溶液中铜的腐蚀电位均明显高于 SnPb 焊料，由此构成的电偶对中铜作为阴极被保护，而焊料作为阳极被加速腐蚀。

图 5.21 所示为 Sn37Pb 焊料在淋溶土壤填埋不同时间后的极化曲线。由图可见，由于腐蚀过程中表面产物的形成和极化的作用，焊料的腐蚀电位增加，从不同淋溶液成分来看，填埋 35 周之后焊料在淋溶液中的腐蚀电流密度从大到小依次为：HNO_3-HCl＞H_2SO_4-HCl＞H_2SO_4-HNO_3，该结果与图 5.13（a）中 Sn 元素的浸出量的大小顺序一致，表明浸出过程中的腐蚀特性直接影响金属元素的浸出行为。另外通过三种溶液对比还可以发现，在 H_2SO_4-HNO_3 淋溶液中，由于形成具有保护性的 $PbSO_4$，其腐蚀电流密度随填埋时间的延长而降低；但是，在含有 HCl

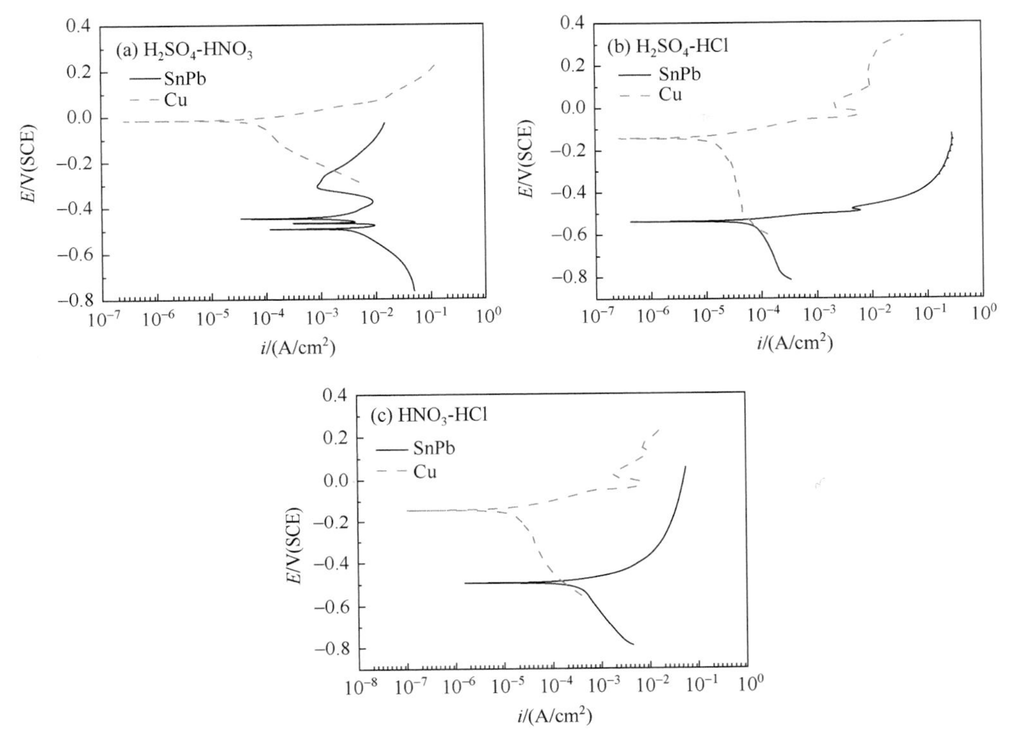

图 5.20 Sn37Pb 焊料和 Cu 在三种淋溶液中的极化曲线

的淋溶液中，即使表面能够形成 $PbSO_4$，由于氯离子强烈的侵蚀作用，填埋后焊料的腐蚀电流密度比初始条件下的反而增加，如图 5.21（b）和表 5.4 所示。

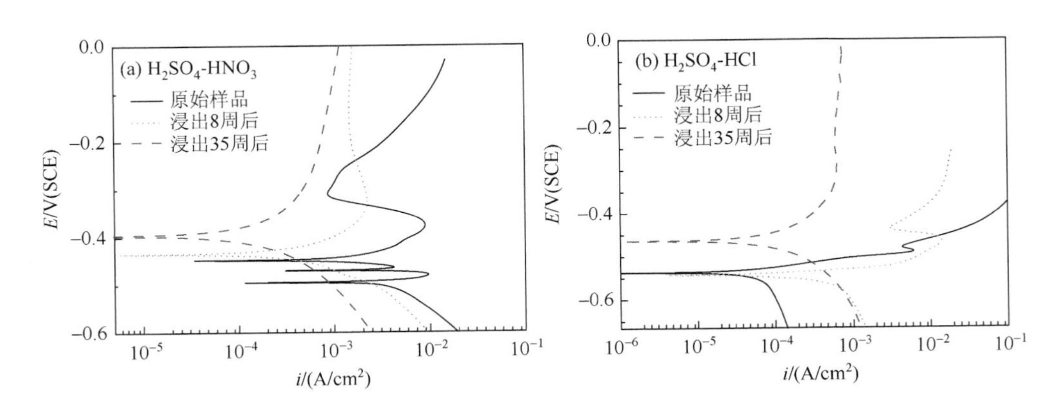

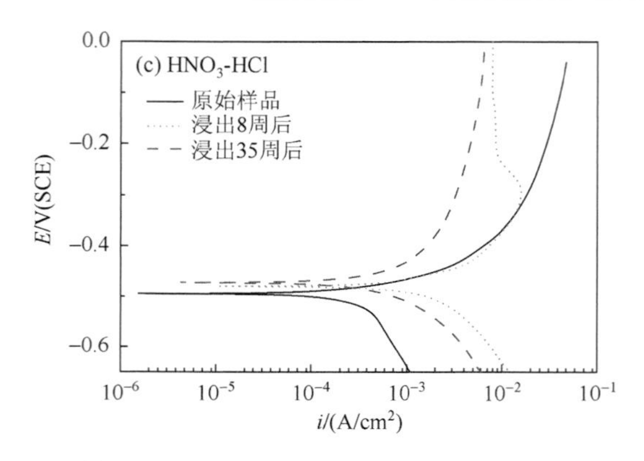

图 5.21 Sn37Pb 焊料在溶液中的极化曲线

表 5.4 根据图 5.21 极化曲线所得的 Sn37Pb 焊料在不同溶液中的电化学腐蚀特征参数

样品	参数	H_2SO_4-HNO_3	H_2SO_4-HCl	HNO_3-HCl
新鲜表面	i_{corr}/（μA/cm²）	4297	76.21	308.7
	E_{corr}/V（SCE）	−0.4951	−0.5369	−0.5000
腐蚀 8 周	i_{corr}/（μA/cm²）	1236	413.9	2335
	E_{corr}/V（SCE）	−0.4350	−0.5428	−0.4797
腐蚀 35 周	i_{corr}/（μA/cm²）	184	322	1372
	E_{corr}/V（SCE）	−0.3960	−0.4637	−0.4723

图 5.22 是由腐蚀电流密度法、失重法分别计算得到的不同时期 SnPb 焊料在 H_2SO_4-HNO_3、H_2SO_4-HCl 和 HNO_3-HCl 溶液中的腐蚀速率。由图可观察到由腐蚀电流密度法计算的腐蚀速率大于失重法计算的腐蚀速率，这是由于电化学方法测

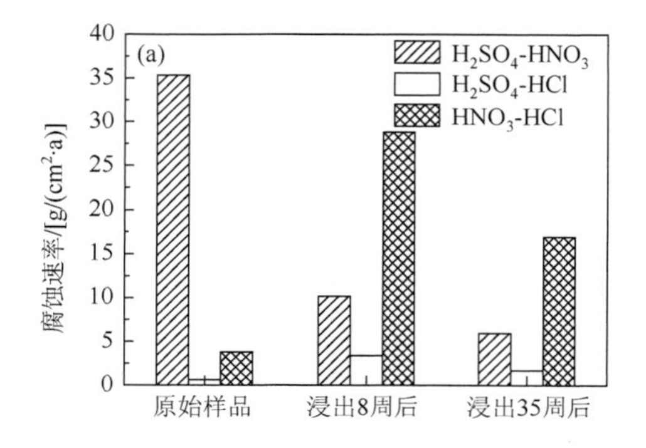

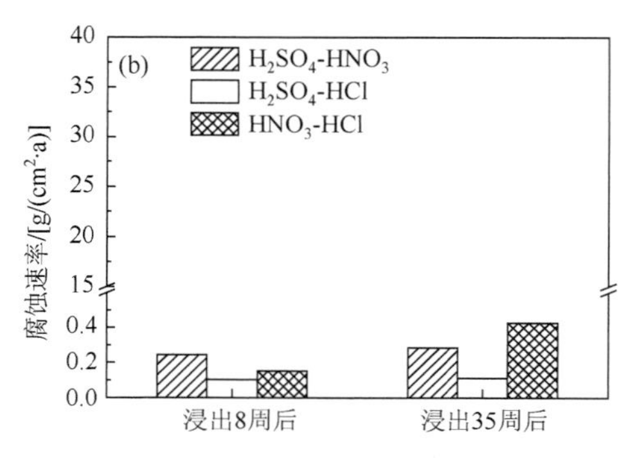

图 5.22 由腐蚀电流密度法（a）和失重法（b）计算得到的不同溶液中 SnPb 焊料的腐蚀速率

定的是瞬时腐蚀速率，而失重法测定的则是实验过程中的平均腐蚀速率[332]。杜翠薇等[329]研究发现，X70 钢在模拟溶液中的腐蚀速率大于现场土壤中的腐蚀速率，是由于在模拟溶液中的电化学反应更加迅速。尽管如此，我们的研究结果表明，采用电化学方法仍然是一种能够揭示废弃电子信息材料重金属元素发生浸出差异的电化学机制的有效手段。

（4）焊料电化学腐蚀与重金属浸出的关联

为了进一步建立金属腐蚀与重金属元素浸出的关联，阐明填埋过程中重金属元素的迁移特征，分析了 Sn37Pb 焊料在淋溶不同溶液至 52 周时单位面积的重金属元素浸出量和失重的联系，其结果如图 5.23 所示。由图可知，Sn37Pb 焊料在 H_2SO_4-HNO_3、H_2SO_4-HCl 和 HNO_3-HCl 溶液中的失重分别是 Sn 和 Pb 元素累计浸出量的 67.1、10.8、38.7 倍，这表明样品由腐蚀而造成的质量损失仅有一部分是进入渗滤液中的，那么另一部分则是存留在土壤中的，而且残留在土壤中的 Sn 和 Pb 元素的量大于渗滤液中的浸出量。

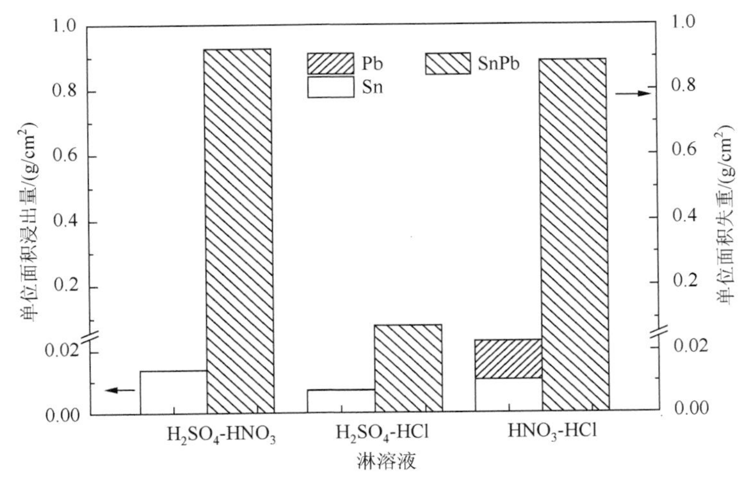

图 5.23　SnPb 焊料在不同淋溶液条件下的重金属元素浸出量和失重对比图

根据腐蚀特征分析可知，在含有 SO_4^{2-} 的 H_2SO_4-HNO_3 和 H_2SO_4-HCl 溶液中，SnPb 焊料以微溶于水的 $PbSO_4$ 的形态存留在土壤中，其渗滤液中 Sn 元素浸出量高于 Pb 元素浸出量，表明此条件下 Pb 元素对土壤的污染风险高，而 Sn 元素对水环境的污染风险高。在 HNO_3-HCl 溶液中，Sn 和 Pb 元素发生腐蚀时均为可溶性的二价离子，因此对土壤和水的污染风险均较高。

由于在含有 H_2SO_4 的淋溶液中 Pb 比较容易以 $PbSO_4$ 的形式存在于土壤中，因此进一步对比 H_2SO_4-HNO_3 淋溶液中不同 H_2SO_4 浓度下填埋 52 周后重金属元素浸出与失重，其结果如图 5.24 所示。由图可知，Sn37Pb 焊料在 0mol/L SO_4^{2-}、0.02mol/L SO_4^{2-} 和 0.2mol/L SO_4^{2-} 溶液中的失重分别是 Sn 和 Pb 元素累计浸出量的 2.2、158、911 倍。实验结果表明，在 0mol/L SO_4^{2-} 的溶液中，Sn37Pb 焊料的腐蚀失重与 Sn 和 Pb 元素累计浸出量相差不多，表明 Sn 和 Pb 元素对水环境的污染风险很高；在含有 SO_4^{2-} 的溶液中，仅有少量的 Sn 和 Pb 元素进入渗滤液中，其余部分则以不易溶于水的 $PbSO_4$ 和 SnO_2 的形态存留在土壤中，即 Sn 元素对土壤和水环境的污染风险较高，Pb 元素对土壤的污染风险较高。

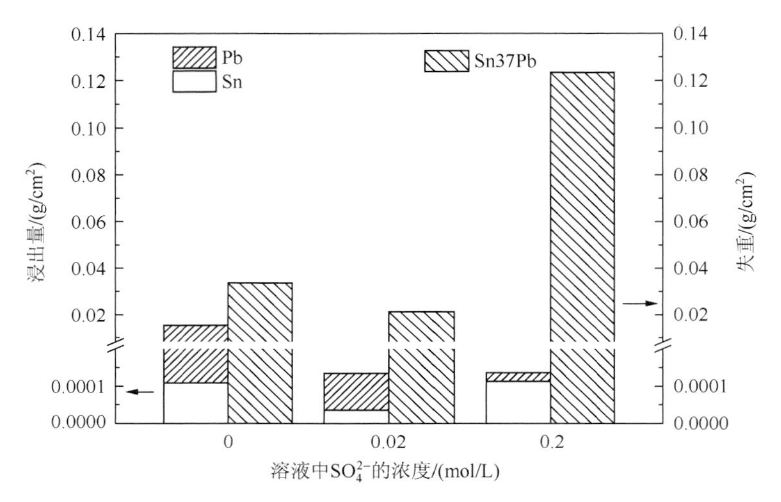

图 5.24　Sn37Pb 焊料在不同 SO_4^{2-} 浓度溶液中的重金属元素浸出量和失重对比图

综上所述，溶液中 SO_4^{2-}、NO_3^- 和 Cl^- 以及混合后的离子对 Sn 和 Pb 元素浸出行为的影响机制，使 Sn 和 Pb 元素对环境污染方式产生差异。基于 Sn 基焊料在不同溶液中的腐蚀产物以及重金属浸出行为的研究，Sn 和 Pb 元素对土壤和地下水的污染风险见表 5.1。

在含有 SO_4^{2-} 和 Cl^- 的溶液以及混合溶液(SO_4^{2-}-NO_3^-、SO_4^{2-}-Cl^- 和 NO_3^--Cl^-)条件下 Sn 元素的浸出量较高，其原因在于其活性反应形成可溶性 Sn^{2+} 腐蚀产物，因此 Sn 元素主要对地下水产生较高的污染风险；在含有 NO_3^- 溶液条件下，焊料表面腐蚀产物以 Sn 的氧化物为主，Sn 浸出量较低，因而 Sn 元素对土壤的污染风险较高。

在含有 NO_3^- 和 Cl^- 的溶液条件下，Pb 元素浸出明显，这是由于其所形成的可溶态 Pb^{2+} 浸出到渗沥液中，因此主要污染地下水环境；而 SO_4^{2-} 主要影响 Pb 元素的环境污染方式，当溶液中含有 SO_4^{2-} 且浓度较高时，Pb 元素优先形成 $PbSO_4$ 并沉积，导致浸出量低，因此 Pb 元素对土壤污染风险很高，当溶液中 SO_4^{2-} 浓度较低或无 SO_4^{2-} 时，Pb 元素形成可溶态 Pb^{2+}，导致浸出量增加，从而增大了对地下水环境污染风险。

第 6 章　废弃电子信息材料中重金属浸出预测及污染评价

6.1　重金属浸出量预测

6.1.1　国内废弃电子信息产品填埋量预测

电子信息产品废弃量的合理预测是实现重金属浸出预测及污染评价的首要步骤。然而电子信息产品受多种因素影响，其变化属于非平稳随机时间序列，如何有效地预测和评估电子信息产品的废弃量，不仅是废物管理体系规划建设的重要环节，还对预测废弃电子信息产品的填埋量至关重要。

一般而言，电子信息产品的废弃量与历年的电子信息产品生产和销售量高度相关，同时受到产品使用年限的影响，因此基本预测方法是利用产销量、社会保有量的历年数据辅以对产品使用年限的假设来估计未来报废总量。这类方法可以为回收处理立法和设施规划提供废物产生总量的趋势性判断。但随着回收活动的开展，基于真实回收数据的分析与校验对于反思回收处理体系的实施效果，以及进一步的制度完善，则至关重要。我国电子废物管理体系建立之初，在缺少可靠的废弃回收量的情况下，主要依据产品销量的历史数据预测 WEEE 产生量的变化趋势[38]。

目前，在估算模型方面，世界上有多种废弃电子信息产品的产生量估算方法[37]：

①市场供给模型：根据产品的销量数据和产品的平均寿命期来估算电子信息产品废弃量。

②市场供给 A 模型：与市场供给方法类似，只是关于产品平均寿命采用了分布值，即假定每年的产品都服从几种不同的寿命期，并赋予一定的比例。

③斯坦福（Stanford）模型：与市场供给 A 方法类似，但是考虑了产品寿命期分布随时间的变化，特别适应于电脑等淘汰速度变化很快的 IT 产业产品。

④卡内基·梅隆（Carnegie Mellon）模型：通过考虑废弃后的处置方式，对市场供给方法进行了修正，针对废弃后四种不同的处置方式，分别赋予一定比例，估算出循环量、存储量、再使用量以及填埋量（图 6.1）。

⑤时间梯度模型：采用社会保有量计算废弃量，根据销量数据以及个人和产业的保有量水平来估算。

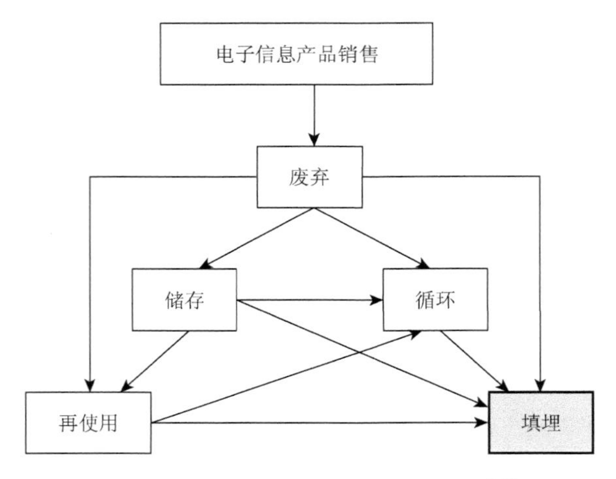

图 6.1 Carnegie Mellon 模型流程图[36]

⑥“估计”模型：结合库存量与平均寿命期方法计算，用社会保有量除以平均寿命期。该模型的计算原理与市场供给模型一样，只不过考察废弃量的原始数据来源不同。由于我国现阶段经济发展水平较低，被处置而完全废弃的废弃物数量很有限，大多又经过简单维修翻新进入二手市场或被闲置起来，所以每年社会保有量的增量大致与市场供给模型中的年销售量相同，因此一般利用“估计”模型计算出来的废弃量要比利用市场供给模型计算出来的量大[39]。

⑦ICER 模型：通过估计产品替换率来估算废弃量。

刘小丽等[37]根据电子电器产品的销量、社会保有量以及产品寿命期等因子，分别采用 Stanford 模型和市场供给模型对我国 2000～2010 年间的电脑、电视机、冰箱、洗衣机、空调等（“四机一脑”）五大类电子电器产品的年度废弃量进行估算。结果显示，到 2003 年电脑年度废弃量达到 447 万台，总体呈增长趋势；电视机、冰箱的废弃量在 2003 年分别达到 4229 万台和 976 万台 2010 年度电脑废弃量约 2000 万台，电视机和冰箱分别为 5573 万台和 1186 万台。洗衣机年度废弃量有一定波动，大约在 2005 年达到一个高峰，废弃量为 1521 万台；空调废弃量相对于其他家电较少，但一直处于稳步增长期。可见电子信息产品废弃量大，而且增长较快，相应的处置和资源再生化将是我国电子废物管理面临的一个难题。

梁晓辉等[36]利用彩电、冰箱、空调、洗衣机和电脑等五种电子信息产品的销售量及其在废弃阶段不同处理处置方式的比例等信息（图 6.2），以 Carnegie Mellon 模型为基础，对 2008～2012 年全国范围内这五种电子信息产品的废弃量、再使用量、储存量、循环量和填埋量分别进行了预测。结果显示，2008～2012 年，五种电子信息产品废弃量呈增长趋势，其中废弃电脑的增长速度最快，废弃彩电的填埋量大，废弃冰箱和洗衣机的废弃量增长速度较为和缓；废弃彩电、冰箱、洗衣机、空调和电脑累积填埋量分别为 10950.73 万台、3634.08 万台、4322.15 万台、4398.59 万台、1263.82 万台。

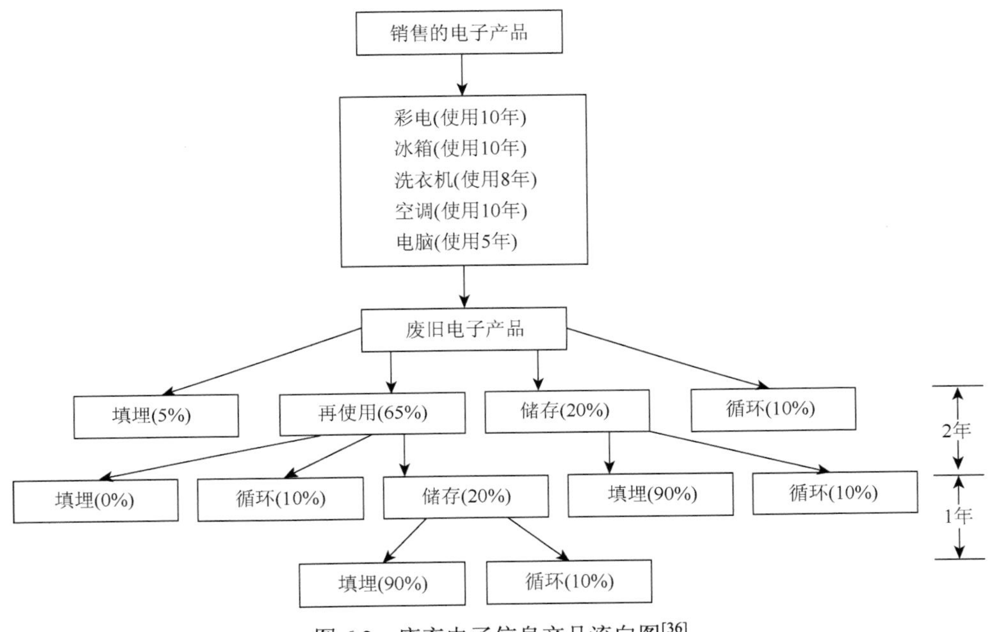

图 6.2　废弃电子信息产品流向图[36]

张伟等[333]根据电子电器产品的国内销售量、产品寿命期、平均质量以及各省份保有量等数据和参数，使用斯坦福（Stanford）模型定量化预测了 2011～2020 年我国主要电子废弃物产生量及各省份分布情况。结果表明：未来十年，我国各类电子信息产品废弃量将呈现较快的增长趋势，2011、2015、2020 年总产生量分别达到 394×10^4t、613×10^4t、963×10^4t，年均增速 7.9%左右；家用电器类电子废弃物仍将是主要来源，但以手机和便携电脑为代表的数码和电脑类电子废弃物增速和产生总量同样十分显著；电子废弃物的产生区域主要集中在东南沿海等发达地区以及河南、四川等人口大省。

《回收——变电子废物为资源》的报告[45]采用 11 个发展中国家的数据，评估了当前以及今后电子废物的产生情况，其中包括报废的旧台式电脑、笔记本电脑、打印机、手机、传呼机、电话、音乐设备、冰箱、玩具以及电视。报告预测到 2020 年，中国由旧电脑产生的电子废物量将从 2007 年水平猛升 200%～400%（图 6.3），由废弃手机产生的电子废物量将比 2007 年增加 7 倍，电视电子废物将增加 1.5～2 倍。目前，中国在国内已有 230 万 t（2010 年估计值）的电子废物，仅次于 300 万 t 的美国[334]。

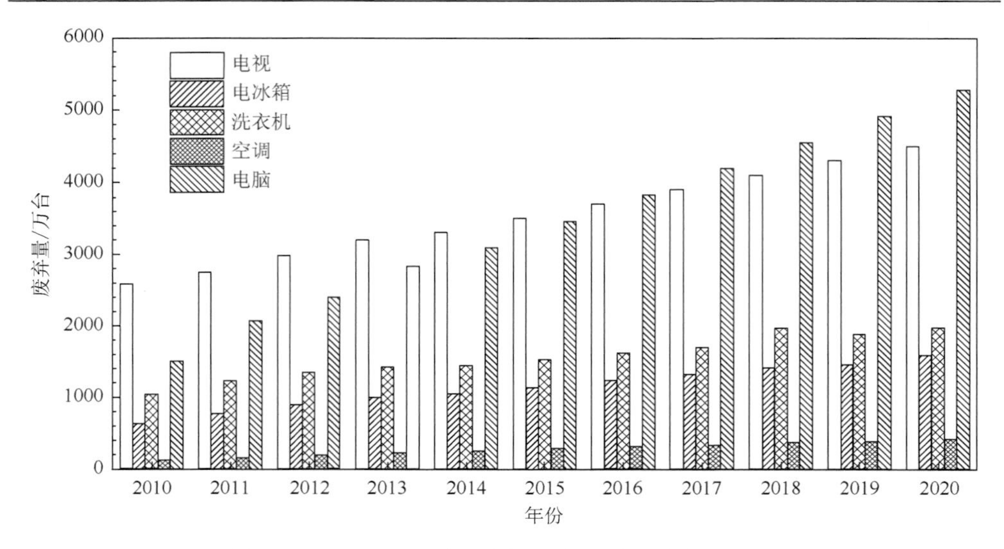

图 6.3　2010～2020 年中国“四机一脑”废弃量预测

上述几种模型侧重于电子信息产品废弃量的不同影响因素，因此计算结果存在很大差异，详见表 6.1。研究人员采用不同的预测模型，估算了部分省区的电子信息产品废弃量，见表 6.2。

表 6.1　不同方法预测的全国主要电子信息产品废弃量（万台）

预测模型	年份	电视	冰箱	洗衣机	空调	电脑	总量
市场供给[37]	2010	5573.05	1186.52	1261.30	550.27	1956.70#	10527.84
Carnegie Mellon[36]	2010	3178.70	966	1248	1436.65	571.45	7400.8
	2012	3318.20	1000	1387	2237.57	1064.30	9007.07
Stanford*[333]	2020	7223.8			5524.1		
保有量系数法[335]	2010	2582.12	612.36	1033.54	122.06	1493.14	5843.22
	2015	3581.77	1194.53	1588.42	382.12	3542.67	10289.51
市场供给[43]	每年	3350	976	756	65	448	5595
市场供给*[44]	2010	5583	1165	1270	539	1982	10539

*表示从图中读取的数据；#表示采用 Standford 估算模型。

表 6.2　我国不同省区电子信息产品废弃量预测情况（万台）

省区	模型	年份	电视	冰箱	洗衣机	空调	电脑	总量
河南[336]	社会保有量	2015	129.95	85.69	103.83	93.11	49.31	461.89
河南[39]	“估计”模型	2015		832.22	946.94	646.67		2425.83
广东[337]	市场供给 A 模型	2015	274.59	137.80	105.27	327.76		845.43
		2020	173.24	143.14	134.46	352.75		803.59

续表

省区	模型	年份	电视	冰箱	洗衣机	空调	电脑	总量
广西[338]	市场供给 A 模型	2015	60.52	27.20	22.86	23.37		133.95
		2020	80.88	47.40	39.15	56.26		223.69
天津*[339]	Logistic 模型	2015	81.67	5.57		159.63	29.69	276.56
		2020	115.08	16.71		406.49	57.54	595.82
江苏[340]	社会保有量	2015	245.85	60.20	102.76	194.02	133.02	735.85
山西[341]	市场供给 A 模型	2015	71.33	24.28	29.77			125.38
山西	Standford 模型	2013					32.95	32.95
上海[342]	市场供给 A 模型	2015	133.40	39.68	54.51	216.87	36.84	481.3
		2017	163.24	56.32	67.98	296.47	51.74	635.75
上海[343]	“估计”模型	2015	125.9	41.8	44.0	112.8	152.0	476.4
沈阳[344]		2013	198.88	138.35	144.57			481.8

*表示从图中读取的数据。

上述研究虽然对电子信息产品废弃量进行了预测，但未给出填埋量预测数据。梁晓辉等[36]对中国电子信息产品废弃量进行了预测，利用彩电、冰箱、洗衣机、空调和电脑五种电子产品的销售量及其在废弃阶段不同处理处置方式的比例等信息，以 Carnegie Mellon 模型（图 6.1）为基础，对 2008～2012 年的这五种电子产品的废弃量、再使用量、储存量、循环量和填埋量分别进行了预测。图 6.4（a）～（e）为 2008～2012 年中国国内“四机一脑”的废弃数量以及填埋量，由图可知这五种电子信息产品的废弃量及填埋量呈逐年递增的趋势，且填埋量平均占废弃量的 70%、76%、71%、58%和 39%。其中电脑的废弃量和填埋量增幅较大，2011 年填埋量比 2010 年增加了 66%。图 6.4（f）为 2008～2012 年国内“四机一脑”废弃量与填埋量五年累计数量，其中彩电的累计废弃量和填埋量最高，空调次之，电脑最低。

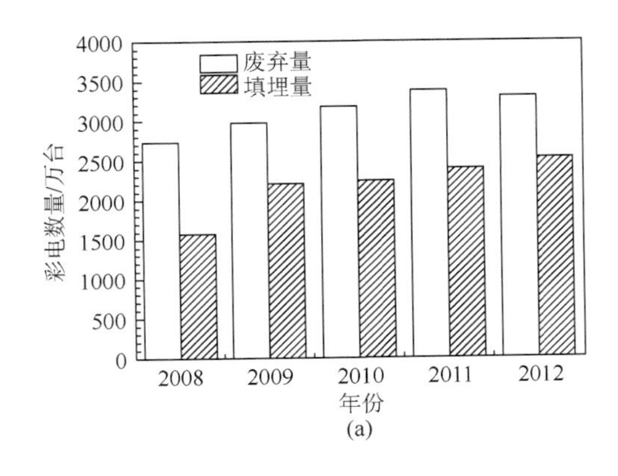

(a)

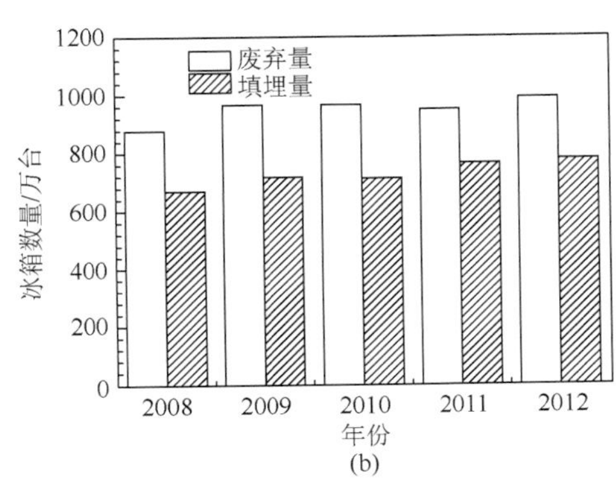

(b)

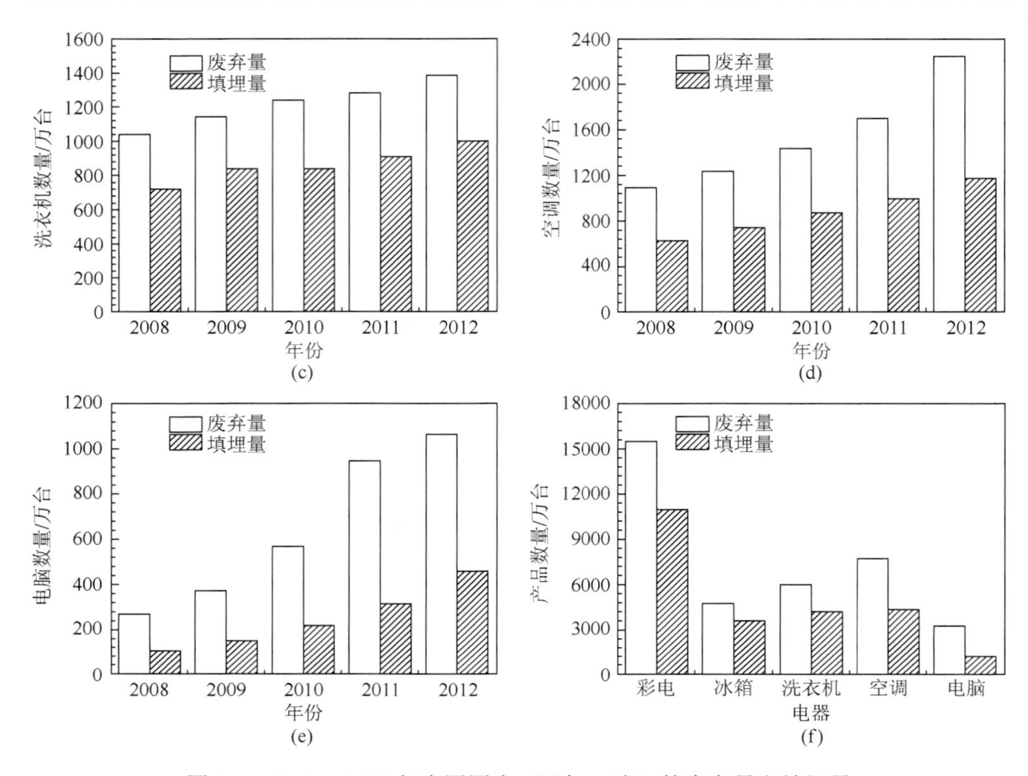

图 6.4　2008～2012 年中国国内“四机一脑”的废弃量和填埋量

（a）彩电；（b）冰箱；（c）洗衣机；（d）空调；（e）电脑；（f）2008～2012 年“四机一脑”五年累计量

随着液晶显示器的广泛应用，其废弃量也逐渐增多。庄绪宁等[345]采用灰色模型 GM（1，1）和 Carnegie Mellon 模型，对台式电脑 LCD、笔记本电脑和液晶电视 2014～2020 年的销售量、废弃量、再使用量、储存量、循环量和填埋量进行了预测。图 6.5 显示了 2014～2020 年中国国内液晶显示器的废弃量及填埋量。由于电脑的技术革新速度较快，电脑寿命越来越短，导致其废弃量迅速增加，台式电脑 LCD 和笔记本电脑 7 年累计废弃量和填埋量都高于液晶电视的废弃量和填埋量。

6.1.2　重金属浸出量预测

2011～2015 年部分省区累计废弃电子信息产品数量如图 6.6 所示，详见附录。当年约有 5%的废弃电子信息产品被填埋，电视和电脑中印刷线路板的质量分别占 7%和 23%，据统计 Sn 和 Pb 元素分别占印刷线路板质量的 4%和 2%，由此可得出五年期间部分省区填埋的电视和电脑中印刷线路板中的 Sn 和 Pb 元素的含量，如图 6.7 所示。

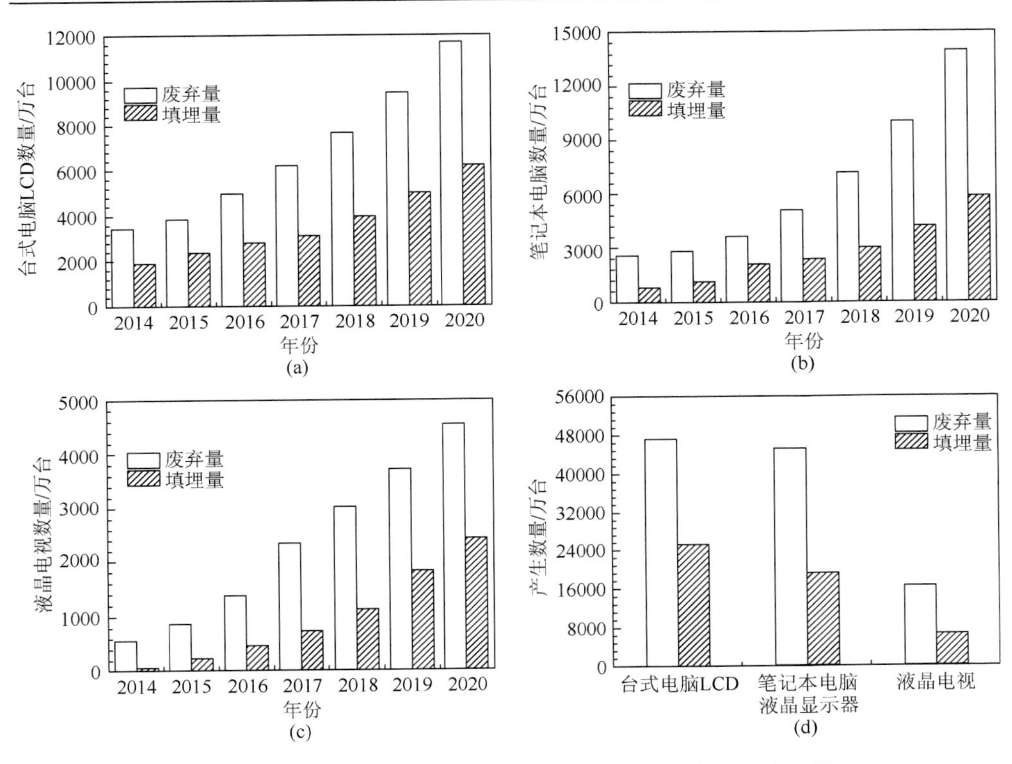

图 6.5　2014～2020 年中国国内液晶显示器的废弃量及填埋量

（a）台式电脑 LCD；（b）笔记本电脑；（c）液晶电视；（d）2014～2020 年液晶显示器 7 年累计量

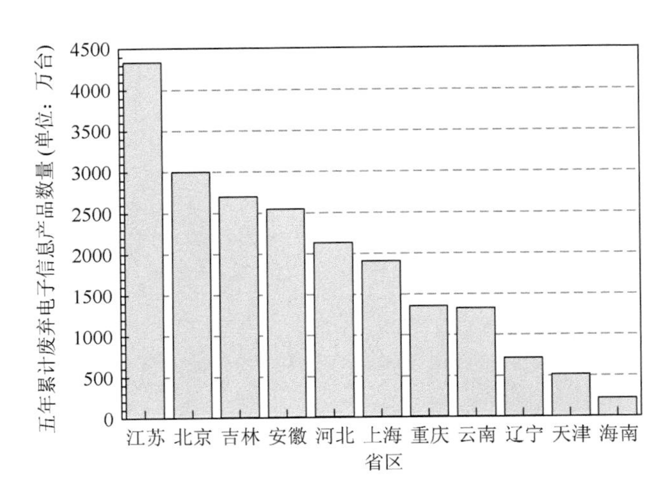

图 6.6　2011～2015 年部分省区累计废弃电子信息产品数量

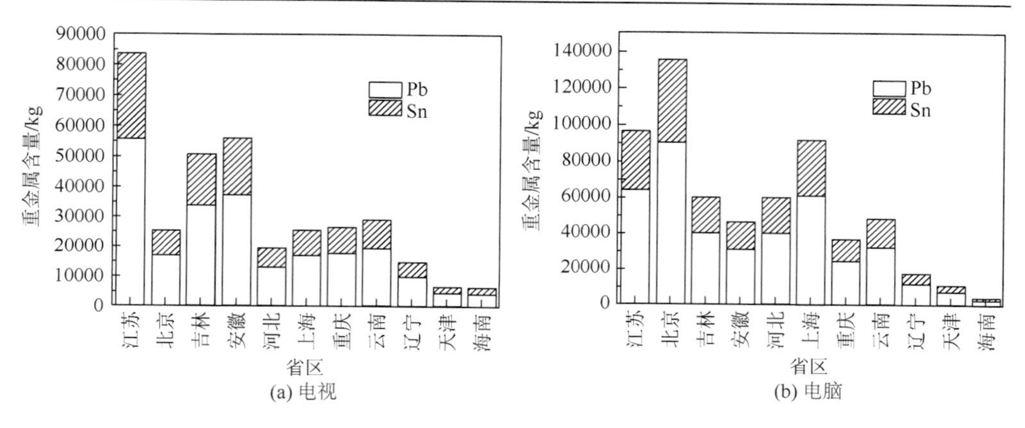

图 6.7　2011～2015 年部分省区废弃电视和电脑中印刷线路板的重金属元素含量

根据本课题组获得的重金属释放率的数据，当采用极端淋溶酸性溶液时，经过 32 周后，2011～2015 年部分省区填埋废弃电视和电脑中的印刷线路板腐蚀后，进入地下水中的 Sn 和 Pb 元素的浸出量预测结果如图 6.8 所示。可见在这五年内有大量的 Sn 元素浸出到地下水中，Pb 的迁移性等特征使浸出到水中的 Pb 元素相对较少，但 Sn 和 Pb 对环境造成的危害不容小觑。由于采用的重金属浸出量预测模型尚在探索中，该预测结果有待进一步的修正。

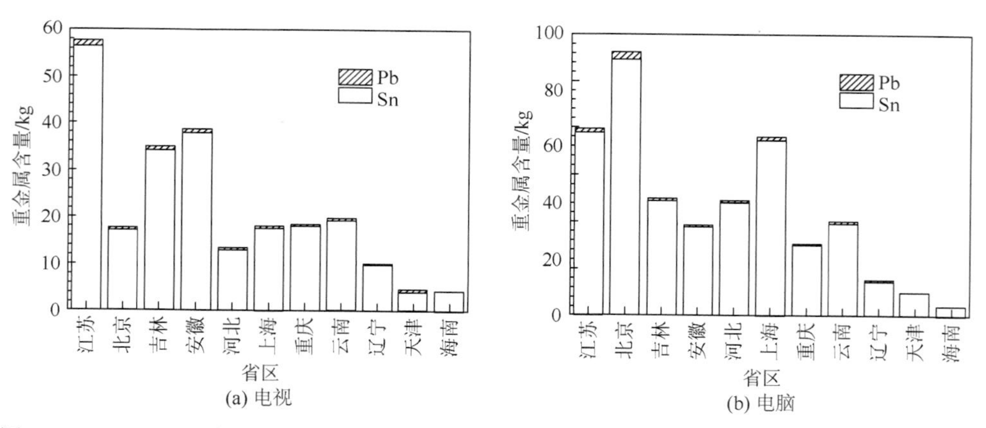

图 6.8　2011～2015 年部分省区废弃电视和电脑中印刷线路板的重金属元素在水中浸出量预测

6.2　废弃电子信息材料对环境的污染评价

根据环境污染评价的手段和最终服务对象的不同，可将环境污染评价分为两类体系，一类是通过大气、水、土壤等实际环境中重金属、有害气体等的实测，并基于一系列评估模型及系统，如模糊数学理论[346]、地球信息系统[347]、层次分析法和熵值法[348]等，获取某一地域时空环境污染演化特征，进而为相关地区宏观政策制定和发展规划提供数据支撑。另一方面，从行业及企业个体经济发展的角度，目前的经济发展总是伴随一定的环境污染作为代价[349]。建立合理的环境污染评价体系，不仅为行业及企业个体在调整处理经济、污染与防护以及创新发展等关系问题时，提供数据支撑及策略，同时为国家政策制定和规划提供参看，目前，其尚存在挑战。针对个别领域，例如本书的废弃电子信息材料环境污染评价中，如 5.4 节所述，主要涉及腐蚀所产生的重金属污染问题，因此书中主要借鉴腐蚀评估的体系来评价环境污染。

Evans 在简介腐蚀科学发展史时提到“另一个发展史增加了把腐蚀看成经济问题的兴趣”。从 1920 年开始，便有专家对腐蚀经济损失作了估计。Uhlig 于 1950 年估算了美国的材料腐蚀直接损失为每年 55 亿美元。1969 年 Hoar 负责调查英国的腐蚀损失和降低措施，1971 年提出报告，年损失为 13.65 亿英镑。美国商业部所属的国家标准局（NBS）与巴特尔纪念研究所合作，执行国会的指示，于 1976 年发表报告指出，美国的腐蚀损失为每年 820 亿美元，占美国当年国家总产值的 4.9%，由于货币贬值及其他因素的影响，这两个数值于 1982 年分别为 126 亿美元及 4.2%。澳大利亚于 1983 年发表报告指出：英国、美国、苏联、芬兰、瑞典、联邦德国、印度及澳大利亚八国的腐蚀损失的估算约为各国国家总产值的 2%～4%，上限包括了腐蚀的间接损失[350]。

腐蚀研究的重要性，可从三方面考虑：

①经济损失：研究目的在于减少腐蚀所导致的金属材料及金属结构如桥梁、船舶、建筑、管道、储罐的损失。

②保证安全：腐蚀有时可导致灾难性事故，导致生命及财产的损失，如压力容器、锅炉、飞机零部件、桥梁、核电站容器、汽轮机叶片等的损坏所引起的事故。

③资源保护：地球的金属资源是很有限的，腐蚀浪费了“金属资源”，也耗费了这些金属结构生产所需要的“能源”及“水源”。

国际上至今还没有确定的统一的腐蚀调查方法，目前采用的有 Uhlig 方法、Hoar 方法以及 Battelle 方法。

①Uhlig 方法：该方法从生产、制造方面单纯地累加直接防蚀费进行评估。例如，算出利用各类防腐蚀措施，包括表面涂装和镀层等表面处理、耐蚀材料、防锈油、缓蚀剂、电化学保护、腐蚀研究、腐蚀检测等所需费用。

②Hoar 方法：该方法是按各使用领域的腐蚀损失和防蚀费的总和进行推算。由于使用领域涉及许多方面，而且同一使用领域的使用地点分散在全国各地，调查相当困难，于是采用函调的方法，并进行有针对性的访问，在得到可靠的数据后利用统计方法推算。

③Battelle 方法：该方法是根据企业生产关联表，用投入/产出矩阵方法进行统计，对同一系统在同一条件下，将无腐蚀、含腐蚀、腐蚀被控制三种情况下的总费用进行比较，推算腐蚀损失[351]。

腐蚀的经济损失通常可分为直接和间接两大类。结合我国具体条件，此次采用发送咨询调查表的方法，对我国电子信息产品产生的腐蚀损失进行了估算。

6.2.1 直接损失

直接损失包含更换被腐蚀掉的结构、机器或其零部件所需的费用，如更换冷凝器管、汽车排气管、金属构件等所需材料及劳力费用。

本次调研以山东大型家电企业为例进行分析。该企业 2012 年主营业务收入超过 40 亿元，主要产品市场占有率 27%，现有员工人数 6000 余人，其中防腐蚀岗位 130 余人，企业基本情况见表 6.3。该企业产品腐蚀主要由高温高湿环境、海鲜类食品以及沿海气候等因素引起。腐蚀类型主要为点蚀，因此对产品金属板材进行表面处理，磷化或陶化后喷粉固化。影响该企业设备的人为因素是维修保养，物的因素是配件质量，环境因素主要是设备磨损。作为一个生产体系较为成熟的家电企业，防腐蚀技术及设备较为完善。

表 6.3 调研企业基本情况

年份	2009	2010	2011	2012	2013（第一季度）
主营业务收入（现行价）/万元	256938	359131	403246	400282	
主要产品市场占有率/%	25.12	25.68	26.38	27.34	
现有员工人数	5977	6699	6368	6074	7583
防腐蚀岗位人员数			235	137	125

2010～2012 年该企业防腐蚀直接投入费用如图 6.9 所示，分别是防腐蚀设备固定资产折旧、防腐蚀设备更新改造费、防腐蚀设备维修费、涂料和涂装费，以及药剂费。显然，涂料和涂装费用相对较高。该企业 2011 年和 2012 年防腐蚀直接投入费用比例如图 6.10 所示，2011 年和 2012 年投入的涂料和涂装费用的比例较高，分别占 71%和 50%；其防腐蚀设备固定资产折旧比例保持在 11%，防腐蚀设备更新改造费则由 2011 年的 5%提高至 2012 年的 30%，这说明企业注重防腐蚀设备的更新，以提高产品质量，从而加大对防腐蚀设备更新的资产投入；而防腐蚀设备维修费用相应降低，比例由 2011 年的 6%降到 2012 年的 2%；2011～2012 年间企业投入等数额的药剂费用，分别占当年防腐蚀直接投入费用的 7%和 6%。

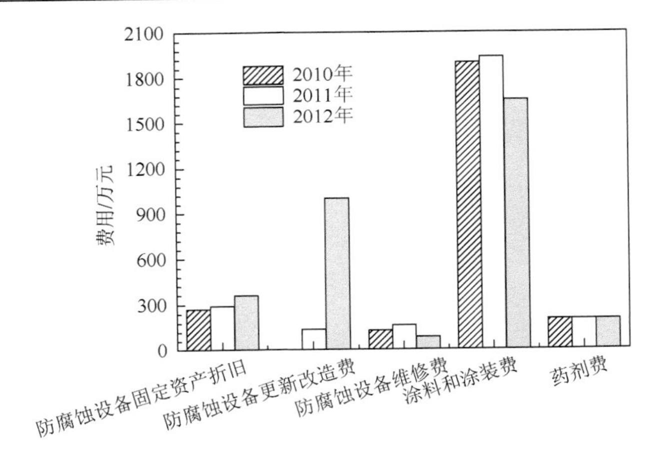

图 6.9　某企业防腐蚀直接投入费用

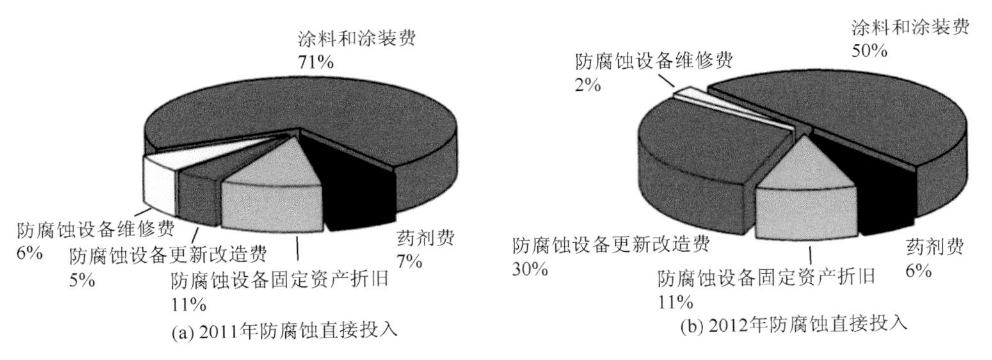

图 6.10　某企业防腐蚀直接投入费用比例

除上述企业防腐蚀直接投入费用外，防腐蚀队伍支出也是直接损失调研的项目之一，这部分内容包括专业防腐人员劳动报酬、保险支出、劳保费用、医疗费用和单位员工防腐培训支出。由于企业未单独核算防腐蚀成本，因此调研中部分项目企业无法明确给出相关数据，仅能提供防腐人员的劳动报酬和保险支出费用的相关数据。

受经济危机、市场供求、企业规划等外界因素的影响，该企业专业防腐人员流动性较大，如图 6.11 所示，近年来防腐蚀人员呈减少趋势。2011 年防腐人员 235 人，至 2013 年第一季度防腐人员有 125 人，约为 2011 年度防腐人员的 1/2，因此，企业防腐队伍的劳动报酬和保险支出费用也呈减少趋势，如图 6.11 所示。

该电子信息产品生产企业在防腐蚀方面的直接损失为防腐蚀直接投入费用和防腐蚀队伍支出费用的总和，如图 6.12 所示，防腐蚀直接损失呈逐年递增的趋势，2012 年其直接损失费用几乎高达 4000 万元。根据现有数据假设 2013 年三个季度直接损失与第一季度持平，那么 2013 年度的直接损失将突破 6000 万元。

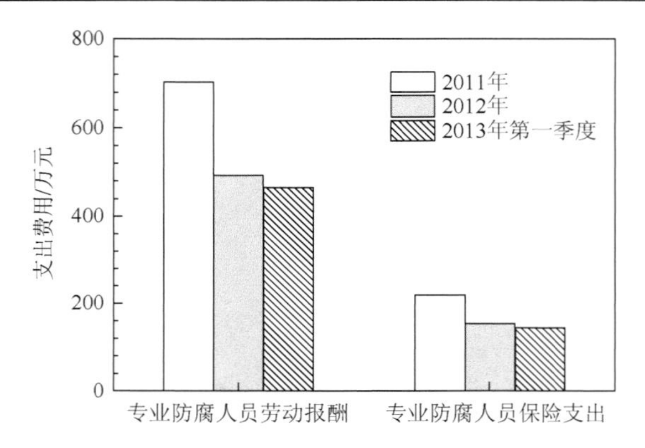

图 6.11　某企业防腐蚀队伍支出

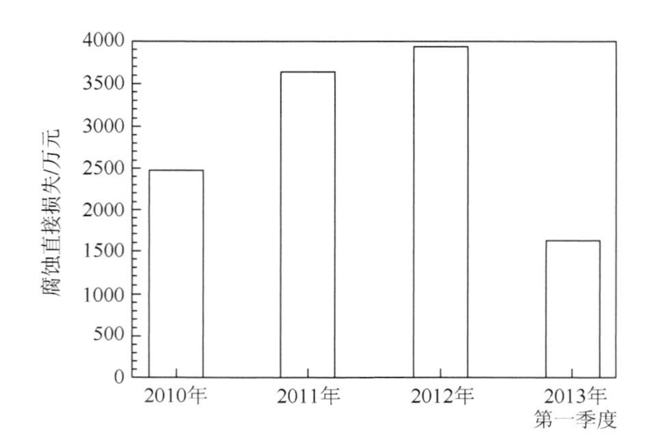

图 6.12　某企业因腐蚀造成的直接损失

6.2.2　间接损失

间接损失较难估算，一般包括如下五个方面[350]：

①停工：如炼油厂更换一根被腐蚀的钢管只需几百美元，但停工一小时，产值损失可达一万美元。

②产品损失：例如，被腐蚀的管道可导致油、气或水的流失。

③降低产品效率：例如，腐蚀导致汽车的活塞及气缸的配合发生偏差，从而增加耗油量。

④产品的污染：例如，微量金属可导致产品颜色改变，使产品报废；美国食品药品管理局规定，食品中铅含量不能超过 0.0001%，铅的腐蚀，可使此类产品报废；大量玻璃罐头的金属盖由于点蚀成小孔，使内储食物腐烂而报废。

⑤腐蚀容差设计：由于缺乏恰当的腐蚀速率数据或缺乏控制腐蚀的措施，为了安全起见，经常对金属构件给予“充裕”的腐蚀容差。

由腐蚀而导致的人身安全事故、环境污染等，其产生的经济损失更难以估算，例如，容器的爆炸，化工设备的突然破坏，飞机、火车、汽车等交通工具产生的事故，还导致重大的社会及政治影响。

根据我国实际情况，腐蚀造成的间接损失调研项目包括以下几个方面：

①腐蚀造成的环境污染赔偿；

②腐蚀造成的人员伤亡赔偿；

③腐蚀造成的停工损失；

④腐蚀造成的产品质量损失；

⑤其他腐蚀性间接损失。

但对间接腐蚀损失的评估遇到了困难，其原因是受调查企业对腐蚀所造成的间接腐蚀损失没有进行系统统计和评估，无法提供相应的数值。而理论上通常认为间接腐蚀损失比直接腐蚀损失大。例如，根据现有数据，石油工业的间接腐蚀损失是直接腐蚀损失的 3 倍，某化纤厂为 6～8 倍，某电厂为 1.3 倍。

间接腐蚀损失如何评估？美国是将直接腐蚀损失加倍计算总腐蚀损失，即间接腐蚀损失与直接腐蚀损失相当。日本则是将用 Uhlig 方法推算的结果代入到投入/产出方法中计算，得到的腐蚀损失（包括直接和间接腐蚀损失）是用 Uhlig 方法推算直接损失结果的 2.43 倍，即间接腐蚀损失是直接腐蚀损失的 1.43 倍。我国控制腐蚀的水平远不如美国、日本，设我国间接腐蚀损失是直接腐蚀损失的 1.5～2 倍看起来是合理的[351]。根据这一推断，对该电子信息产品生产企业产生的间接腐蚀损失估算，2010～2013 年第一季度的间接损失如图 6.13 所示，与直接损失相同，间接损失逐年递增，2012 年的间接损失几乎高达 8 千万元，根据现有数据假设 2013 年其余三个季度直接损失与第一季度持平，那么 2013 年度的直接损失将突破 1 亿元。

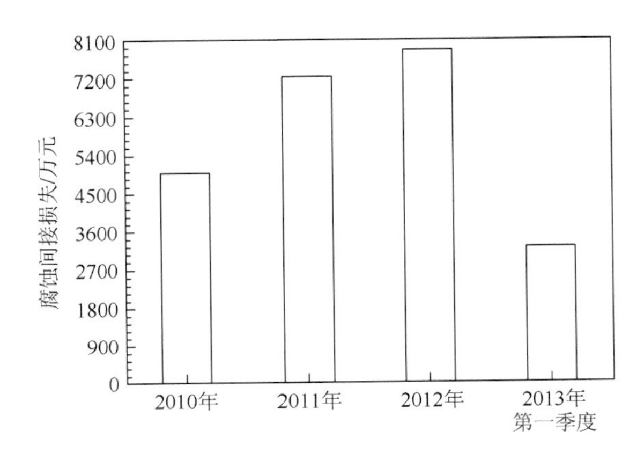

图 6.13　某企业因腐蚀造成的间接损失

6.3 建议和展望

6.3.1 我国废弃电子信息产品管理政策演变

尽管我国电子信息产品废弃数量逐年上升，但是其回收率很低，由废弃电子信息产品所造成的以及潜在的危害形势都十分严峻。我国已经陆续颁布实施了一些废弃电子信息产品的相关政策，以减少废弃电子信息产品对环境造成的危害。2003 年，国家确定了浙江省和青岛市为废旧家电及电子产品回收处理体系试点省市。2009 年，财政部、商务部、发改委、工业和信息化部、环境保护部、工商总局、质监总局等部门联合印发《家电以旧换新实施办法》，拟定 2009 年 6 月 1 日至 2010 年 5 月 31 日期间，在北京、天津、上海、江苏、浙江、山东、广东、福州和长沙等 9 省区试点家电以旧换新[352]。据商务部统计，截至 2009 年 12 月 17 日，9 个试点省区共回收五大类旧家电 352.5 万台，其中电视机 256.9 万台，冰箱 27.9 万台，洗衣机 44 万台，空调 4.6 万台，电脑 19.1 万台，分别占总回收量的 73%、8%、12%、1%和 5%（图 6.14）；截至 2010 年 2 月 4 日，9 个试点省区共回收旧家电 642.5 万台，拆解旧家电 312.9 万台[353]。

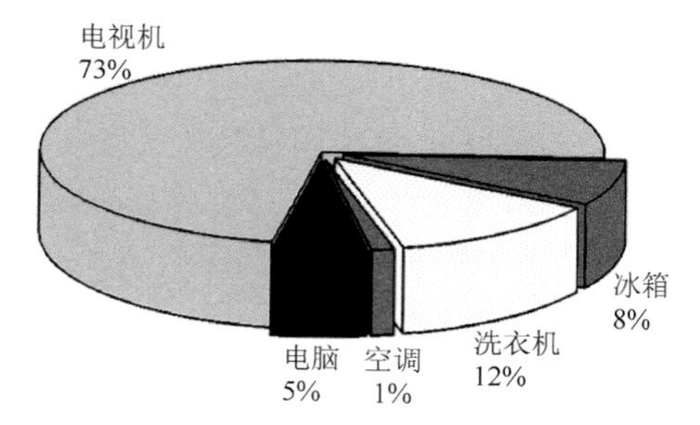

图 6.14　2009 年年底 9 个试点省区回收废弃“四机一脑”比例

家电“以旧换新”活动是国家针对全球金融危机推出的经济刺激方案的一部分，其本意并非以促进回收利用为核心目标。但是这一活动由于将回收处理纳入到补贴活动之中，极大地激励了生产企业、销售企业、回收者和消费者合作，引导废弃电子产品流入具有资质的正规处理厂，客观上吸引了大量资金投入废弃电子信息产品回收体系和处理设施的建设。然而，这一政策的临时性意味着它不能成为废弃电子信息产品回收与循环利用的长期机制。随着《废弃电器电子产品回收处理管理条例》步入实施，这一活动导致的废弃家电价格虚高的后遗症也给回收体系建设带来新的挑战。比较不同的预测模型与实际回收量，可以发现家电“以旧换新”试点城市的实际回收量总体上低于模型预测，这一结果一方面预示着正规回收处理渠道可能还有较大的发展空间，《废弃电器电子产品回收处理管理条例》的实施有必要进一步明确废弃产品回收率和再生利用率的政策目标。另一方面，由于《废弃电器电子产品回收处理管理条例》的补贴基金难以提供家电以旧换新项目所提供的补贴力度，短期内正规处理厂可以获得的废弃产品投入还有可能继续维持较低的水平。因此有必要对规划处理设施的建设规模进行重新评估，避免盲目投资。此外，不同产品和不同区域之间回收量与预估量的比例差别也很大，说明有必要进一步针对不同产品和地区特点，完善预测模型，改进回收管理机制。特别是针对产品特点积极引导和鼓励生产企业建立基于个体责任的生产者回收体系，真正体现生产者责任延伸原则促进产品设计改进和提高废弃后管理效率的联动机制[38]。

家电“以旧换新”活动试点最初主要分布在京津和沿海一带，并未涉及内陆各省区，此外，当前的回收体系并没有覆盖广大乡村区域，而维修翻新的二手产品大量流向农村地区，给未来的回收处理带来更大挑战。跨越城乡差异，完善我国废弃电子信息产品管理制度，建立覆盖广泛的循环经济体系，还有较长的路要走[38]。

2012 年，财政部、环境保护部、发改委、工业和信息化部联合公布了第一批废弃电器电子产品处理基金补贴企业名单，由享受该补贴政策的企业所在省市分布可知，国家正在逐步扩大废弃电器电子回收的试点省市，延伸至内陆以及东北等省区，并且开始对废弃电子信息产品回收企业进行政府资金资助。国家正在逐步加大对废弃电器电子产品回收处理的力度和范围。

虽然我国已经颁布了电子废弃物相关政策文件，在一定程度上规范了废弃电子信息产品回收处理制度，然而，这些政策法规仅为指导性文件，并未强制禁止民间的非正规回收行为[66]，而且国内未能建立全面的废弃电子信息产品回收网络，致使废弃电子信息产品正规渠道回收的比例非常低。欧盟将“生产者延伸责任制”定义为生产者必须负责产品使用完毕后的回收、再生和处理，并且该制度已经在欧盟、美国、日本、德国、荷兰等许多国家和地区有关废弃产品管理和污染控制的立法和实践中得到了广泛的运用，而国内现有法律法规对生产者延伸责任的具体规定大都不明确、不完善，缺乏可操作性[354]，约束力不强，因而未能引起企业对废弃产品回收的重视。

6.3.2　废弃电子信息产品管理存在的问题

管理废弃电子信息产品时，有以下五个主要考虑因素[17]：

①法律法规：法律的详尽程度，如体系操作实施过程中考虑了多少细节问题。

②体系覆盖面：一方面，体系是包含所有品牌还是部分品牌；另一方面，所

有废弃电子信息产品的管理对应一个体系，还是不同的废弃电子信息产品对应不同的体系。

③体系补贴：该因素关注的问题是谁付费，付费多少，为什么。一种极端情况是全部由外部补贴——回收和循环利用产生的经济负担由用户或生产商承担，或由政府部门提供补贴。另一方面，体系内部资金则是由废弃电子信息产品自身承担。

④生产者责任制：该环节主要考虑到生产者需要承担责任的程度，以及该责任如何实施。每个生产者可单独对其产品负责，也可联合起来形成废弃电子信息产品管理体系。

⑤确保执行：此环节设计要考虑监督和平衡。制定惩罚机制，而收集和再利用的目标通常用来衡量责任者是否遵守规定。

图 6.15 对部分国家和组织的废弃电子信息产品管理系统进行了图解比较。表 6.4 为图中指标等级的定义。该图显示，针对上述五种因素，不同国家有不同的管理机制。各等级划分仅是主观的认知，分值的高低并不表示该国家或组织的管理体系在这项因素上的表现更好或是更差，仅说明经济指标相当的国家和组织（如欧盟和日本）可以有完全不同的废弃电子信息产品管理体系。由图 6.15 可看出，我国在法律法规、体系覆盖面和生产者责任制三个因素上处于中级，目标回收率和印度持平，而体系补贴方面还不如印度投入的多，这也掣肘了我国废弃电子信息产品管理体系的推进和发展。因此，加大对废弃电子信息产品管理资金投入，也是推动废弃电子管理发展方向之一。

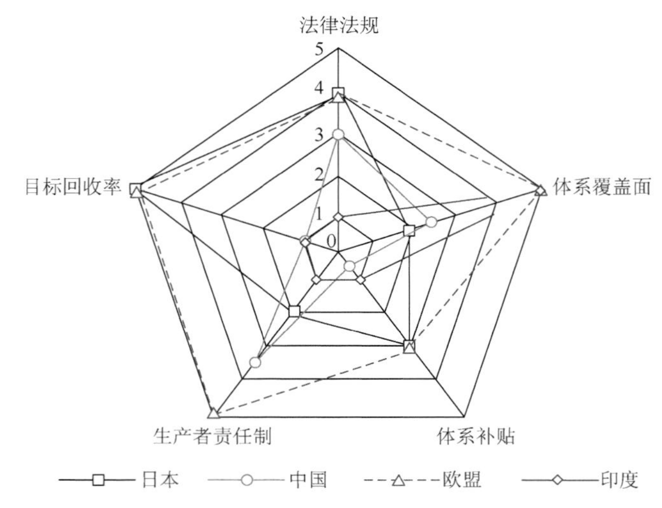

图 6.15　部分国家和组织废弃电子信息产品管理体系特征[17, 41]

表 6.4　图 6.15 中指标等级定义[17]

比较指标	低（值=0）	中（值=3）	高（值=5）
法律法规	无相应法律法规	现有法律法规实施灵活	现有法律实施严格
体系覆盖面	不管理	少量的明确管理的废弃电子	管理所有的废弃电子
体系补贴	无外部补贴	部分外部补贴	全部外部补贴
生产者责任制	无	选择性的生产者责任制	严格的生产者责任制
目标回收率	无	少量收集或回收目标	各流程均有法定目标

（1）回收体系问题

a. 产品回收处理难点分析

回收是废弃电子信息产品处理与再利用的首要环节，也是最困难的一个环节。只有把被淘汰的废弃电子信息产品通过一定的回收渠道集中起来，才能进行集中拆解与处理，从而可能全面控制环境污染。当前，阻碍中国废弃电子信息产品的资源再生的一个关键问题，是在全国各省份尚未形成一个较为完整的、规范的回收体系。各地区基本上都有自己自发形成的废弃电子信息产品回收网络，回收过程不规范，最终用户手中 90%以上的废弃电子信息产品是由不可控制的个体和民营机构收购。这些废弃电子信息产品一部分进入回收、处理与再利用产业，被采用成本最低的、污染环境的方式回收，如广东省贵屿镇、浙江省台州市等典型的废弃电子信息产品回收拆解基地，还有相当一部分经过简单的翻新或维修后再售出，进入二手市场。因此，如何规范回收渠道，如何保证废弃产品通过回收渠道进入正规处理企业，是第一大难点。

b. 目前的回收体系

中国的回收体系可大致分为三个体系（图 6.16）：第一，是与消费者直接接触的小商贩，其中部分是纯粹的个人，部分是回收点的雇员；第二，是回收点或者个体经营者，一般在旧货市场或者住宅区拥有一个小的门面，有些同时还可以自行拆解或者翻新；第三，是较大的回收企业，拥有多家网店，有地方性的，也有跨区域性的，其中最大的当属商务部下属的供销总社。至 2005 年 10 月，中国有近 3000 家旧货市场、5500 多家旧货企业、8000 多家旧货商铺，500 多万从业人员，每年的旧货交易额达上千亿元，并以每年 25%以上的速度增长[355]。

目前回收废旧家电的主要渠道有以下类型：

①市政垃圾回收。消费者将废弃的电子信息产品随生活垃圾一起丢弃，这些电子垃圾在市政回收点进行简易分类处理，部分交由回收企业处理，部分随生活

垃圾填埋或焚烧处理。

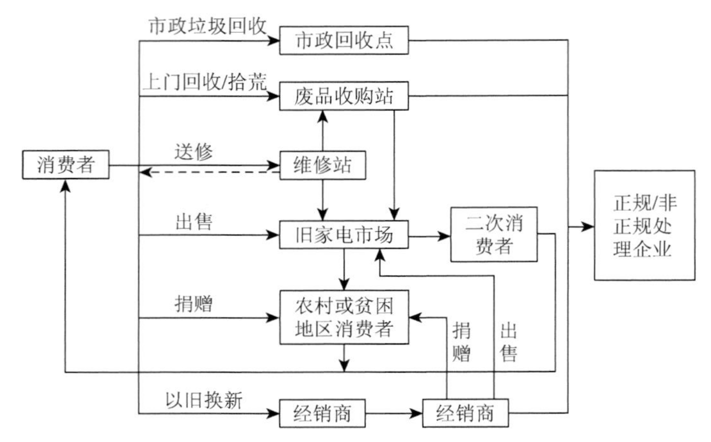

图 6.16　我国废弃电子信息产品回收处理体系现状[31]

②旧货收购商和上门回收的小商贩。旧货收购商通过和有关社区联系，固定日期上门收购、上门服务。但由于收购量不确定，且成本较高，这种回收方式日渐萎缩。在中国几乎所有的城市里都有骑着三轮车走街串巷专门收购废弃电子信息产品的小商贩。这些小商贩将收购来的废旧电子信息产品卖到专门处理废品的物资市场，经过筛选和处理，完成二手家电、零配件和废品的分流；也有些小商贩是专门为一些小作坊处理厂收购的，这些废旧电子信息产品被送到处理厂筛选和处理，完成分流；由于这些小作坊处理厂一般采用落后的拆解和金属提取工艺，不考虑环保因素，对环境造成了很大的污染。

③消费者自行送到维修站。当消费者确定电子信息产品无法继续使用或者维修费用过高时，则直接丢弃，进入维修站。

④出售。消费者将闲置的电子信息产品出售到二手家电市场进行流通。

⑤捐赠。消费者将家中闲置的电子信息产品捐赠给农村或贫困地区的消费者。

⑥家电经销商的以旧换新。家电经销商通过以旧换新活动，回收旧家电。在这种活动中，商家一般受二手家电经营者或者厂家的委托，开展“以旧换新”活动，这种活动同时也是商家促销新家电的手段。其中 90%以上的回收家电被卖给收旧货的人，仅一小部分回流正规处理企业。这些旧电器经过筛选和初步维修后，能继续使用的，就当二手家电继续售出；不能继续使用的，拆解，将好的零部件留下当组装配件或维修配件继续使用，剩下的废品按金属、塑料、玻璃等归类，卖给废品处理厂。

以上六种渠道的回收方式，可以归纳为两个特点：一是回收的目的是从废弃电子信息产品中盈利，而不是为了处理废弃电子信息产品；二是收购来的废弃电子信息产品都要完成二手电子信息产品的分流，其中将二手电子信息产品进行再商品化销售。因此，完善中国废弃电子信息产品的回收管理，二手家电市场是废旧电子信息产品回收利用处理的重要环节。

c. 回收废弃电子信息产品来源

目前中国废弃电子信息产品的主要来源大致有三方面。一是电子信息产品加工和生产过程中产生的边角料和未出厂前废弃的电子信息产品。近年来，世界电子信息产品加工基地在中国的形成，必然使边角料、工艺废料等的数量增加。二是城乡收集队伍上门收集，包括走家串户从普通消费者手中收集和到企事业单位收集。三是国际走私。由于中国禁止进口废弃电子信息产品，部分不法商贩为了获取更充分的货源，利用进出口管理过程中的一些漏洞，采用瞒报、夹藏甚至走私的手段，或者通过一般贸易或加工贸易形式以旧机电产品名义进口大量国外废弃的电子信息产品[356]。

（2）拆解问题

中国对废弃电子信息产品回收处理技术的研究始于20世纪90年代，但是一直以来，政府缺乏对废弃电子信息产品处理的管控，使得整个行业长期采用原始的处理方式，而对先进的环保处理技术缺乏必要的投入。近年来，由于政府的支持，以及相关政策的陆续颁布，这一情况得以改善，一些环保企业和电子产品制造商均开始涉足此领域的技术研发，但由于起步较晚，成果并不显著。

中国废弃电子信息产品处理与再利用业分布地区很广，但主要集中在天津郊区、浙江台州及广东清远、南海和汕头等地，这些地区以拆解废弃电子信息产品以及处理“洋垃圾”为主。各地有不同的回收、拆解、处理方式，企业拆解处理的投资不大，规模很小，只需要十几个人甚至几个人，多采用人工方式，工艺原始，技术落后，难以达到对废弃电子信息产品无害化处理的要求，资源化处理和无害化技术缺乏。以家庭作坊和个体经营形式存在的加工处理企业大多数投资不大，回收率低，资源浪费严重；回收处理工艺、设备和资源再生技术还相当落后，对环境存在很大的威胁。最近几年，以一些废弃电子信息产品拆解处理比较集中的地区为中心，逐渐形成了一个组织比较完善、回收网络覆盖全国主要城市、再生材料面向中国东南部经济发达地区的废弃电子信息产品回收处理链。以广东汕头贵屿镇为例，全镇在镇以外专门从事废弃电子信息产品回收购销的供销员达三千多人，分布在全国各地的购销点多达一千多个。这些购销点通过设点收购、委托收购、约定收购、上门收购、向贸易公司购买、与生产企业建立废料购销关系等多种形式，把全国各地回收的废弃电子信息产品、珠三角地区生产企业产生的边角料、残次料和报废产品等源源不断地转运到贵屿进行拆解利用。贵屿镇回收的废弃电子信息产品主要来源于浙江、上海、广东的深圳和南海等地，加工处理后的二手电子元器件等又络绎不绝地销往长江三角洲、珠江三角洲等各地区[353]。

目前，国内仍然没有一家企业拥有能够完整处理“四机一脑”的完善设施。为了探索和解决这一问题的方法，国家发改委陆续指定了四家示范企业，分别是青岛海尔、杭州大地、北京华星和天津和昌，给予一定的资金支持。这些企业或者采取自主研发的方式，或者采取技术引进的方式，均具备了一定的处理能力。近年来，国内有 50 余家废弃电子信息产品回收处理企业列入了环境保护行政主管部门的临时目录，但这些企业中许多都没有实际应用的废弃电子信息产品拆解的设备，尤其是冰箱拆解的设备，主要原因是这些设备投资高昂，要建设成一整套废旧电子信息产品拆解处理工厂，投资高达近千万元或上亿元，尤其是冰箱处理线，进口设备需要两千万至三千万元左右，在国家政策标准没有出台，尤其是氟利昂排放要求没有出台前，几乎没有企业投资建设。

综上所述，当前回收处理企业的主要问题是：仍旧以采取原始的手工拆解处理方式为主，导致了严重的环境污染；采取环保方式处理的企业很少，而且设施不齐全，由于处理成本高，均无法依靠单一的废弃电子信息产品处理业务而盈利。中国对已经进入回收领域的废弃电子信息产品主要有两种途径处理：第一种途径是所谓的“再使用”，将仍可使用的一些电子元器件从有关电子信息产品中拆解下来，作为二手元器件出售，用于维修、拼装伪劣电子信息产品或用于玩具等低档产品的生产，存在着诸如二手元器件组装的电子信息产品的安全性问题、产品质量问题以及扰乱正常的商业秩序造成的恶性循环等问题。第二种途径是“资源循环”。通过拆解、分类等方式回收其中的部分有价值材料。这种途径是中国有色金属工业发展的必然选择，是解决废弃电子信息产品造成的资源浪费和环境污染问题的关键。但目前国内的大部分再生利用企业存在急功近利和技术装备落后的现象，很少考虑或难以考虑处置中造成的二次污染问题。流入广东贵屿、浙江台州及部分中部地区的个体作坊的废弃电子信息产品，经过手工拆解、简单处理后，提取贵金属等原材料。这些个体手工作坊为追求短期利益，采用露天焚烧、强酸浸泡等原始落后方式提取贵金属，随意排放废气、废液、废渣，对大气、土壤和水体造成不可弥补的污染，严重危害生态环境和人类健康[353]。

（3）根本问题

法律法规不健全，导致社会上假冒伪劣产品大量存在，为非法二手市场的存在提供了生存环境，使得本来脆弱的正规废旧电子信息产品回收市场难以生存。

违法成本低，导致大量的废旧电子信息产品拆解过程中污染严重，直接导致正规企业无法与非法企业或个人竞争的尴尬局面。

僧多粥少，无论是谁，都认为自己看到了废旧电子信息产品市场的发展前景，都想在此行业中分得一块蛋糕，使本来就缺乏合理规划的废旧电子信息产品处理市场更加难以控制。

行业自律行为差，由于缺乏行业自律，企业之间形成恶性竞争，考虑的不是提高产业发展水平，不是可持续发展，而是单纯的利益驱动，为了经济利益可以弃法律、人民安全、生态环境于不顾，阻碍了行业可持续发展。

归根到底，政府主管部门缺乏对该行业发展的正确思路，导致在对该行业发展时门槛过低，缺乏统一规划，只考虑需要竞争，却放弃对不正当竞争的现状进行管理、规划。进而缺乏支持政策和必要的补贴政策，导致行业不能向正确的方向发展。

（4）付费问题

付费模式是指在采用消费者负责制或多方负责制的情况下，消费者以何种方式支付其承担的费用。发达国家和地区废弃电子信息产品回收处理费用机制见表 6.5，废弃电子信息产品回收处理付费模式主要有“购买时付费模式”和“废弃时付费模式”两种情况。

表 6.5　发达国家和地区废弃电子信息产品回收处理费用机制[31]

国家/地区	回收处理费用责任制度	付费模式	资金管理机构	监督管理机构
德国	生产者承担	—	—	电子废弃物注册管理基金会
荷兰	消费者承担	购买时支付	生产者责任组织机构	荷兰金属及电子产品回收协会和信息及通信产品协会
瑞士	消费者承担	购买时支付	预付费管理委员会	瑞士废物管理基金会和信息通信技术产业协会
日本	消费者承担	废弃时支付	家电再生利用管理中心	日本家电制品协会
中国台湾	生产者、经销者承担	—	资源回收基金管理委员会	台湾环保局

a. 购买时付费模式

消费者购买产品时，需要支付产品价格及产品废弃后的回收处理费用，如荷兰、瑞士。

目前附加的废弃电子信息产品回收处理费用有两种计费方法。一种是指该产品未来废弃后回收处理所需的费用，称为“预先支付模式”。在预先支付模式中，厂商需要在出售产品时准确计算出未来回收处理需要的费用。不过，对于一些使用寿命在 10 年以上的耐用产品，这个过程中就可能存在很多变数，生产技术的创新、回收处理流程的改动以及自然资源价格的变动，都可能导致未来回收处理的成本和收益发生很大变化，因此，准确的预测几乎是不可能的。再有，由于回收率的影响，厂商能够回收处理的废弃电子信息产品可能远远低于实际产生的废弃电子信息产品总量，而在预先支付模式中，厂商可能将全部废弃电子信息产品的回收处理成本分摊到所出售的产品价格中去，从而使消费者承担了额外的经济负担。另外，各个厂商只负责自己产品的回收处理责任，对于立法前生产销售的产品，以及生产厂商已经倒闭的产品废弃物，则无法解决。这就产生了“孤儿产品”的问题。

另一种计费方法是生产商在销售产品时为当时的废弃电子信息产品收取回收处理费用，称为“养老金模式”。在这种模式中，厂商只要收取足够回收处理当前废弃电子信息产品的费用即可，因此，不会使消费者承担额外的经济负担。这种方法通常需要不同厂商根据市场份额分担市场上全部废弃电子信息产品的回收处理费用，可以有效解决“孤儿产品”的回收处理问题。不过，由于厂商的市场份额会不断发生变化，计算厂商应该承担的回收处理费用具有一定复杂性。特别是如果有不道德的企业大量生产一批产品，低价倾销到市场上，获得短期暴利，然后宣布倒闭，结果留下大量产品等待其他厂商承担其回收处理责任，这对负责任的厂商而言，显然是不公平的。无论是“预先支付模式”，还是“养老金模式”，都是生产商以价格附加形式在销售新产品的时候向消费者收取。附加的废弃电子信息产品回收处理费用可以与产品价格分开单立，以显性方式向消费者收取；也可以整合在产品价格中，以隐性方式向消费者收取。“购买时付费模式”虽然在生产商计算具体回收处理费用数额时有一定困难，但使得费用收缴变得简单化和透明化。同时，从发达国家和地区的实施经验来看，该模式可促使消费者产生积极的回收意识，基本上不存在消费者拒绝缴纳回收处理费用的情况。

b. 废弃时付费模式

消费者在废弃废弃电子信息产品时缴纳一定数量的回收处理费用，如日本。消费者在废弃废弃电子信息产品时缴纳的回收处理费用也有“预先支付模式”和“养老金模式”两种计费方法。该模式可以促使消费者尽量延长产品的使用期限，促进二手产品的交易，有利于生产商改进技术以提高产品市场竞争力。但“废弃时付费模式”的实施，易发生消费者非法丢弃废弃电子信息产品以逃避收费的现象，同时，对社会上现存废弃电子信息产品的回收处理需要注入较多启动资金。为了保证消费者能够将废弃电子信息产品交到指定的地点，并依法缴纳回收处理费用，需要增加相应的管理和监督。同时，还要宣传引导生产商、销售商、消费者采取适当的生产、销售和消费行为，树立责任意识。在产品生产、销售和使用的全过程中，强化废弃物减量和资源循环的观念[31]。

c. 公众对付费模式的态度

当前我国公众对废弃电子信息产品的资源化认识不充分，广大居民普遍还不具备合理处置废弃电子信息产品的条件，往往会对其处置随意化或者变卖给小商贩，以实现残余价值最大化，而不顾及废弃电子信息产品对自然、社会及人体自身的危害。

Li 等[357]在保定市展开了废弃电子信息产品管理现状的调研。保定市，中国北方中等城市，1100 万人口，收回有效问卷 346 份，根据收入和教育水平划分成六大类人员。在对废弃电子信息产品回收处理付费模式的问题上，一半以上的居民反对这两种付费模式，仅 21%的居民支持废弃时付费（图 6.17（a）），33%的居民支持购买时付费（图 6.17（b））；其中 63%的居民反对废弃时付费，支持（a）、（b）两种付费方式的大学居民分别占该人群的 56.3%和 61.7%，其次是办公室员工，支持率分别达到 23.2%和 53.6%，高收入居民中仅 8.3%和 17.0%持支持态度，是六类居民中支持比例最低的。其原因在于公众仍然对废弃电子信息产品回收付费有抵触情绪，调研结果显示，当不牵涉自身经济利益时，公众希望将废弃电子信息产品送到正规的企业进行回收处理，而当牵涉自身经济利益时，公众则立刻拒绝对回收处理付费，例如，90%和 80%的普通居民和农村居民是毫不犹豫地反对回收处理付费模式的。从另一方面来分析，影响付费模式实施的主要因素在于教育水平和对废弃电子信息产品回收重要性的认识，而不在于收入水平的高低。大学居民和办公室员工更倾向于接受付费处理废弃电子信息产品。

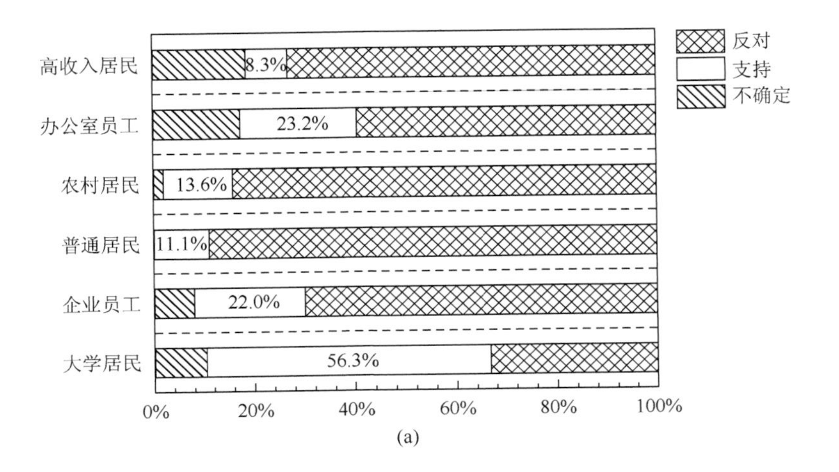

(a)

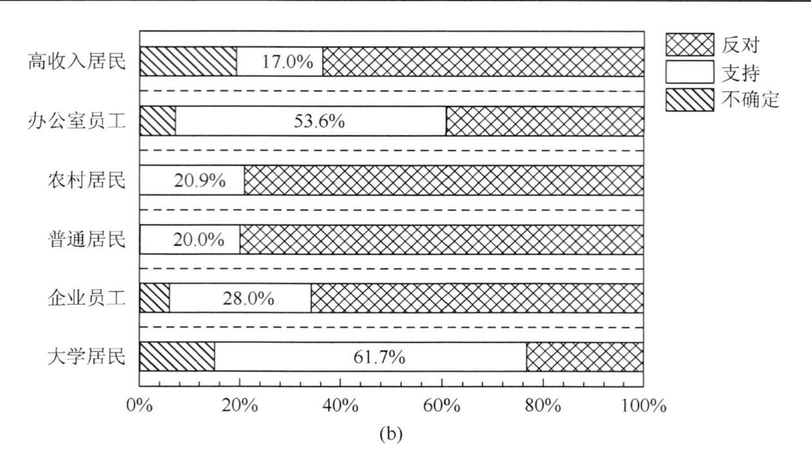

图 6.17　保定市民对废弃电子信息产品付费的态度[357]

（a）废弃时付费；（b）购买时付费

因此提高企业和公众对废弃电子信息产品潜在危害的风险认识，将有助于电子废弃物回收再利用，减少对环境的污染。

6.3.3　建议

（1）完善相关政策

一方面，完善废弃电子信息产品污染防治的法规标准。研究制定废弃电子信息产品污染防治管理办法、废弃电子信息产品处理管理办法等规章，制定废弃电子信息产品回收利用和处置企业市场准入规则。制定条例实施细则，结合国家将要出台的废弃电子产品处理基金征收和补贴标准，制定废弃电子信息产品处理专项基金审核办法，对专项基金的征收、管理、使用和稽查等方面进行明确、细化，给予拆解、处理企业合理的盈利空间，以保障废弃电子信息产品回收处理企业有序发展；制定废弃电子信息产品回收的财政、税收、价格补贴等激励政策，提高废弃电子信息产品回收率；制定废弃电子信息产品回收指导价格，并适时更新，以指导回收企业的回收行为；明确各级政府部门和相关企业的职责，完善废弃电子信息产品回收处理过程中的相关要求，促进回收和处理企业健康发展，建立鼓励市民将废弃电子信息产品交售到规范企业的政策环境。

另一方面，完善废弃电子信息产品管理的体制机制。健全省、市、区（县）环保部门废弃电子信息产品回收处置监督管理机构，强化废弃电子信息产品的日常管理和技术支持作用，完善监督管理体系。制定废弃电子信息产品分级管理的职责和对象，明确废弃电子信息产品产生、收集、运输、储存、利用、处置全过程的标准化监管，并加强废弃电子信息产品回收利用处置企业统一监管机制。

（2）加强技术支撑

增加废弃电器电子产品处理技术的研究投入，鼓励自主创新与引进国内外先进技术相结合，鼓励企业研发各类新的环保高效处理技术，开展最佳可行技术和最佳环境实践，提高处理深度及技术含量。在突出企业自主创新的同时，充分发挥高校、科研部门的科技创新引领作用，加大废弃电子信息产品环境无害化利用与处理处置的科技投入，鼓励和支持产、学、研联合开发具有独立知识产权、国内领先的、最佳可行的废弃阴极射线管、液晶显示器、镍镉电池、含重金属电子元件、线路板破碎分选后的树脂粉末等废弃的综合利用、无害化处理处置和污染防治的技术工艺和装备。通过企业技术力度的加强，逐步提高企业的经济效益，促进拆解企业良性发展。有关部门、科研机构密切跟踪发达国家废弃电器电子回收处理技术的最新动态，广泛开展国际合作，积极引进国外先进技术和管理经验，提高废弃电器电子产品回收处理水平。

（3）强化生产者责任

实行生产者责任延伸制度，要求生产者在废弃电器电子产品回收处理过程中必须承担相应的责任，生产者应当按规定履行废弃电器电子处理基金的缴纳义务。电器电子产品生产者应贯彻绿色经济理念，做到绿色设计、绿色生产，使用低毒低害和便于回收利用的原材料，降低回收处理过程的复杂性，减少可能产生环境危害的风险。对生产过程产生的废弃电器电子产品建立内部管理档案，鼓励电器电子产品生产者自行建立回收、处理系统，无法自行处理的应交有资质单位拆解处理。

（4）加强环境管理

强化对废弃电器电子产品拆解、利用和处理过程的环境监管，会同各地发展和改革委员会、商务委员会、经济和信息化委员会等部门联合监督执法，开展废弃电器电子回收处理专项整治活动，加大对非法处理单位、个人的打击力度，确保各类污染物排放达到相关标准。建立和完善拆解处理企业信息管理系统以及经营情况台账制度，定期向有关行政主管部门报送收集、拆解和处理等信息。会同工商、质检、商务部门依法严厉打击非法拆解处理废弃电器电子产品的行为。建立拆解处理企业保证金制度，对不实申报回收处理信息的企业扣除保证金。引入第三方审计制度，加强废弃电器电子产品回收处理基金的补贴审核工作。建立公众监督机制，环保部门会同商务、发改、经信部门定期发布企业的回收处理信息。

（5）引导公众参与

居民对废弃电器电子产品的危害认识不足、环保意识不强。需加强对废弃电器电子产品危害的教育宣传，让广大居民认识到废弃电器电子产品处理不当将对环境和人体带来的危害，提高居民环保意识。

积极开展废弃电子信息产品回收处理公益宣传，增强全社会对废弃电子信息产品回收处理和环境保护意识。一方面，加强教育部门及媒体（广播、电视、报刊、网络等）的多种渠道教育、宣传工作，广泛宣传废旧电子产品对环境、人类健康的危害以及回收处理的重要意义，向公众普及有关废弃电器电子产品资源化回收、无害化处理知识，提高全社会的环保意识，形成节约发展的良好风气。建立公众参与和舆论监督制度，保障公众利益，促进废弃电器电子产品管理和处理处置水平的持续提高。另一方面，针对回收、拆解利用处置企业进行专题培训，提高企业环境守法意识，引导企业持续改进处理技术和环境管理水平。采取措施激励生产者、销售者、消费者和拆解处理者等各相关方参与废弃家用电器与电子产品回收处理的积极性。

附录　部分省区、直辖市电子信息产品拥有量及废弃量

1. 安徽

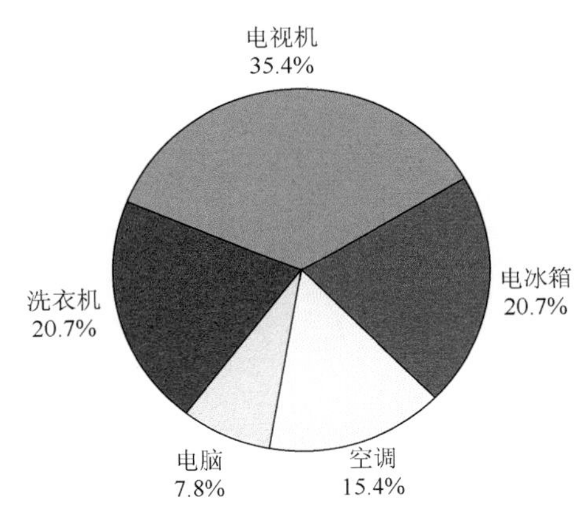

附图 1　2009 年安徽省城乡居民“四机一脑”拥有比例

2. 北京

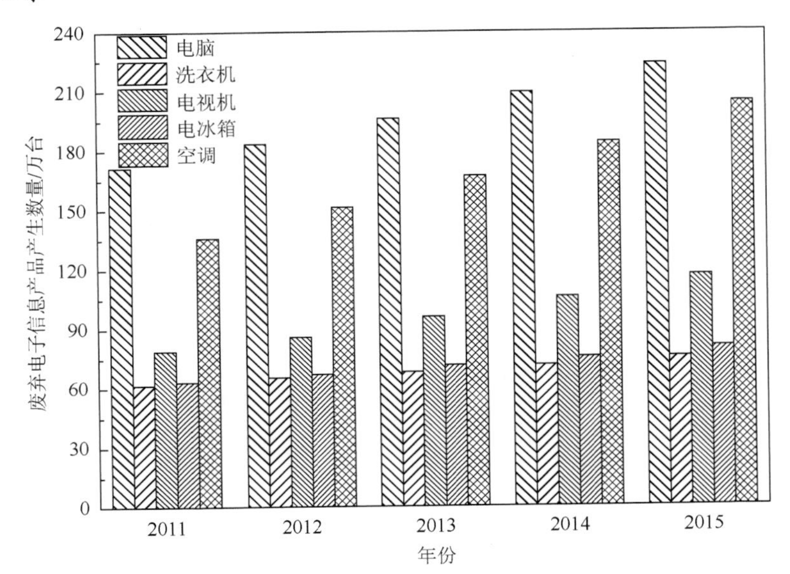

附图 2　“十二五”期间北京市废弃电子信息产品产生数量预测

3. 广西

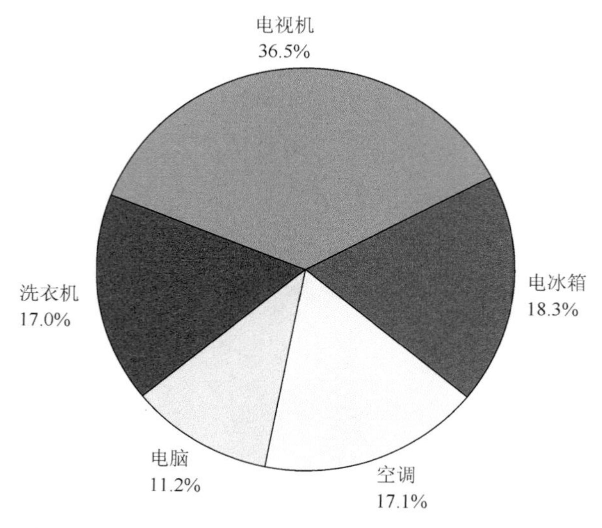

附图 3　2009 年广西城乡居民“四机一脑”拥有比例

4. 贵州

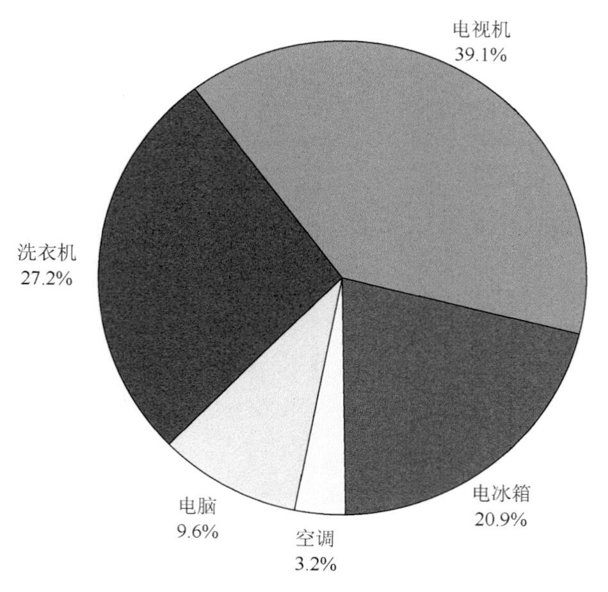

附图 4　2009 年贵州省城乡居民“四机一脑”拥有比例

5. 海南

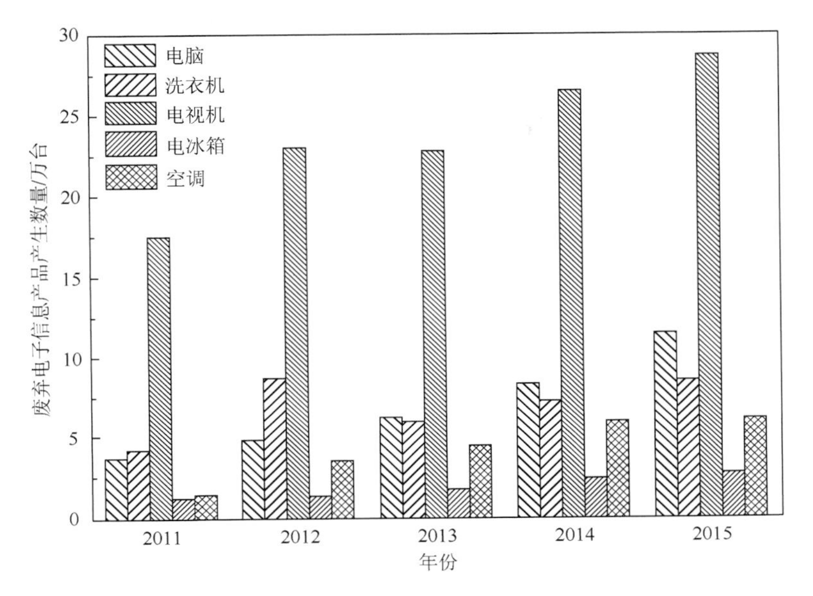

附图 5 “十二五”期间海南省废弃电子信息产品产生数量预测

6. 吉林

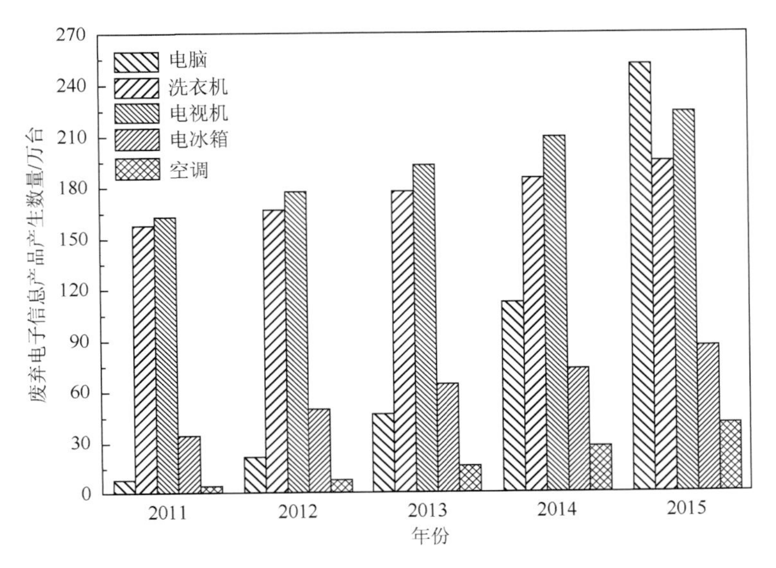

附图 6 “十二五”期间吉林省废弃电子信息产品产生数量预测

7. 江苏

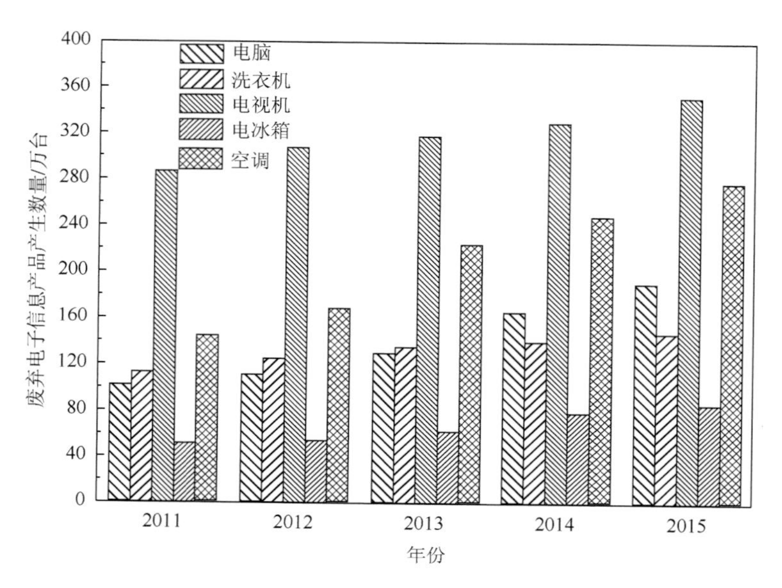

附图 7　“十二五”期间江苏省废弃电子信息产品产生数量预测

8. 辽宁

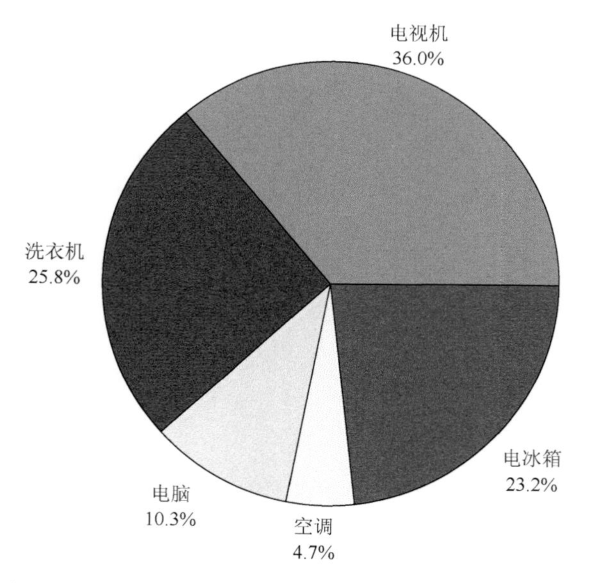

附图 8　2009 年辽宁省城乡居民“四机一脑”拥有比例

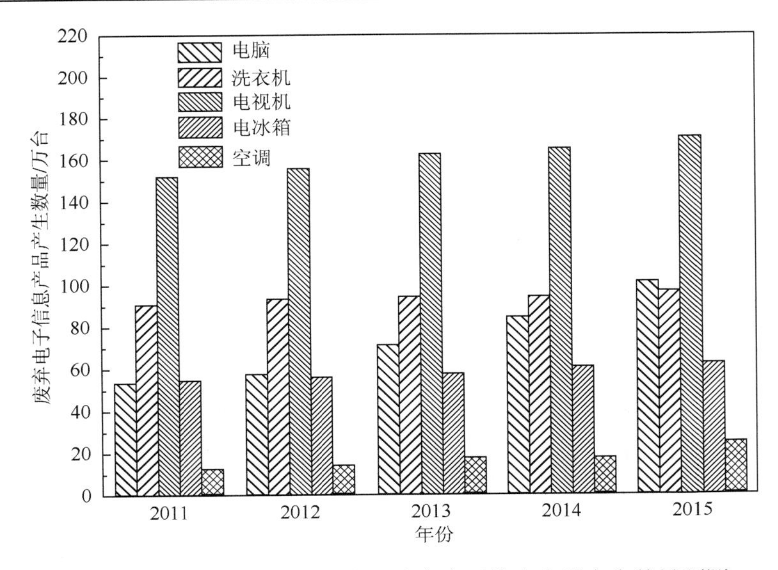

附图 9　“十二五”期间辽宁省废弃电子信息产品产生数量预测

9. 宁夏

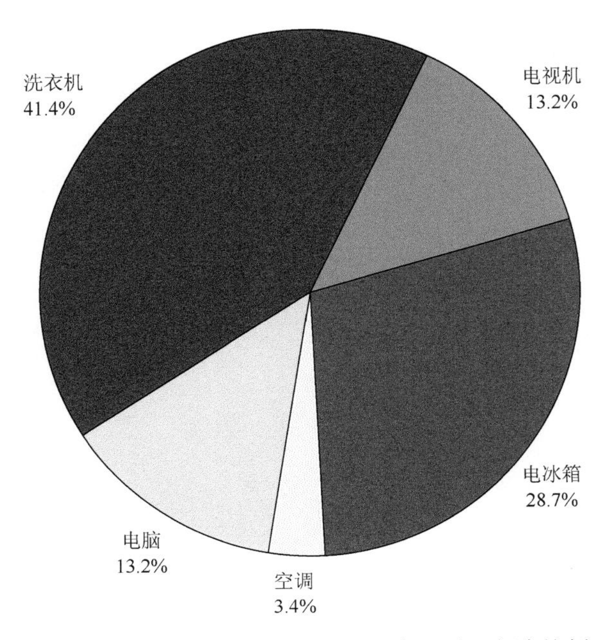

附图 10　2009 年宁夏城乡居民“四机一脑”拥有比例

10. 上海

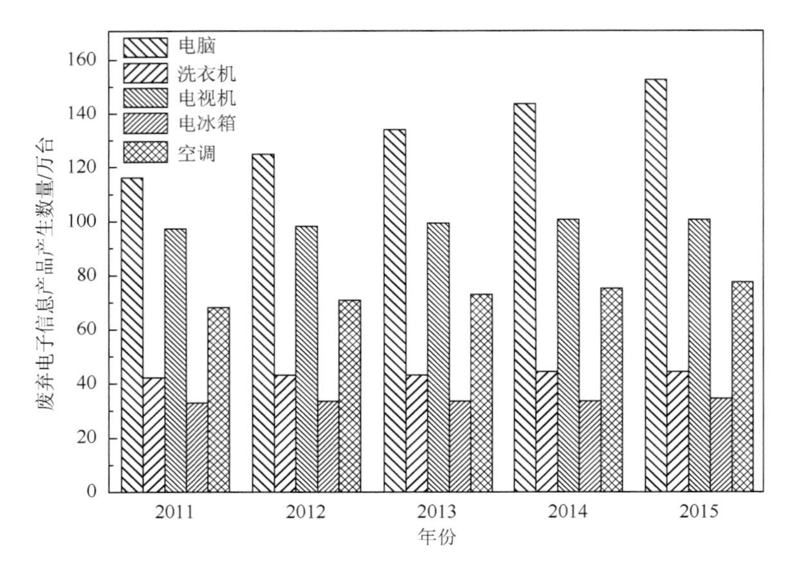

附图 11　“十二五”期间上海市废弃电子信息产品产生数量预测

11. 天津

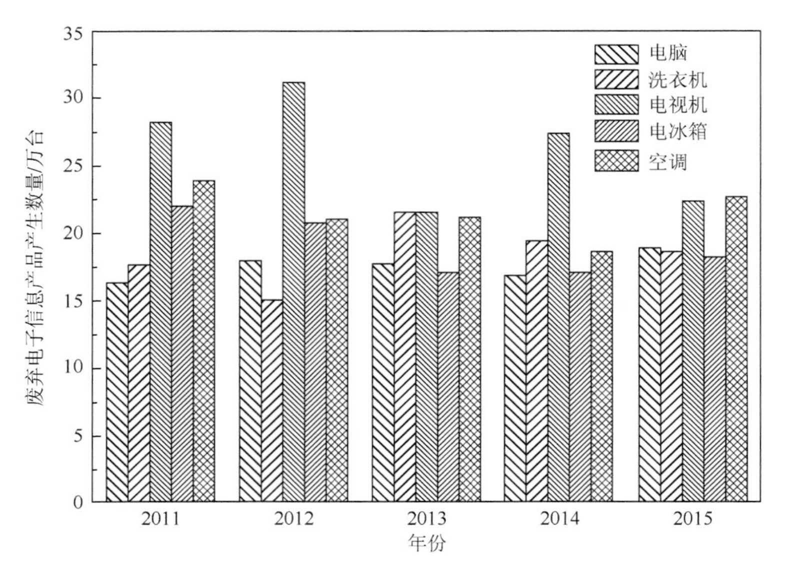

附图 12　“十二五”期间天津市废弃电子信息产品产生数量预测

12. 云南

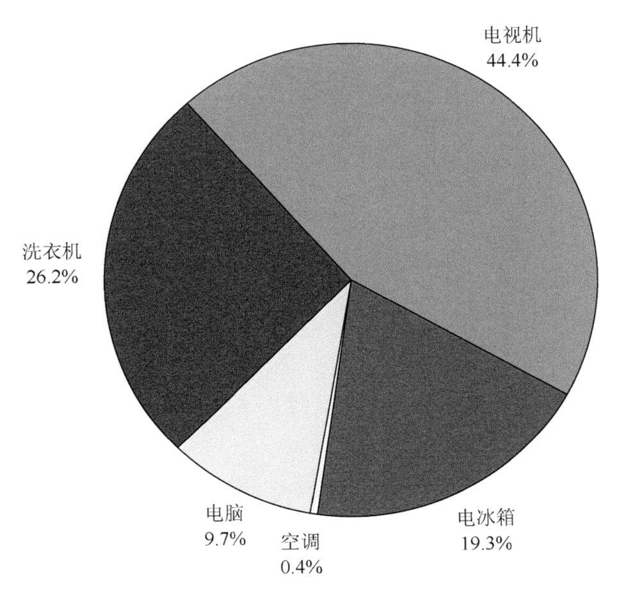

附图 13　2009 年云南省城乡居民“四机一脑”拥有比例

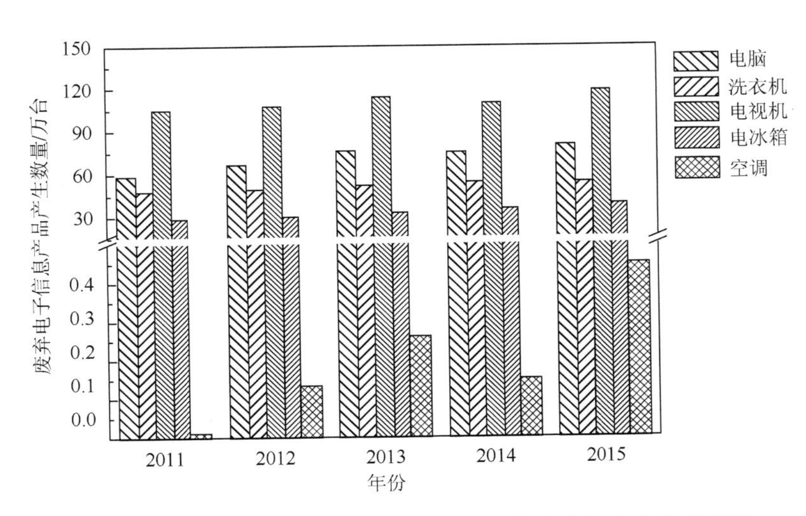

附图 14　“十二五”期间云南省废弃电子信息产品产生数量预测

13. 浙江

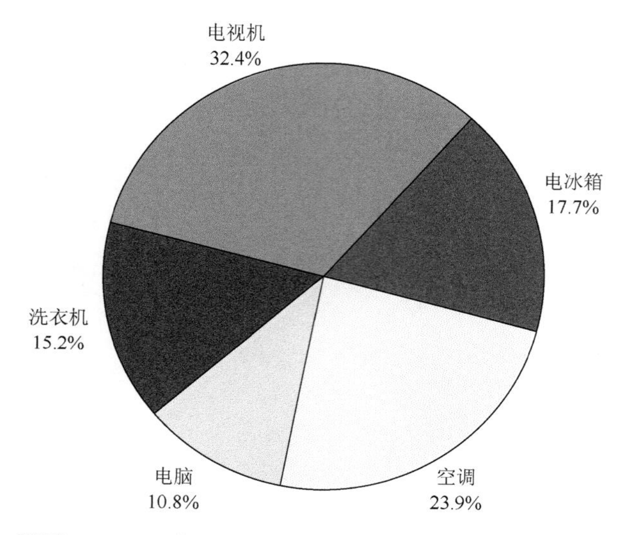

附图 15　2009 年浙江省城乡居民“四机一脑”拥有比例

14. 重庆

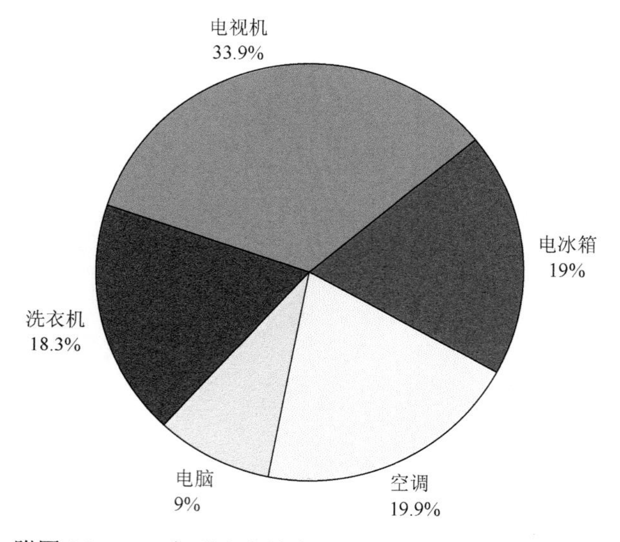

附图 16　2009 年重庆市城乡居民“四机一脑”拥有比例

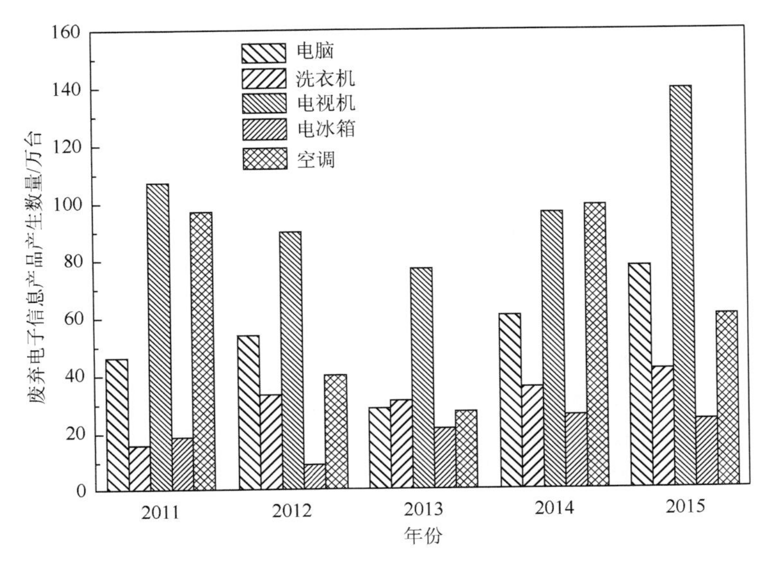

附图 17 “十二五”期间重庆市废弃电子信息产品产生数量预测

参考文献

[1] 任正文. 计算机发展历程与系统构成[J]. 山西煤炭管理干部学院学报，2012，25（2）：125-126.

[2] 李金惠，温雪峰. 电子废物处理技术[M]. 北京：中国环境科学出版社，2006.

[3] 吴亚娟，王伦. 洗衣机维修技术[M]. 北京：科学出版社，1998.

[4] 胡赞成. 电视嵌入式系统软件设计与实现[D]. 上海：上海交通大学硕士学位论文，2009.

[5] 佚名. 空调[EB/OL]. http：//baike.baidu.com/subview/18222/13538453.htm[2016.6.10].

[6] 佚名. 金属材料[EB/OL]. http：//baike.haosou.com/doc/4387734.html[2016.6.10].

[7] 张万鲲. 电子信息材料手册[M]. 北京：化学工业出版社，2001.

[8] 吴承建，陈国良，强文江. 金属材料学[M]. 2 版. 北京：冶金工业出版社，2009.

[9] 李静媛，赵艳君，任学平. 特种金属材料及其加工技术[M]. 北京：冶金工业出版社，2010.

[10] 林宗寿. 无机非金属材料工学[M]. 武汉：武汉理工大学出版社，2008.

[11] 常永勤. 电子信息材料[M]. 北京：冶金工业出版社，2014.

[12] 徐廷献，沈继跃，博沾满，等. 电子陶瓷材料[M]. 天津：天津大学出版社，1993.

[13] 贾红兵，朱绪飞. 高分子材料[M]. 南京：南京大学出版社，2009.

[14] 朱道本. 高分子材料篇//师昌绪，李恒德，周廉. 材料工程与科学手册[M]. 北京：化学工业出版社，2004.

[15] 董云庭. 中国电子信息产业发展进入转型期——2005 年产业发展评述[J]. 电子产品世界，2006，（1）：24-30.

[16] 中华人民共和国国家统计局. 中国统计年鉴——2014[M]. 北京：中国统计出版社，2014.

[17] Widmer R，Oswald-Krapf H，Sinha-Khetriwal D，et al. Global perspectives on e-waste [J]. Environmental Impact Assessment Review，2005，25（5）：436-458.

[18] Townsend T G. Environmental issues and management strategies for waste electronic and electrical equipment [J]. Journal of the Air & Waste Management Association，2011，61（6）：587-610.

[19] 段晨龙，王海锋，何亚群，等. 电子废弃物的特点[J]. 江苏环境科技，2003，16（3）：31-32.

[20] 周益辉，曾毅夫，叶明强. 电子废弃物的特点及机械处理技术[J]. 资源再生，2010，（10）：36-39.

[21] Buekens A，Yang J. Recycling of WEEE plastics: a review [J]. Journal of Material Cycles and Waste Management，2014，16（3）：415-434.

[22] 刘昕光. 电子废弃物资源化及处理技术[J]. 中国石油大学胜利学院学报，2008，22（3）：30-33，49.

[23] 徐秀丽. 从电子废弃物中浸金的实验方法研究[D]. 青岛：青岛科技大学硕士学位论文，2011.

[24] 魏金秀，汪永辉，李登新. 国内外电子废弃物现状及其资源化技术[J]. 东华大学学报（自

然科学版），2005，31（3）：133-138.
[25] 邵萱婷. 德国双元系统对电子废弃物回收的启示[J]. 中国环保产业，2007，（12）：59-62.
[26] 葛亚军，金宜英，聂永丰. 电子废弃物回收管理现状与研究[J]. 环境科学与技术，2006，29（3）：61-63.
[27] 彭平安，盛国英，傅家谟. 电子垃圾的污染问题[J]. 化学进展，2009，21（2/3）：550-557.
[28] 佚名. 废线路板超高温资源化处置系统研究与产业化项目可行性报告[C]. 废旧机电产品资源化利用处理技术与新装备开发交流研讨会，北京，2009：18-34.
[29] Ongondo F O，Williams I D，Cherrett T J. How are WEEE doing? A global review of the management of electrical and electronic wastes [J]. Waste Management，2011，31（4）：714-730.
[30] 黄帆，陈玲，杨超，等. 电子废弃物资源化及其环境污染研究进展——回收、处理与处置体系[J]. 安全与环境学报，2011，11（1）：75-79.
[31] 曾晶. 我国废弃电器电子产品回收处理的费用机制研究[D]. 成都：西南交通大学硕士学位论文，2010.
[32] 夏世德，王杰红，谢刚，等. 电子废弃物处理与处置技术研究[C]. 2010年全国冶金物理化学学术会议，马鞍山，2010：688-692.
[33] Wilkinson S，Duffy N，Crowe M. Waste from electrical and electronic equipment in Ireland: a status report [J]. EPA Topic Report，2001，5：68-75.
[34] 何捷娴，樊宏，尹荔松，等. 基于TSF-Stanford模型的广东省家用电脑废弃量估算研究[J]. 绿色科技，2013，（10）：233-235.
[35] 高颖楠，徐鹤，卢现军. 基于市场供给A模型的手机废弃量预测研究[C]. 2010中国环境科学学会学术年会，上海，2010：3597-3601.
[36] 梁晓辉，李光明，贺文智，等. 中国电子产品废弃量预测[J]. 环境污染与防治，2009，31（7）：82-84.
[37] 刘小丽，杨建新，王如松. 中国主要电子废物产生量估算[J]. 中国人口·资源与环境，2005，15（5）：113-117.
[38] 童昕，蔡一帆，颜琳. 基于“家电以旧换新”回收数据评估电子废物产生量估算方法[J]. 生态经济，2013，29（7）：38-42.
[39] 宋旭，周世俊. 基于专家“估计”模型的河南省电子废弃物量化分析[J]. 河南科学，2007，25（3）：487-490.
[40] Chung S S. Projection of waste quantities: the case of e-waste of the People's Republic of China [J]. Waste Management & Research，2012，30（11）：1130-1137.
[41] Duan H B，Yang L W，Eguster M，et al. Waste from electrical and electronic equipment: a China perspective [C]. Proceedings of the Second International Conference on Waste Management and Technology，Beijing，2007：255-263.
[42] Yang J，Lu B，Xu C. WEEE flow and mitigating measures in China [J]. Waste Management，2008，28（9）：1589-1597.
[43] Streicher-Porte M，Yang J. WEEE recycling in China. Present situation and main obstacles for improvement[C]. 2007 IEEE International Symposium on Electronics and the Environment，Orlando，FL，USA，2007：40-45.
[44] Liu X，Tanaka M，Matsui Y. Electrical and electronic waste management in China: progress and

the barriers to overcome [J]. Waste Manag Res，2006，24（1）：92-101.
[45] United Nations Environment Programme. Recycling-from E-waste to resources[R]. Berlin，2009.
[46] Müller E，Schluep M，Widmer R，et al. Assessment of e-waste flows：a probabilistic approach to quantify e-waste based on world ICT and development indicators[C]. Proceedings of R'09 World Congress，Davos，2009.
[47] Asia-Pacific Regional Centre for Hazardous Waste Management Training and Technology Transfer. Report on the survey of the import and the environmentally sound management of electronic waste in the Asia-Pacific Region[R]. Basel Convention Regional Centre in China，Beijing，2005.
[48] Sthiannopkao S，Wong M H. Handling e-waste in developed and developing countries：Initiatives，practices，and consequences [J]. Science of the Total Environment，2013，463-464：1147-1153.
[49] 李博洋，李金惠，刘丽丽. 部分国家和地区处理基金比较研究[J]. 电器，2010，(7)：44-47.
[50] 罗敏. 我国电子废弃物管理的立法研究[D]. 开封：河南大学硕士学位论文，2011.
[51] 黄文秀. 新版 WEEE 指令的变化及对行业的影响[J]. 日用电器，2012，(9)：21-24.
[52] 吕君. WEEE 生产商责任延伸制度实施模式的国际经验及启示[C]. 第八届（2013）中国管理学年会——运作管理分会场，上海，2013：1-12.
[53] 朱苏君. 欧盟 ROHS 指令对我国家电出口的影响分析及对策研究[D]. 镇江：江苏大学硕士学位论文，2010.
[54] 吴建丽. 欧盟 ROHS 和 WEEE 指令最新进展[J]. 信息技术与标准化，2005，(3)：43-47.
[55] 钟灿鸣. 欧盟绿色双指令最新进展及影响[J]. 标准科学，2010，(4)：93-96.
[56] 刘天成. 欧盟 RoHS 2.0 指令及应对[C]. 第十四届中国覆铜板技术・市场研讨会，湖北，2013：241-246.
[57] 黄恒伟. 电子电气设备生产者延伸责任制度中的逆向物流管理[D]. 长沙：湖南大学硕士学位论文，2006.
[58] 田艳敏. 我国生产者责任延伸制度实施困境分析——从家电以旧换新政策实施谈起[J]. 河南司法警官职业学院学报，2013，11（2)：83-86.
[59] 王红梅，于云江，刘茜. 国外电子废弃物回收处理系统及相关法律法规建设对中国的启示[J]. 环境科学与管理，2010，35（9)：1-5.
[60] 王聪聪. 电子废弃物管理的责任承担研究[D]. 青岛：中国海洋大学硕士学位论文，2012.
[61] 胡晓峰. 国外电子废弃物立法简介[J]. 节能与环保，2005，(11)：17-19.
[62] 王亚涛，尹建锋，徐鹤，等. 日本废弃小型家电回收体系及其借鉴[J]. 未来与发展，2014,(10):32-38.
[63] Ministry of Environmental and Forests. E-Waste（Management and Handling）Rules[M]. New Delhi：Controller of Publications，2011.
[64] 李雄诒，王留帅. 电子废弃物回收现状及对策建议[J]. 河南科技，2014，(5)：190-191.
[65] 张莉萍. 中国电子废弃物管理政策述评[J]. 鄱阳湖学刊，2011，(2)：35-42.
[66] Hicks C，Dietmar R，Eugster M. The recycling and disposal of electrical and electronic waste in China - legislative and market responses [J]. Environmental Impact Assessment Review，2005，

25（5）：459-471.
[67] 张磊. 5 类家电明年起适用《废弃电器电子产品回收处理管理条例》 谁将为废弃电器“埋单”[J]. 消费指南，2010，（12）：56-58.
[68] 吕祥. 国内外电子废弃物处理技术现状[C]. 2007 年中国科学技术协会年会，武汉，2007：1-6.
[69] 赵时红，王远明. 国外电子废弃物的回收技术研究进展[C]. 上海市化学化工学会 2009 年度学术年会，上海，2009.
[70] He Y，Xu Z. The status and development of treatment techniques of typical waste electrical and electronic equipment in China：a review [J]. Waste Management & Research，2014，32（4）：254-269.
[71] 张婷，王勇，盛广能，等. 电子废弃物中的金属回收技术[J]. 电子产品可靠性与环境试验，2009，27（2）：33-36.
[72] 刘俊场，陈雯，王智友. 废弃 PCB 的回收处理技术[J]. 有色金属加工，2008，（6）：1-3，21.
[73] 闫国卿. 计算机硬盘和内存存储器的安全销毁与资源化处理[D]. 上海：上海交通大学硕士学位论文，2013.
[74] 李琛. 废旧手机循环利用的研究进展[J]. 环境保护与循环经济，2011，31（1）：12-14.
[75] 郝应征. 电子废弃物处理现状及趋势[J]. 电子工艺技术，2007，28（4）：191-194.
[76] 陈秀霞，王德明，解学相. E 垃圾的资源化[J]. 科技传播，2013，（9）：208-211.
[77] 毛玉如，李兴. 电子废弃物现状与回收处理探讨[J]. 再生资源研究，2004，（2）：11-14.
[78] 邱胜鹏. 国内电子废弃物的处理现状[J]. 能源与环境，2006，（1）：61-63.
[79] 舒适，朱云芳. 中国电子废弃物回收处理现状及其防治措施[C]. 中国环境科学学会 2008 年学术年会，重庆，2008：836-839.
[80] 吴峰. 电子废弃物的环境管理与处理处置技术初探——国外现状综述[J]. 中国环保产业，2001，（1）：35-36.
[81] 阎利，刘应宗. 荷兰电子废弃物回收制度对我国的启示[J]. 西安电子科技大学学报（社会科学版），2006，16（4）：60-66.
[82] 阎利，刘应宗. 我国电子废弃物回收处理产业面临的障碍与对策[C]. 第三届国际绿色电子制造技术与产业发展研讨会，天津，2006：1-8.
[83] 刘邦凡，牛玉银，王冬梅. 论我国电子废弃物资源化障碍的产生及其原因[J]. 生态经济，2009，（10）：489-492，495.
[84] 左海强. 我国电子废弃物的管理现状及发展方向[J]. 北方环境，2012，24（2）：132-134.
[85] 王红梅，于云江，刘茜. 我国电子废弃物回收处理系统及相关法律法规建设分析[C]. 中国环境科学学会 2010 年学术年会，上海，2010：3493-3497.
[86] 刘保健，王小方，刘效兰，等. 电子垃圾中有毒物质的毒性分析[C]. 中国环境科学学会固体废物专业委员会第七届年会暨 2006 年固体废物资源化与循环经济学术会议，北京，2006：348-352.
[87] 范拴喜. 土壤重金属污染与控制[M]. 北京：中国环境科学出版社，2011.
[88] 赵由才，宋玉. 生活垃圾处理与资源化技术手册[M]. 北京：冶金工业出版社，2007.
[89] 史志诚. 历史上的重金属污染事件[C]. 全国重金属污染治理研讨会，西安，2010：1-4.
[90] 林蓉，林国桢，吴家刚，等. 广州市学龄儿童血铅水平分析[J]. 中国学校卫生，2011，

32（1）：59-60.
[91] Koller K，Brown T，Spurgeon A，et al. Recent developments in low-level lead exposure and intellectual impairment in children [J]. Environmental Health Perspectives，2004，112（9）：987-994.
[92] Canfield R L，Henderson J，Cory-Slechta D A，et al. Intellectual impairment in children with blood lead concentrations below 10μg per deciliter [J]. New England Journal of Medicine，2003，348（16）：1517-1526.
[93] 付俊鹤，余明华，许武桥，等. 铬的生物学功能及富铬酵母的应用[J]. 微量元素与健康研究，2011，28（1）：66-68.
[94] 王青，王娜. 铬对人体与环境的影响及防治[J]. 微量元素与健康研究，2011，28（5）：64-66.
[95] 朱定祥，倪守斌. 铬的生物地球化学及生物效应[J]. 广东微量元素科学，2004，11（4）：1-9.
[96] 陈志明. 不同改良剂修复重金属铬污染土壤的研究[D]. 泰安：山东农业大学硕士学位论文，2010.
[97] 鲁洪娟，倪吾钟，叶正钱，等. 土壤中汞的存在形态及过量汞对生物的不良影响[J]. 土壤通报，2007，38（3）：597-600.
[98] 李成剑. 汞污染危害分析与防范措施探讨[J]. 长江大学学报（自然科学版）理工卷，2010，7（2）：151-152.
[99] 曹超. 漓江水系汞的分布特征、来源及影响因素的研究[D]. 桂林：桂林工学院硕士学位论文，2008.
[100] 叶军. 桂林交通干道旁侧土壤、植物、大气系统汞污染研究[D]. 桂林：桂林工学院硕士学位论文，2006.
[101] 国家环境保护总局，国家质量监督检验检疫总局. GB 3838—2002 地表水环境质量标准[S]，2002.
[102] 孙阳昭，陈扬，刘俐媛，等. 从水俣病事件透视日本汞污染防治管理的嬗变[J]. 环境保护，2013，（09）：35-37.
[103] 杨伟利. 日本水俣病[J]. 环境，2006，（03）：96-97.
[104] 克里斯汀 • 马兰. 从水俣病到核辐射：污染在日本扩散[J]. 中国三峡，2011，（10）：65-68.
[105] 宫本宪一，曹瑞林. 日本公害的历史教训[J]. 财经问题研究，2015，（08）：30-35.
[106] 胡燃. 环境社会学视野中的日本水俣病问题研究[D]. 中国海洋大学硕士学位论文，2012.
[107] 宋德玲. 日本水俣病事件的历史反思——以熊本水俣病事件为中心[J]. 长春师范学院学报，2001，（01）：20-23.
[108] 白爱梅，李跃，范中学. 砷对人体健康的危害[J]. 微量元素与健康研究，2007，24（1）：61-62.
[109] 刘玉兰，张惠娟，向国强，等. 植物油料及食用油脂中砷研究进展[J]. 河南工业大学学报（自然科学版），2013，34（1）：108-113.
[110] 高琳. 急性重度三氧化二砷中毒致多系统损伤 1 例[J]. 沈阳医学院学报，2007，9（2）：117-118.
[111] 刘刚. 村镇地下水除砷方法研究[D]. 北京：北京建筑工程学院硕士学位论文，2006.
[112] 张璇. 亚慢性砷暴露对小鼠脑组织 TR 表达的影响[D]. 大连：大连医科大学硕士学位论

文，2011.
[113] 中华人民共和国卫生部，中国国家标准化管理委员会. GB 5749—2006 生活饮用水卫生标准[S]，2006.
[114] 闫洁，客文皎，王芳，等. 内蒙古五原县砷污染及防治措施[J]. 内蒙古林业，2009，(12)：16-17.
[115] 张永亮. 氧化石墨烯负载砂石滤料对铅离子和亚甲基蓝的吸附研究[D]. 长沙：湖南大学硕士学位论文，2014.
[116] 张晔. 铜污染与碱式碳酸铜的制备[J]. 赤峰学院学报(自然科学版)，2010，26(6)：166-168.
[117] 张峰. 金属离子对苹果浓缩汁品质的影响及去除方法研究[D]. 西安：陕西师范大学硕士学位论文，2005.
[118] 陈奔. 尤溪县重金属污染健康风险评价研究[D]. 厦门：厦门大学硕士学位论文，2012.
[119] 王丽明. 原子荧光法对矿物中锡（Sn）的测定[J]. 四川建材，2013，39（1）：115，117.
[120] 李桃，詹晓黎. 微量元素锡与健康[J]. 广东微量元素科学，2003，10（11）：7-12.
[121] 宋兴诚. 锡冶金[M]. 北京：冶金工业出版社，2011.
[122] Man D，Podolak M，Engel G. The influence of tin compounds on the dynamic properties of liposome membranes：a study using the ESR method [J]. Cellular & Molecular Biology Letters，2006，11（1）：56-61.
[123] 邱士起，柯建厚，谭爱军，等. 含锡化学物污染地下水引起中毒事件专项调查与探讨[J]. 中国预防医学杂志，2005，6（6）：514-517.
[124] 韩磊，张恒东. 铅、镉的毒性及其危害[J]. 职业卫生与病伤，2009，24（3）：173-177.
[125] 刘茂生. 有害元素镉与人体健康[J]. 微量元素与健康研究，2005，22（4）：66-67.
[126] 张秀敏. 电气电子废弃塑料的再生化研究进展[J]. 电子与封装，2009，9（4）：40-43，48.
[127] 阎利，邓辉，赵新. 废旧电器中废塑料的分选技术[J]. 中国资源综合利用，2009，27（5）：7-10.
[128] 程晓敏，史初例. 高分子材料导论[M]. 合肥：安徽大学出版社，2006.
[129] 彭家松. 高性能导电聚苯乙烯塑料的制备[D]. 江门：五邑大学硕士学位论文，2014.
[130] 彭杰. 聚苯乙烯轻质节能型混凝土砌块的研制[D]. 柳州：广西科技大学硕士学位论文，2013.
[131] 张猛. ABS 树脂合成及性能研究[D]. 长春：长春工业大学硕士学位论文，2012.
[132] 刘钟薇. 废电镀件中 ABS 塑料、铜和镍的回收工艺研究[D]. 南昌：南昌大学硕士学位论文，2013.
[133] 雷晶旭. 纳米粒子增强 PE 木塑复合材料及其增容剂的合成[D]. 杭州：杭州师范大学硕士学位论文，2012.
[134] 丛艳. ASA 树脂的制备及应用[D]. 青岛：青岛科技大学硕士学位论文，2013.
[135] 赵光辉，任敦泾，李建忠，等. 聚碳酸酯的生产、应用及市场前景[J]. 化工科技市场，2005，(5)：1-6.
[136] 吕恩年，李洪利，司丹丹. 聚碳酸酯的生产、应用及前景展望[J]. 河南化工，2011，28（1）：29-32.
[137] 钱知勉. 聚碳酸酯的改性方向及其应用[J]. 广东塑料，2005，(8)：37-38.
[138] 韩业. ASA 树脂及其共混物的制备和性能研究[D]. 长春：吉林大学博士学位论文，2009.

[139] 韩业. ASA 树脂的合成及性能研究[D]. 长春：长春理工大学硕士学位论文，2004.
[140] 史翎，段雪. 阻燃剂的发展及在塑料中的应用[J]. 塑料，2002，31（3）：11-15.
[141] 刘元瑞. 有机磷系阻燃剂的领头羊[R]. 长江证券，2010.
[142] 欧育湘，韩廷解. 溴系阻燃剂与环境保护及人类健康[J]. 塑料助剂，2005，（5）：1-4.
[143] 王晓英，毕成良，李俐俐，等. 新型环保阻燃剂的研究进展[J]. 天津化工，2009，23（1）：8-11.
[144] 史翎. 镁基层状及插层结构无机功能材料的可控制备及其阻燃抑烟性能研究[D]. 北京：北京化工大学博士学位论文，2004.
[145] 严慧，杨锦飞. 磷系阻燃剂在塑料中的应用进展[J]. 塑料助剂，2008，（6）：6-8，42.
[146] 孙云娜. 铁炭微电解耦合 Fenton 试剂降解十溴联苯醚（BDE-209）的实验研究[D]. 兰州：兰州交通大学硕士学位论文，2012.
[147] 倪健雄. 核-壳型聚磷酸铵阻燃剂的制备及其阻燃聚氨酯性能和机理的研究[D]. 合肥：中国科学技术大学硕士学位论文，2009.
[148] 苏岭，陈军吉，卢丽涛，等. 有毒阻燃剂阴影逼向中国?[N]. 南方周末，2012-8-29.
[149] 马宝玲. 多溴联苯醚的人体暴露及风险评估研究[D]. 天津：南开大学博士学位论文，2009.
[150] 蒋惠萍，余艳红，陈敦金. 多溴联苯醚的生物效应及毒性研究进展[J]. 广东医学，2009，30（1）：144-146.
[151] 陈松建，徐锡金，霍霞，等. 简易电子垃圾拆解业对环境和人类危害研究进展[C]. 中国科学技术协会第十届年会 21 分会场，郑州，2008：4-7.
[152] 王晓伟，刘景富，阴永光. 有机磷酸酯阻燃剂污染现状与研究进展[J]. 化学进展，2010，22（10）：1983-1992.
[153] 温家欣. 有机磷酸酯阻燃剂的分离分析技术及其应用研究[D]. 广州：中山大学硕士学位论文，2010.
[154] Zeng F，Wen J，Cui K，et al. Seasonal distribution of phthalate esters in surface water of the urban lakes in the subtropical city，Guangzhou，China [J]. Journal of Hazardous Materials，2009，169（1-3）：719-725.
[155] Duan J，Bi X，Tan J，et al. Seasonal variation on size distribution and concentration of PAHs in Guangzhou city，China [J]. Chemosphere，2007，67（3）：614-622.
[156] 关瑞芳，李宁. 无机阻燃剂的应用现状及其发展前景[J]. 合成材料老化与应用，2013，42（4）：55-57.
[157] 张雪虎. 阻燃用氢氧化镁的制备与改性研究[D]. 太原：太原理工大学硕士学位论文，2007.
[158] Morgan A B，Cogen J M，Opperman R S，et al. The effectiveness of magnesium carbonate-based flame retardants for poly（ethylene-co-vinyl acetate）and poly（ethylene-co-ethyl acrylate）[J]. Fire and Materials，2007，31（6）：387-410.
[159] 王伟，汪艳，张俊，等. 碱式碳酸镁阻燃 LDPE/EVA 的性能研究[J]. 应用化工，2012，41（6）：1106-1108，1111.
[160] 霍保全，闻怡玲，洪小飞. 电子垃圾现状与处理、处置对策探讨[J]. 河北工业科技，2007，24（6）：378-382.
[161] 赵波. 反思：中国垃圾问题[J]. 智囊·财经报道，2003，（1）：12-17.

[162] The Basel Action Network，Silicon Valley Toxics Coalition. Exporting Harm：The High-Tech Trashing of Asia[R]，2002.

[163] 朱崇岭. 珠三角主要电子垃圾拆解地底泥、土壤中重金属的分布及源解析[D]. 广州：华南理工大学硕士学位论文，2013.

[164] Robinson B H. E-waste：an assessment of global production and environmental impacts [J]. Science of the Total Environment，2009，408（2）：183-191.

[165] 赖芸. 贵屿故事——记一电子废物拆解地[J]. 资源与人居环境，2006，（7）：44-49.

[166] 张铁骞. 被电子垃圾改变的贵屿[N]. 中国高新技术产业导报，2005-09-07（综合新闻）.

[167] 李跃. 关于贵屿电子废弃物回收处理的案例分析[D]. 兰州：兰州大学硕士学位论文，2010.

[168] 王灏. 透视贵屿[J]. 电器制造商，2004，（2）：22-24.

[169] 郭岩. 汕头市典型区域持久性有毒污染物的污染现状与生态效应[D]. 汕头：汕头大学博士学位论文，2007.

[170] Wang J，Guo X. Impact of electronic wastes recycling on environmental quality [J]. Biomedical and Environmental Science，2006，19（2）：137-142.

[171] Luo Q，Cai Z W，Wong M H. Polybrominated diphenyl ethers in fish and sediment from river polluted by electronic waste [J]. Science of the Total Environment，2007，383（1-3）：115-127.

[172] Luo Q，Wong M，Cai Z. Determination of polybrominated diphenyl ethers in freshwater fishes from a river polluted by e-wastes [J]. Talanta，2007，72（5）：1644-1649.

[173] Man Y B，Chan J K Y，Wu S C，et al. Dietary exposure to DDTs in two coastal cities and an inland city in China [J]. The Science of the Total Environment，2013，463-464：264-273.

[174] Xing G H，Chan J K Y，Leung A O W，et al. Environmental impact and human exposure to PCBs in Guiyu，an electronic waste recycling site in China [J]. Environment International，2009，35（1）：76-82.

[175] Guo Y，Huang C，Zhang H，et al. Heavy metal contamination from electronic waste recycling at Guiyu，Southeastern China [J]. Journal of Environment Quality，2009，38（4）：1617-1626.

[176] 丘波，彭琳，徐锡金，等. 电子废弃物回收拆解业工人健康调查[J]. 环境与健康杂志，2005，22（6）：419-421.

[177] Chen D，Bi X，Zhao J，et al. Pollution characterization and diurnal variation of PBDEs in the atmosphere of an E-waste dismantling region [J]. Environmental Pollution，2009，157（3）：1051-1057.

[178] Deng W J，Zheng J S，Bi X H，et al. Distribution of PBDEs in air particles from an electronic waste recycling site compared with Guangzhou and Hong Kong，South China [J]. Environment International，2007，33（8）：1063-1069.

[179] Deng W J，Louie P K K，Liu W K，et al. Atmospheric levels and cytotoxicity of PAHs and heavy metals in TSP and PM2.5 at an electronic waste recycling site in southeast China [J]. Atmospheric Environment，2006，40（36）：6945-6955.

[180] Li H，Yu L，Sheng G，et al. Severe PCDD/F and PBDQ/F pollution in air around an electronic waste dismantling area in China [J]. Environmental Science & Technology，2007，41（16）：5641-5646.

[181] Leung A O W，Duzgoren-Aydin N S，Cheung K C，et al. Heavy metals concentrations of surface

dust from e-waste recycling and its human health implications in southeast China [J]. Environmental Science & Technology，2008，42（7）：2674-2680.

[182] Wong M H，Wu S C，Deng W J，et al. Export of toxic chemicals - A review of the case of uncontrolled electronic-waste recycling [J]. Environmental Pollution，2007，149（2）：131-140.

[183] Luo Q，Wong M H，Wang Z，et al. Polybrominated diphenyl ethers in combusted residues and soils from an open burning site of electronic wastes [J]. Environmental Earth Sciences，2013，69（8）：2633-2641.

[184] 林文杰，吴荣华，郑泽纯，等. 贵屿电子垃圾处理对河流底泥及土壤重金属污染[J]. 生态环境学报，2011，（01）：160-163.

[185] Leung A O W，Luksemburg W J，Wong A S，et al. Spatial distribution of polybrominated diphenyl ethers and polychlorinated dibenzo-p-dioxins and dibenzofurans in soil and combusted residue at Guiyu，an electronic waste recycling site in southeast China [J]. Environmental Science & Technology，2007，41（8）：2730-2737.

[186] Liu H，Zhou Q，Wang Y，et al. E-waste recycling induced polybrominated diphenyl ethers，polychlorinated biphenyls，polychlorinated dibenzo-p-dioxins and dibenzo-furans pollution in the ambient environment [J]. Environment International，2008，34（1）：67-72.

[187] 周启星，林茂宏. 我国主要电子垃圾处理地环境污染与人体健康影响[J]. 安全与环境学报，2013，13（5）：122-128.

[188] Leung A，Cai Z W，Wong M H. Environmental contamination from electronic waste recycling at Guiyu，southeast China [J]. Journal of Material Cycles and Waste Management，2006，8（1）：21-33.

[189] Huo X，Peng L，Xu X，et al. Elevated blood lead levels of children in Guiyu，an electronic waste recycling town in China [J]. Environmental Health Perspectives，2007，115（7）：1113-1117.

[190] Zheng L，Wu K，Li Y，et al. Blood lead and cadmium levels and relevant factors among children from an e-waste recycling town in China [J]. Environmental Research，2008，108（1）：15-20.

[191] Li Y，Xu X，Liu J，et al. The hazard of chromium exposure to neonates in Guiyu of China [J]. Science of the Total Environment，2008，403（1-3）：99-104.

[192] 李燕，霍霞，郑良楷，等. 电子垃圾拆解区新生儿脐带血铬水平[J]. 癌变・畸变・突变，2007，19（5）：409-411.

[193] Wu K，Xu X，Liu J，et al. In utero exposure to polychlorinated biphenyls and reduced neonatal physiological development from Guiyu，China [J]. Ecotoxicology and Environmental Safety，2011，74（8）：2141-2147.

[194] Guo P，Xu X，Huang B，et al. Blood lead levels and associated factors among children in Guiyu of China：a population-based study [J]. Plos One，2014，9（8）：e105470.

[195] Liu J，Xu X，Wu K，et al. Association between lead exposure from electronic waste recycling and child temperament alterations [J]. NeuroToxicology，2011，32（4）：458-464.

[196] 傅建捷，王亚韡，周麟佳，等. 我国典型电子垃圾拆解地持久性有毒化学污染物污染现状[J]. 化学进展，2011，23（8）：1755-1768.

[197] Chi X，Wang M Y L，Reuter M A. E-waste collection channels and household recycling behaviors in Taizhou of China [J]. Journal of Cleaner Production，2014，80：87-95.

[198] 赖芸. 台州电子废物调研报告[J]. 世界环境，2004，(3)：58-59.

[199] 赖芸. 浙江台州电子废物再生调研报告[J]. 中国资源综合利用，2004，(8)：7-8.

[200] 李英明，江桂斌，王亚韡，等. 电子垃圾拆解地大气中二噁英、多氯联苯、多溴联苯醚的污染水平及相分配规律[J]. 科学通报，2008，53（2）：165-171.

[201] Han W，Feng J，Gu Z，et al. Polybrominated diphenyl ethers in the atmosphere of Taizhou，a major e-waste dismantling area in China [J]. Bulletin of Environmental Contamination and Toxicology，2009，83（6）：783-788.

[202] Li Y，Jiang G，Wang Y，et al. Concentrations，profiles and gas-particle partitioning of PCDD/Fs，PCBs and PBDEs in the ambient air of an E-waste dismantling area，southeast China [J]. Chinese Science Bulletin，2008，53（4）：521-528.

[203] Gu Z，Feng J，Han W，et al. Characteristics of organic matter in $PM_{2.5}$ from an e-waste dismantling area in Taizhou，China [J]. Chemosphere，2010，80（7）：800-806.

[204] 孟庆昱，毕新慧，储少岗，等. 污染区大气中多氯联苯的表征与分布研究初探[J]. 环境化学，2000，19（6）：501-506.

[205] 张微. 台州某废弃电子垃圾拆解区土壤中 PCBs 和重金属污染及生态风险评估[D].杭州：浙江工业大学硕士学位论文，2013.

[206] Shen C，Huang S，Wang Z，et al. Identification of ah receptor agonists in soil of e-waste recycling sites from Taizhou area in China [J]. Environmental Science & Technology，2008，42（1）：49-55.

[207] 马静. 废弃电子电器拆解地环境中持久性有毒卤代烃的分布特征及对人体暴露的评估[D]. 上海：上海交通大学博士学位论文，2009.

[208] Shen C，Chen Y，Huang S，et al. Dioxin-like compounds in agricultural soils near e-waste recycling sites from Taizhou area，China：chemical and bioanalytical characterization [J]. Environment International，2009，35（1）：50-55.

[209] 潘虹梅. 电子废弃物拆解业对周边土壤环境的影响——以台州路桥下谷岙村为例[J]. 浙江师范大学学报（自然科学版），2007，30（1）：103-108.

[210] 张中华，金士威，段晶明，等. 台州电子废物拆解地区表层土壤中酞酸酯的污染水平[J]. 武汉工程大学学报，2010，32（7）：28-32.

[211] 赵亚娴. 浙江台州地区多溴二苯醚污染状况及人体负荷研究[D]. 保定：河北大学硕士学位论文，2010.

[212] Fu J，Zhou Q，Liu J，et al. High levels of heavy metals in rice（*Oryza sativa* L.）from a typical e-waste recycling area in southeast China and its potential risk to human health [J]. Chemosphere，2008，71（7）：1269-1275.

[213] Liang S X，Zhao Q，Qin Z F，et al. Levels and distribution of polybrominated diphenyl ethers in various tissues of foraging hens from an electronic waste recycling area in South China [J]. Environmental Toxicology and Chemistry，2008，27（6）：1279-1283.

[214] Qin X，Qin Z，Li Y，et al. Polybrominated diphenyl ethers in chicken tissues and eggs from an electronic waste recycling area in southeast China [J]. Journal of Environmental Sciences

(China)，2011，23（1）：133-138.

[215] 王红梅，韩梅，钱岩，等. 电子废弃物拆解人群肾功能主要指标的调查[J]. 职业与健康，2009，25（15）：1584-1585.

[216] 王红梅，于云江，韩梅，等. 电子废弃物拆解人群血清 5’-核苷酸酶的分析[J]. 现代预防医学，2010，37（9）：1608-1609.

[217] 王红梅，韩梅，钟崇洲，等. 电子废弃物拆解人群血清胆碱脂酶水平的分析[J]. 现代预防医学，2010，37（14）：2629-2631.

[218] Zhao G，Wang Z，Dong M H，et al. PBBs，PBDEs，and PCBs levels in hair of residents around e-waste disassembly sites in Zhejiang Province，China，and their potential sources [J]. Science of the Total Environment，2008，397（1-3）：46-57.

[219] Chan J K Y，Xing G H，Xu Y，et al. Body loadings and health risk assessment of polychlorinated dibenzo-p-dioxins and dibenzofurans at an intensive electronicwaste recycling site in China [J]. Environmental Science & Technology，2007，41（22）：7668-7674.

[220] Shinkuma T，Managi S. On the effectiveness of a license scheme for E-waste recycling：The challenge of China and India [J]. Environmental Impact Assessment Review，2010，30（4）：262-267.

[221] Dwivedy M，Mittal R K. Estimation of future outflows of e-waste in India [J]. Waste Management，2010，30（3）：483-491.

[222] Wath S B，Dutt P S，Chakrabarti T. E-waste scenario in India，its management and implications [J]. Environmental Monitoring and Assessment，2011，172（1-4）：249-262.

[223] Ha N N，Agusa T，Ramu K，et al. Contamination by trace elements at e-waste recycling sites in Bangalore，India [J]. Chemosphere，2009，76（1）：9-15.

[224] US EPA. Region 6 Human Health Medium-Specific Screening Levels[S]. Washington，2008.

[225] 国家环境保护总局. HJ/T299—2007 固体废物浸出毒性浸出方法 硫酸硝酸法[S]，2007.

[226] 周德杰. 危险废物中毒性组分浸出特性和浸出方法研究[D]. 济南：山东大学硕士学位论文，2006.

[227] 张晓萱. 垃圾焚烧飞灰及其熔渣浸出毒性鉴别适宜方法的研究[D]. 北京：北京化工大学硕士学位论文，2005.

[228] 王炳华，赵明. 固体废弃物浸出毒性特性及美国 EPA 的实验室测定（待续）[J]. 干旱环境监测，2001，15（4）：224-230，233.

[229] Musson S E，Vann K N，Jang Y，et al. RCRA toxicity characterization of discarded electronic devices [J]. Environmental Science & Technology，2006，40（8）：2721-2726.

[230] Jang Y，Townsend T G. Leaching of lead from computer printed wire boards and cathode ray tubes by municipal solid waste landfill leachates [J]. Environmental Science & Technology，2003，37（20）：4778-4784.

[231] Spalvins E，Dubey B，Townsend T. Impact of electronic waste disposal on lead concentrations in landfill leachate [J]. Environmental Science & Technology，2008，42（19）：7452-7458.

[232] Li Y，Richardson J. B.，Niu X.，Jackson O. J.，Laster J. D.，Walker A. K. Dynamic leaching test of personal computer components [J]. Journal of Hazardous Materials, 2009，171（1-3）：1058-1065.

[233] 段华波. 危险废物浸出毒性鉴别理论和方法研究[D]. 北京：中国环境科学研究院硕士学位论文，2006.

[234] Nnorom I C，Osibanjo O. Toxicity characterization of waste mobile phone plastics [J]. Journal of Hazardous Materials，2009，161（1）：183-188.

[235] Lincoln J D，Ogunseitan O A，Shapiro A A，et al. Leaching assessments of hazardous materials in cellular telephones [J]. Environmental Science & Technology，2007，41（7）：2572-2578.

[236] Li Y，Richardson J B，Walker A K，et al. TCLP heavy metal leaching of personal computer components [J]. Journal of Environmental Engineering-Asce，2006，132（4）：497-504.

[237] 佚名. 国际标准化组织（ISO）与欧洲标准化委员会（CEN）技术合作协议（维也纳协议）[J]. 世界标准信息，2005，（1）：8-14.

[238] 段华波，王琪，黄启飞，等. 危险废物浸出毒性试验方法的研究[J]. 环境监测管理与技术，2006，18（1）：8-11.

[239] 齐文启，李国刚，齐斐. 国外固体废物浸出液毒性试验研究的现状[J]. 上海环境科学，1995，14（10）：1-4.

[240] 国家环境保护总局. GB 5086.1—1997 固体废物浸出毒性浸出方法 翻转法[S]，1997.

[241] 国家环境保护总局. HJ/T300—2007 固体废物浸出毒性浸出方法 醋酸缓冲溶液法[S]，2007.

[242] 国家环境保护总局. HJ557—2009 固体废物浸出毒性浸出方法 水平振荡法[S]，2009.

[243] Veit H M，Diehl T R，Salami A P，et al. Utilization of magnetic and electrostatic separation in the recycling of printed circuit boards scrap [J]. Waste Management，2005，25（1）：67-74.

[244] Oguchi M，Sakanakura H，Terazono A. Toxic metals in WEEE：characterization and substance flow analysis in waste treatment processes [J]. Science of the Total Environment，2013，463-464：1124-1132.

[245] Cui J，Forssberg E. Characterization of shredded television scrap and implications for materials recovery [J]. Waste Management，2007，27（3）：415-424.

[246] Morf L S，Tremp J，Gloor R，et al. Metals，non-metals and PCB in electrical and electronic waste-actual levels in Switzerland [J]. Waste Management，2007，27（10）：1306-1316.

[247] Yoo J-M，Jeong J，Yoo K，et al. Enrichment of the metallic components from waste printed circuit boards by a mechanical separation process using a stamp mill [J]. Waste Management，2009，29（3）：1132-1137.

[248] Xiang Y，Wu P，Zhu N，et al. Bioleaching of copper from waste printed circuit boards by bacterial consortium enriched from acid mine drainage [J]. Journal of Hazardous Materials，2010，184（1-3）：812-818.

[249] Ilyas S，Ruan C，Bhatti H N，et al. Column bioleaching of metals from electronic scrap [J]. Hydrometallurgy，2010，101（3-4）：135-140.

[250] Yang T，Xu Z，Wen J，et al. Factors influencing bioleaching copper from waste printed circuit boards by Acidithiobacillus ferrooxidans [J]. Hydrometallurgy，2009，97（1-2）：29-32.

[251] Oh C J，Lee S O，Yang H S，et al. Selective leaching of valuable metals from waste printed circuit boards [J]. Journal of the Air & Waste Management Association，2003，53（7）：897-902.

[252] Townsend T，Musson S，Dubey B，et al. Leachability of printed wire boards containing leaded

and lead-free solder [J]. Journal of Environmental Management，2008，88（4）：926-931.

[253] Musson S E，Jang Y，Townsend T G，et al. Characterization of lead leachability from cathode ray tubes using the toxicity characteristic leaching procedure [J]. Environmental Science & Technology，2000，34（20）：4376-4381.

[254] Lim S R，Schoenung J M. Human health and ecological toxicity potentials due to heavy metal content in waste electronic devices with flat panel displays [J]. Journal of Hazardous Materials，2010，177（1-3）：251-259.

[255] Vann K N，Musson S E，Townsend T G. Factors affecting TCLP lead leachability from computer CPUs [J]. Waste Management，2006，26（3）：293-298.

[256] Vann K，Musson S，Townsend T. Evaluation of a modified TCLP methodology for RCRA toxicity characterization of computer CPUs [J]. Journal of Hazardous Materials，2006，129（1-3）：101-109.

[257] Bas A D，Deveci H，Yazici E Y. Treatment of manufacturing scrap TV boards by nitric acid leaching [J]. Separation and Purification Technology，2014，130：151-159.

[258] Stenvall E，Tostar S，Boldizar A，et al. An analysis of the composition and metal contamination of plastics from waste electrical and electronic equipment（WEEE）[J]. Waste Management，2013，33（4）：915-922.

[259] Santos M C，Nóbrega J A，Cadore S. Determination of Cd，Cr，Hg and Pb in plastics from waste electrical and electronic equipment by inductively coupled plasma mass spectrometry with collision－reaction interface technology [J]. Journal of Hazardous Materials，2011，190（1-3）：833-839.

[260] Dimitrakakis E，Janz A，Bilitewski B，et al. Small WEEE：Determining recyclables and hazardous substances in plastics [J]. Journal of Hazardous Materials，2009，161（2-3）：913-919.

[261] Dimitrakakis E，Janz A，Bilitewski B，et al. Determination of heavy metals and halogens in plastics from electric and electronic waste [J]. Waste Management，2009，29（10）：2700-2706.

[262] Subramanian K S，Sastri V S，Elboujdaini M，et al. Water contamination：impact of tin-lead solder [J]. Water Research，1995，29（8）：1827-1836.

[263] Brennen M，Perumareddi J R，Sastri V S，et al. Studies on leaching of metals from solders due to corrosion [J]. Materials and Corrosion，1998，49（8）：551-555.

[264] Smith E B，Swanger L K. Toxicity and worldwide environmental regulation of lead-free solders [J]. Transactions of the Institute of Metal Finishing，2000，78（2）：B18-B21.

[265] Smith E，Swanger K. Environmental impact of lead-free solders [J]. Surface Mount Technology，1999，13（7）：76-79.

[266] Lee S，Yoo Y，Jung J，et al. Electrochemical migration characteristics of eutectic SnPb solder alloy in printed circuit board [J]. Thin Solid Films，2006，504（1-2）：294-297.

[267] Mohanty U S，Lin K L. Electrochemical corrosion behaviour of lead-free Sn-8.5 Zn-X Ag-0.1 Al-0.5 Ga solder in 3.5% NaCl solution [J]. Materials Science and Engineering A-Structural Materials Properties Microstructure and Processing，2005，406（1-2）：34-42.

[268] Mohanty U S，Lin K. The effect of alloying element gallium on the polarization characteristics of Pb-free Sn-Zn-Ag-Al-XGa solders in NaCl solution [J]. Corrosion Science，2006，48（3）：

662-678.
[269] Jung J，Lee S，Lee H，et al. Effect of ionization characteristics on electrochemical migration lifetimes of Sn-3.0Ag-0.5Cu solder in NaCl and Na_2SO_4 solutions [J]. Journal of Electronic Materials，2008，37（8）：1111-1118.
[270] Jung J，Lee S，Joo Y，et al. Anodic dissolution characteristics and electrochemical migration lifetimes of Sn solder in NaCl and Na_2SO_4 solutions [J]. Microelectronic Engineering，2008，85（7）：1597-1602.
[271] Wang M N，Wang J Q，Ke W. Corrosion behavior of Sn-3.0Ag-0.5Cu solder under high-temperature and high-humidity condition [J]. Journal of Materials Science-Materials in Electronics，2014，25（3）：1228-1236.
[272] Mori M，Miura K，Sasaki T，et al. Corrosion of tin alloys in sulfuric and nitric acids [J]. Corrosion Science，2002，44（4）：887-898.
[273] Nazeri M F M，Mohamad A A. Corrosion measurement of Sn－Zn lead-free solders in 6M KOH solution [J]. Measurement，2014，47：820-826.
[274] 赵杰，孟宪明，陈忱，等. 无铅焊料合金中重金属元素浸出行为的研究[J]. 环境科学，2008，29（8）：2341-2344.
[275] Cheng C Q，Yang F，Zhao J，et al. Leaching of heavy metal elements in solder alloys [J]. Corrosion Science，2011，53（5）：1738-1747.
[276] 杨芬. 钎料合金及其接头的浸出行为研究[D]. 大连：大连理工大学硕士学位论文，2010.
[277] 樊志罡，赵杰，孟宪明，等. SnAgCu 无铅钎料元素浸出行为研究[J]. 材料保护，2008，41（6）：5-7.
[278] 劳晓东，程从前，杨芬，等. 溶液特性对电子焊料合金及接头中 Sn 浸出的影响[J]. 环境化学，2013，32（9）：1766-1770.
[279] 王丽华，程从前，杨芬，等. 无铅焊料在 NaCl-Na_2SO_4-Na_2CO_3 模拟土壤溶液中的腐蚀浸出行为[J]. 中国腐蚀与防护学报，2011，31（5）：381-384，388.
[280] 高艳芳，程从前，王丽华，等. SnAgCu 焊料中 Sn 元素在模拟土壤溶液中的浸出行为[J]. 中国环境科学，2012，32（7）：1314-1318.
[281] Gao Y F，Cheng C Q，Zhao J，et al. Electrochemical corrosion of Sn-0.75Cu solder joints in NaCl solution [J]. Transactions of Nonferrous Metals Society of China，2012，22（4）：977-982.
[282] 高艳芳. 焊料中金属元素的浸出行为与电化学性能之间的关联[D]. 大连：大连理工大学硕士学位论文，2012.
[283] 罗勇，罗孝俊，杨中艺，等. 电子废物不当处置的重金属污染及其环境风险评价III. 电子废物酸解、焚烧活动对小流域地表水和井水的金属污染[J]. 生态毒理学报，2008，3（3）：231-236.
[284] 张琼，陈颖雯，时元元，等. 粗放型电子垃圾回收场地土壤污染现状及修复技术展望[J]. 环境卫生工程，2015，（4）：25-28.
[285] 袁剑刚，郑晶，陈森林，等. 中国电子废物处理处置典型地区污染调查及环境、生态和健康风险研究进展[J]. 生态毒理学报，2013，（04）：473-486.
[286] 郭莹莹，黄泽春，王琪，等. 电子废物酸浴处置区附近农田土壤重金属污染特征[J]. 环境科学研究，2011，（5）：580-586.
[287] 权胜祥. 电子垃圾酸洗区土壤重金属污染特征及其热处理研究[D]. 广州：中国科学院研究

生院（广州地球化学研究所）硕士学位论文，2015.
[288] 赵高峰，王子健. 电子垃圾拆解地表层土壤中的多卤代芳烃及其潜在污染源[J]. 环境科学，2009，（6）：1850-1854.
[289] 王保成. 材料腐蚀与防护[M]. 北京：北京大学出版社，2012.
[290] 李青. 电子产品的腐蚀与防蚀技术[J]. 电子工艺技术，1999，20（1）：30-32.
[291] 刘慧丛，邢阳，李卫平，等. 湿热贮存环境下电子器件表面镀层的腐蚀研究[J]. 材料工程，2010，（2）：58-63.
[292] 李晓刚. 材料腐蚀与防护[M]. 长沙：中南大学出版社，2009.
[293] 易盼，丁康康，宋维锋，等. 盐雾对喷锡和化金印制电路板腐蚀行为的影响[J]. 工程科学学报，2015，（12）：1601-1609.
[294] 邱萍，严川伟，王福会. Cu/Sn63-Pb37 偶对在模拟湿热大气环境中的电化学腐蚀[J]. 中国腐蚀与防护学报，2007，（6）：329-333.
[295] 刘慧丛，邢阳，李卫平，等. 湿热环境下湿度对塑封器件贮存可靠性的影响[J]. 北京航空航天大学学报，2010，（9）：1089-1093.
[296] 张磊. 封装外壳镀层抗盐雾性能研究[J]. 中国高新技术企业，2016，（17）：60-61.
[297] 吴军，周贤良，董超芳，等. 铜及铜合金大气腐蚀研究进展[J]. 腐蚀科学与防护技术，2010，（5）：464-468.
[298] 钟万里，聂铭，梁永纯，等. 在不同 pH 值模拟酸雨溶液中纯铜的腐蚀行为[J]. 材料研究学报，2015，（1）：60-66.
[299] 夏鹏，单凤君，杨婷婷，等. 纯铜在模拟酸雨环境大气环境中的腐蚀行为[J]. 辽宁化工，2015，（12）：1442-1444.
[300] 胡晓黎，韩方运，牛林，等. 海洋和沿海环境铝大气腐蚀特征及影响因素[J]. 腐蚀与防护，2011，（11）：849-853.
[301] 朱红嫚，郑弃非，谢水生. 万宁地区铝及铝合金不同距海点的大气腐蚀研究[J]. 稀有金属，2002，（6）：456-459.
[302] 谢陈平，王振尧，魏伟，等. 铝在红沿河核电厂地区的初期大气腐蚀表征[J]. 装备环境工程，2015，（3）：87-91.
[303] 曲文娟，杜荣归，卓向东，等. 印刷电路板缝隙腐蚀行为研究[J]. 材料保护，2008，（2）：4-7.
[304] 张敏. 印刷电路板的腐蚀行为及其影响因素研究[D]. 厦门：厦门大学硕士学位论文，2008.
[305] 蔡积庆. PCB 表面涂覆用的浸镀银现状[J]. 印制电路信息，2009，（3）：35-40.
[306] 丁康康，李晓刚，董超芳，等. 无电镀镍浸金处理电路板在 $NaHSO_3$ 溶液中的腐蚀电化学行为与失效机制[J]. 工程科学学报，2015，（6）：731-738.
[307] 周怡琳，Michael Pecht. 浸银电路板蔓延腐蚀评估方法[J]. 电工技术学报，2011，（2）：44-49.
[308] 章蔷英. 有色金属铝、铜、钛及其合金在湿热地区广州十年大气腐蚀试验结果[J]. 环境技术，1997，（4）：3-7.
[309] 伍远辉，刘天模，孙成，等. 酸雨作用下酸性土壤酸化过程中铜的腐蚀行为[J]. 四川大学学报：工程科学版，2010，（1）：119-125.
[310] 安百刚. 酸雨/雨水环境中典型金属材料的腐蚀行为研究[D]. 天津：天津大学博士学位论文，2003.
[311] 储荣邦，吴松山. 关于锡焊点接头的腐蚀问题[J]. 电工技术杂志，1983，（6）：24-28.

[312] 银耀德，张淑泉，高英. 不锈钢，铜和铝合金酸性土壤腐蚀行为研究[J]. 腐蚀科学与防护技术，1995，(3)：269-271.

[313] 郑润芬. 纯镁及镁合金大气腐蚀和化学氧化工艺研究[D]. 大连：大连理工大学博士学位论文，2007.

[314] 龚沛，曹学军，宁韶奇，等. 不同环境对 AZ61 镁合金大气腐蚀的影响[J]. 中国表面工程，2015，(5)：123-128.

[315] 林翠，梁健能，陈三娟. AZ91D 镁合金在模拟酸雨环境中的腐蚀行为[J]. 机械工程材料，2011，(2)：78-81.

[316] 向斌，胡婷婷，廖世国，等. AM60B 镁合金在不同 pH 值酸雨中的腐蚀行为[J]. 材料保护，2009，(5)：65-67.

[317] Li Y，Richardson J B，Mark Bricka R，et al. Leaching of heavy metals from e-waste in simulated landfill columns [J]. Waste Management，2009，29（7）：2147-2150.

[318] Zheng S，Zheng X，Chen C. Leaching behavior of heavy metals and transformation of their speciation in polluted soil receiving simulated acid rain [J]. PloS One，2012，7（11）：e49664.

[319] Liu H，Sang S. Study on the law of heavy metal leaching in municipal solid waste landfill [J]. Environmental Monitoring and Assessment，2010，165（1-4）：349-363.

[320] 刘会虎，桑树勋，曹丽文，等. 垃圾填埋场渗滤液重金属地球化学研究[J]. 微量元素与健康研究，2007，24（2）：59-61.

[321] 刘会虎，桑树勋，曹丽文，等. 模拟酸雨条件下垃圾填埋的重金属地球化学迁移模型——以徐州为例[J]. 地球与环境，2009，37（2）：118-125.

[322] 刘会虎，桑树勋，周效志，等. 模拟雨水浸泡生活垃圾重金属浸出特征研究[J]. 地球化学，2008，37（6）：587-594.

[323] 全国土壤腐蚀试验网站. 材料土壤腐蚀试验方法[M]. 北京：科学出版社，1990.

[324] Satoh H，Chiba M，Takamatsu T，et al. Evaluation of environmental and biological impact of Pb-free solder[C]. Proceedings of EcoDesign 3rd International Symposium on Environmentally Conscious Design and Inverse Manufacturing，Tokyo，2003：829-830.

[325] 金普军，秦颖，龚明，等. 九连墩楚墓青铜器铅锡焊料的耐腐蚀机理[J]. 中国腐蚀与防护学报，2007，27（3）：162-166.

[326] 金普军，秦颖，胡雅丽，等. 湖北九连墩楚墓出土青铜器钎焊材料的分析[J]. 焊接学报，2007，(11)：37-40.

[327] 李晓刚，杜翠薇，董超芳，等. X70 钢的腐蚀行为与试验研究[M]. 北京：科学出版社，2006.

[328] 王长朋，杜翠薇，刘智勇，等. X80 管线钢在鹰潭和库尔勒土壤模拟溶液中电化学行为的对比性研究[C]. 2010 年全国腐蚀电化学及测试方法学术会议，杭州，2010：2.

[329] 杜翠薇，李晓刚，武俊伟，等. 三种土壤对 X70 钢腐蚀行为的比较[J]. 北京科技大学学报，2004，26（5）：529-532.

[330] Lao X，Cheng C，Min X，et al. Leaching behaviour and environmental risk assessment of heavy metals from electronic solder in acidified soil（DOI：10.1007/s11356-015-4868-x）[J]. Environmental Science and Pollution Research，2015，22（22）：17683-17690.

[331] 劳晓东. Sn 基焊料在土壤环境中的腐蚀与浸出行为研究[D]. 大连：大连理工大学博士学位论文，2016.

[332] 张艳成，吴荫顺，何积铨. 带锈铸铁在 3.5%NaCl 溶液中的腐蚀行为研究[J]. 腐蚀与防护，1998，(4)：155-157.
[333] 张伟，蒋洪强，王金南，等. 我国主要电子废弃物产生量预测及特征分析[J]. 环境科学与技术，2013，36（6）：195-199.
[334] 张宇平. 废弃电器电子产品处理过程中的重要问题[J]. 资源再生，2010，9（8）：20-22.
[335] 何逸林，廖小红，田晖. 我国家用电器理论报废量测算方法研究及结果分析[J]. 家电科技，2010，30（10）：76-77.
[336] 张相锋，于鲁冀，张培. 2015 年河南省主要废弃电器电子产品产生量及回收量预测分析[J]. 河南科学，2013，31（12）：2275-2279.
[337] 何捷娴，樊宏，尹荔松. 广东省废旧家电总量估算研究[J]. 绿色科技，2013，(8)：294-296.
[338] 张东萍，肖岳峰. 广西电子废弃物产生量预测[J]. 物流科技，2010，34（1）：21-23.
[339] 郭晓倩，孟伟庆，汲奕君. 基于改进 logistic 模型的天津市电子废弃物产生量预测[J]. 环境科学与技术，2014，37（3）：188-193.
[340] 余辉. 江苏省电子废物管理与资源化政策研究[D]. 南京：南京农业大学硕士学位论文，2011.
[341] 张克勇. 山西省主要电子废弃物产生量估算研究[J]. 现代工业经济和信息化，2014，4（13）：156-158，161.
[342] 梁晓辉，李光明，黄菊文，等. 上海市电子废弃物产生量预测与回收网络建立[J]. 环境科学学报，2010，30（5）：1115-1120.
[343] 唐红侠. 上海市废弃电器电子产品产生预测与回收处理能力研究[J]. 中国环境管理，2011，2（3）：4-7，14.
[344] 金志英，梁文，隋儒楠. 沈阳市电子废物产生量估算及管理对策[J]. 环境卫生工程，2006，14（1）：21-24.
[345] 庄绪宁，宋小龙，白建峰，等. 我国废弃液晶显示器产生量预测及管理策略分析[J]. 环境工程技术学报，2014，4（6）：489-495.
[346] 李飞，黄瑾辉，李雪，等. 基于随机模糊理论的土壤重金属潜在生态风险评价及溯源分析[J]. 环境科学学报，2015，35（4）：1233-1240.
[347] 蔡小冬. 白银市白银区耕地耕层土壤重金属污染空间分异与环境污染评价研究[D]. 兰州：甘肃农业大学硕士学位论文，2014.
[348] 李科文. 基于 GIS 的辽宁省生态环境质量综合评价[D]. 大连：大连理工大学硕士学位论文，2013.
[349]夏庆澍，兰天. 中国经济增长与环境污染关系的实证性研究[J]. 企业导报，2011，17-18（1）.
[350] 肖纪美，曹楚南. 材料腐蚀学原理[M]. 北京：化学工业出版社，2002.
[351] 柯伟. 中国工业与自然环境腐蚀调查的进展[J]. 腐蚀与防护，2004，25（1）：1-8.
[352] 劳晓东，程从前，赵杰，等. 中国电子废弃物现状及回收政策演变[J]. 周口师范学院学报，2014，31（2）：52-55，60.
[353] 许江萍，邱江涛. 中国废弃电器电子产品处理基金研究[M]. 北京：中国市场出版社，2011.
[354] 张旭东，雷娟. 我国生产者延伸责任的偏差与矫治[J]. 西南交通大学学报（社会科学版），2012，13（4）：93-103.

[355] 谭慧红. 基于循环经济理论的旧货市场研究[D]. 上海：上海大学硕士学位论文，2008.
[356] 周志刚. 湖南废弃产品处理与资源化利用工程项目建设可行性研究[D]. 湘潭：湘潭大学硕士学位论文，2011.
[357] Li J，Liu L，Ren J，et al. Behavior of urban residents toward the discarding of waste electrical and electronic equipment：a case study in Baoding，China [J]. Waste Management & Research，2012，30（11）：1187-1197.